Springer-Lehrbuch Masterclass

Thomas Slawig

Klimamodelle und Klimasimulationen

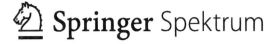 Springer Spektrum

Prof. Dr. Thomas Slawig
Institut für Informatik
Christian-Albrechts-Universität zu Kiel
Kiel, Deutschland

ISSN 1234-5678
ISBN 978-3-662-47063-3   ISBN 978-3-662-47064-0 (eBook)
DOI 10.1007/978-3-662-47064-0

Die Deutsche Nationalbibliothek verzeichnet diese Publikation in der Deutschen Nationalbibliografie; detaillierte bibliografische Daten sind im Internet über http://dnb.d-nb.de abrufbar.

Springer Spektrum

Springer-Verlag GmbH Berlin Heidelberg ist Teil der Fachverlagsgruppe Springer Science+Business Media
(www.springer.com)

Vorwort

Die Idee zu diesem Buch war, eine Vorlage für eine einsemestrige vierstündige Lehrveranstaltung mit dem gleichen Titel zu schaffen, die ich an der Universität Kiel seit einigen Jahren regelmäßig anbiete. Diese Vorlesung richtet sich an Studierende der Mathematik und Informatik (mit ausreichenden mathematischen Vorkenntnissen und Interesse). Zu meiner Freude kommen auch immer wieder Studierende aus in den in Kiel mit dem Helmholtz-Zentrum GEOMAR und dem DFG-Cluster „Future Ocean" stark vertretenden Klima- und Meereswissenschaften in diese Vorlesung. Damit ist die Zielgruppe dieses Buches gut beschrieben.

Ich arbeite seit einigen Jahren in der Anwendung von numerischer Mathematik, Optimierung und Parameteridentifikation bei Klimamodellen und habe dieses Gebiet als spannend, vielseitig und anspruchsvoll kennengelernt. Es stellt gewissermaßen eine Kombination aus mathematischer Modellierung und der Theorie und Numerik von Differentialgleichungen dar. Meine Idee der Vorlesung und auch des Buches war es, mathematische Aussagen aus diesen drei Bereichen an Hand ausgewählter Klimamodelle vorzustellen und anzuwenden, und zwar möglichst genau dann, wenn eine entsprechende Fragestellung im Klimamodell auftritt. Dies unterscheidet dieses Buch eventuell von anderen Lehrbüchern über Numerik oder Differentialgleichungen.

Da jeder der oben genannten drei Bereiche an sich schon eine oder mehrere Vorlesungen füllen kann, müssen Abstriche in Breite und Tiefe gemacht werden: Sie werden in diesem Buch nur einen groben Überblick über das Klimasystem und wenig über die Problematik des Klimawandels finden. Auch gibt es im Bereich der Theorie und Numerik von Differentialgleichungen an vielen Stellen weitere interessante Themen, die hier nicht behandelt werden. So wird etwa der Bereich der Strömungsmechanik in Ozean und Atmosphäre nur ansatzweise behandelt. In seinem jetzigen Umfang geht das Buch schon weiter, als es die Vorlesungszeit in einem Semester erlaubt. Es ist ebenfalls schwer möglich, in einem Semester die Details der heute verwendeten dreidimensionalen Klimamodellen mit der hier angestrebten mathematischen Basis vorzustellen, auch weil bei konkreten Modellen viele theoretische Aussagen (noch) nicht vorliegen.

Für das Buch wird Vorwissen aus Grundvorlesungen der Analysis und Linearen Algebra oder vergleichbarer Mathematik für Naturwissenschaften vorausgesetzt. Resultate aus diesen Grundvorlesungen werden – wenn dies der Verdeutlichung dient – wiederholt (ohne Beweis), teilweise wird nur auf Literatur verwiesen. Einige Aussagen (z.B. der Banach'sche Fixpunktsatz) sind eventuell auch schon aus Mathematik-Vorlesungen bekannt, wurden hier aber mit Beweis aufgenommen. Einige andere Beweise von Resultaten, die aus verfügbarer Literatur stammen, werden hier nicht wiederholt, sondern mit Referenz angegeben. Die Abschnitte über die Existenz schwacher Lösungen benutzen einige wenige darüber hinausgehende Resultate aus der Funktionalanalysis.

Bedanken möchte ich mich bei den Studierenden, die mir immer wieder erlaubt haben, zu lernen, wie dieser Stoff am besten zu vermitteln ist. Ich bedanke mich ebenfalls bei den Wissenschaftlichen Mitarbeiterinnen und Mitarbeitern Claudia Kratzenstein, Malte Prieß und Jens Burmeister, die die Übungen zu den Vorlesungen durchgeführt haben. Jens Burmeister und einigen Studierenden danke ich daneben für Hinweise zu Fehlerkorrekturen. Dank ebenfalls an Kirsten Zickfeld und Stefan Rahmstorf für die Möglichkeit der Arbeit mit dem Boxmodell der Nordatlantikströmung sowie an William E. Schiesser für das Bereitstellen der Dokumentation und des Codes des CO_2-Boxmodells. Weiterhin danke ich dem Springer-Verlag für die Betreuung und die Gelegenheit, dieses Buch zu veröffentlichen.

Kiel, März 2015   Thomas Slawig

Inhaltsverzeichnis

Klimasystem und Klimamodelle

Hier werden die Begriffe Klima, Modelle und Simulationen und der grundlegende Aufbau des Klimasystems der Erde mit den wichtigsten Prozessen und Interaktionen diskutiert. Die antreibenden Kräfte des Klimas und damit auch die Ursachen für Klimaänderungen werden zusammengefasst. Es werden die verschiedenen Klassen von Klimamodellen, auch in ihrer historischen Entwicklung, kurz vorgestellt. Damit werden die Grundlagen gelegt, um sich später genauer mit den Modellen beschäftigen zu können. Es geht hier zunächst um einen Überblick, um die einzelnen später behandelten Modelle und auch verwendete Begriffe einordnen zu können. Der Idee eines Lehrbuchs folgend, werden diese Inhalte – wenn passend – als Übungen in Frageform thematisiert. Beispielhafte Antworten werden danach zusammengestellt. Ausführlichere Darstellungen zum Thema finden sich z. B. in [1–4].

1.1 Wetter und Klima

Zur Definition des Begriffs *Klima* und seiner Abgrenzung vom Begriff *Wetter* beginnen wir mit folgenden Fragen:

Übung 1.1

(a) Welche Phänomene und Größen werden (z. B. in einer Vorhersage) genannt, wenn von *Wetter* oder auch *Unwetter* die Rede ist?

(b) In welchen Teilen des Klimasystems (z. B. Atmosphäre, Ozeane, Vegetation etc.) spielen sich diese Prozesse ab bzw. welchen Teilen ordnen Sie die entsprechenden Größen zu?

(c) In welchen räumlichen und zeitlichen Bereichen spielen sich diese Prozesse ab bzw. welche werden (z. B. in einer Vorhersage) unterschieden?

© Springer-Verlag Berlin Heidelberg 2015
T. Slawig, *Klimamodelle und Klimasimulationen*, Springer-Lehrbuch Masterclass,
DOI 10.1007/978-3-662-47064-0_1

Den Aufbau und die Teile oder Komponenten des Klimasystems werden wir später noch genauer spezifizieren. Mögliche Antworten sind:

(a) In einer Wettervorhersage ist meist die Rede von:
   - Temperatur
   - Wolkenbedeckung und damit Sonneneinstrahlung auf die Erdoberfläche
   - Niederschlägen
   - Windrichtung und -geschwindigkeit
   - Luftdruck, insbesondere Hoch- und Tiefdruckgebiete
   - Luftfeuchtigkeit

   Unwetterwarnungen beziehen sich auf Extremereignisse wie Stürme, Starkregen, Überflutungen.
(b) Die Größen beziehen sich meist auf die Atmosphäre, mit Ausnahme etwa der Wassertemperatur in Meeresregionen oder beim Urlaubswetter.
(c) Kennzeichnend für Wettervorhersagen ist ihre *zeitliche und räunliche Lokalität*: Es ist interessant, wie z. B. die Temperatur in den nächsten Tagen in einer relativ eng begrenzten Region (z. B. Bundesland, Norden Deutschlands etc.) ist. Langfristige Vorhersagen („Wie wird der nächste Sommer/Winter?") sind eher spekulativ. Mittelwerte über ganz Deutschland und den nächsten Monat sind relativ uninteressant, höchstens als Rückblick auf das Wetter (oder schon Klima?) vergangener Sommer oder Jahre.

Im Vordergrund beim Wetter steht sein Einfluss auf das tägliche Leben. Die in der Wettervorhersage genannten Phänomene sind daher auf den menschlichen Lebensraum, also den Bereich der Atmosphäre und von Meer oder Flüssen beschränkt. Der Salzgehalt des Meerwassers z. B. in bestimmten Regionen des Pazifiks ist kein Thema einer Wettervorhersage. Die mit Wetter bezeichneten Phänomene sind *räumlich und zeitlich kleinskalig*.

Klima

Um den Gegensatz *Wetter – Klima* darzustellen, dienen folgende ähnliche Fragen zum Begriff *Klima*. Am heute oft verwendeten Begriff *Klimawandel* kann dies ebenfalls leicht festgestellt werden.

Übung 1.2
(a) Welche Phänomene und Größen werden genannt, wenn von *Klima* oder auch *Klimawandel* gesprochen wird?
(b) In welchen Teilen des Klimasystems spielen sich diese Prozesse ab bzw. welchen Teilen ordnen Sie diese Größen zu?
(c) Welche räumliche und zeitliche Bereiche werden genannt, wenn von *Klima(wandel)* die Rede ist?

Mögliche Antworten sind:

(a) Hier werden oft folgende Phänomene oder Größen genannt: „der wärmste Sommer
     seit ...", Treibhausgase, Meeresspiegelanstieg, Temperatur (welche ist da gemeint?),
     Eisschmelzen, Versteppung, ...
(b) Die o. g. Phänomene und Größen kommen aus allen Bereichen des Klimasystems:
     Atmosphäre, Ozeane, Vegetation, Bodenbedeckung, Eis, ...
(c) Interessant ist z. B. das „Klima am Ende dieses Jahrhunderts in Mitteleuropa" und
     nicht dasjenige Mitte Juli des nächsten Jahres am bevorzugten Urlaubsort. Während
     für letzteres eine dreiwöchige Regenperiode entscheidend ist, wird sie bei einer Fra-
     gestellung zum Klima nur interessant sein, wenn sie sich z. B. jährlich wiederholt
     oder insgesamt viel mehr Regen fällt.

Als Klima werden *räumlich und zeitlich großskalige* (d. h. in größeren Regionen oder eben
global und über mehrere Jahre oder Jahrzehnte verlaufenden) Prozesse und Phänomene
bezeichnet (vgl. Abb. 1.1). Bei der Beschreibung des Klimas werden bestimmte relevante
Kenngrößen ausgewählt, die entweder charakteristisch oder ursächlich für bestimmte Phänomene und Prozesse sind. Diese Größen sind oft räumlich und zeitlich gemittelt, z. B. die
globale mittlere Jahrestemperatur, z. B. an der Meeresoberfläche. Für eine Wettervorhersage uninteressant, ist sie eine wichtige Kenngröße in der Klimaforschung. Ein weiteres
Beispiel ist der ebenfalls gemittelte Meeresspiegelanstieg. Die Klimaforschung bezieht
daher Prozesse und Größen des gesamten Klimasystems (vgl. etwa das Abschmelzen von
See- und Landeis) mit ein.

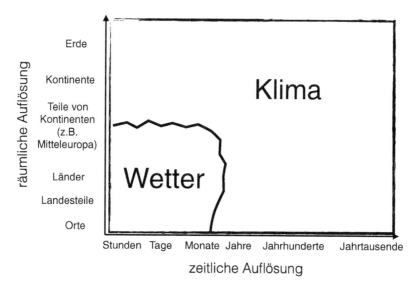

Abb. 1.1 Schematische Darstellung der Begriffe *Wetter* und *Klima* durch räumliche und zeitliche
Zeitskalen. Die Abgrenzung ist nicht scharf

Klimaforschung

Der Grund für eine Beschäftigung mit dem Klima hat sich mit der Beobachtung einer globalen Temperaturerhöhung und deren nachgewiesenen oder vermuteten Konsequenzen (zusammengefasst als *Klimawandel*) in den letzten Jahrzehnten gewandelt. Durch die Vermutung bzw. das Wissen, dass menschliche Handlungen Auswirkungen auf das Klima haben und so auch für diesen Wandel ursächlich sind, bekommt das Studium des Klimas eine bedeutende gesellschaftliche und politische Dimension. Es ist auch immer noch ein strittiges Thema, welche beobachteten Änderungen welche Ursachen haben und wie sie vermeidbar oder veränderbar sind. Gerade das macht die Beschäftigung mit dem Klima interessant, denn das Verständnis der Klimaprozesse ist Voraussetzung, um die Einflussgrößen und -möglichkeiten zu verstehen, Prognosen zu erstellen und Strategien für menschliches Handeln zu entwickeln. Für die Wissenschaft bietet sich hier ein anspruchsvolles interdisziplinäres Arbeitsfeld in Physik, Chemie, Biologie, Mathematik, Informatik und anderen Disziplinen.

1.2 Klimamodelle

Ganz allgemein kann ein Modell als ein vereinfachtes (Ab-)Bild der Realität beschrieben werden. Ein Modell ist vereinfacht, da es einen Überblick verschaffen oder nur bestimmte Aspekte des modellierten Gegenstandes betonen und andere vernachlässigen soll (z. B. ein Stadtplan als Modell einer Stadt). Der Grad der Vereinfachung bzw. der noch vorhandenen Komplexität hängt davon ab, was mit dem Modell geschehen soll. Ein Modell, das so komplex wie der zu modellierende Gegenstand ist, ist nutzlos. Ein zu stark vereinfachtes kann es ebenfalls sein, wenn relevante Dinge nicht mehr enthalten sind.

Modellierung

Den Prozess der Vereinfachung oder Abstraktion der Realität bezeichnet man als *Modellbildung* oder *Modellierung*. Die Sicht oder Interpretation der Realität kann individuell unterschiedlich sein, Messungen realer Größen sind mit Fehlern behaftet. Weiterhin gibt es verschiedene Methoden der Beschreibung, Vereinfachung oder Abstraktion, und auch die Ziele der Verwendung eines Modells sind unterschiedlich. Daher kann es zu einem „Gegenstand" verschiedene Modelle geben, die unter Umständen auch miteinander konkurrieren.

Formulierung von Modellen

Modelle können in verschiedenen Sprachen formuliert werden, es gibt grafische Modelle (z. B. UML-Diagramme in der Informatik), umgangssprachliche Modelle, Modelle in Fachsprachen oder Zeichen verschiedener Disziplinen (z. B. chemische Reaktionsformeln). Zur Abstraktion werden viele Modelle mathematisch formuliert. Die Sprache und Exaktheit der Mathematik erlaubt es, Aussagen zum Verhalten und damit zur Qualität von Modellen zu machen. Dabei ergeben sich relevante Größen (z. B. Temperatur in der Atmosphäre) oft als Lösungen von Gleichungen, die nur in einfachen Fällen exakt analytisch (sozusagen „auf dem Papier") berechnet werden können. Meist muss algorithmisch eine Näherungslösung bestimmt werden. Die Sprache der Mathematik liefert dann ebenfalls eine Basis zur Umsetzung in Sprachen der Informatik, z. B. in eine Programmiersprache zur Beschreibung und Realisierung eines Algorithmus' zur Berechnung der Lösung mit Hilfe von Computern.

Von der Art der verwendeten oder durchgeführten Modellierung hängen die mathematischen Resultate, die bewiesen, und die Algorithmen, die zur Berechnung von Modellgrößen verwendet werden können, ab. Das Wissen über die Modellierung und deren Techniken erlaubt es, die Qualität von Modellen zu verstehen und ihre Fehler(-quellen) abzuschätzen oder anzugeben.

Besonderheiten bei Klimamodellen

Die Prozesse im Klimasystem müssen vereinfacht oder approximiert werden, da das Klimasystem selbst und seine internen Interaktionen sehr komplex sind und anders nicht darstell- oder berechenbar sind. Weiterhin gibt es Prozesse, über deren „beste" oder eine geeignete Modellierung noch kein Konsens vorhanden ist.

Klimamodelle werden zur Prognose verwendet, zur Abschätzung von Sensitivitäten und zur Untersuchung von Unsicherheiten in Parametern und Einflussgrößen, damit auch zur Entwicklung von Strategien für Reaktionen auf den Klimawandel, wie z. B. Anpassung oder Vermeidung.

In der Sprache der Mathematik handelt es sich bei Klimamodellen meist um gekoppelte Systeme gewöhnlicher oder partieller Differentialgleichungen, in ihrer komplexeren Form sind diese nichtlinear, räumlich dreidimensional und zeitabhängig. Es gibt je nach Anwendungsgebiet Modelle unterschiedlicher Komplexität.

Viele Klimamodelle enthalten stochastische Parametrisierungen, d. h. Modellierungen, die kleinskalige Phänomene auf einer größeren Skala durch stochastische Größen darzustellen versuchen.

1.3 Klimasimulationen

Wirklich aussagekräftige Klimamodelle sind zu komplex, um sie analytisch lösen zu können. In Klimasimulationen werden die Klimamodelle in diskretisierter Form auf (meist Höchstleistungs-)Rechnern implementiert und Rechnungen mit konkret vorgegebenen Anfangszuständen und Parametern damit durchgeführt (z. B. um das Klima der nächsten zehn Jahre zu simulieren). Allein durch die räumliche Größe des „Modellgegenstandes Erde" und das Interesse an Langzeitprognosen (z. B. Prognose des Meeresspiegelanstiegs bis zum Ende des Jahrhunderts) ist eine diskretisierte Darstellung der modellierten Prozesse extrem daten- und rechenintensiv.

Eine Klimasimulation ist also gewissermaßen eine Instanz (im Sinne der Informatik) eines Klimamodells mit konkreten Anfangswerten und Parametern. Simulationen sind notwendig, um überhaupt Ergebnisse zu erzielen, sobald die Modelle etwas komplexer und damit erst realistisch sind. Simulationsergebnisse geben die Möglichkeit, mit Messwerten zu vergleichen und damit Aussagen über die Qualität der Modelle und ihre Nutzungsmöglichkeiten machen zu können. Danach können Simulationen z. B. für eine Prognose genutzt werden.

Da durch die Diskretisierung und eventuell auch die Realisierung im Rechner zusätzlich Fehler auftreten, ist es entscheidend, die benutzten Techniken zu verstehen und qualitativ einordnen zu können, um die Ergebnisse einer Simulation zu bewerten. Der Diskretisierungsprozess macht aus den Differentialgleichungen meist nichtlineare Gleichungssysteme, die linearisiert und damit als eine Folge von linearen Systemen gelöst werden. Ein wesentlicher Punkt ist der Umgang mit der großen Anzahl an Unbekannten, die nötig sind, um das Klimasystem in seiner Gesamtheit zu simulieren. Daher sind Effizienzverbesserungen und die Ausnutzung der sich laufend verändernden Computerkonfigurationen (wie z. B. Parallelisierung oder die Benutzung von spezieller Hardware) von entscheidender Bedeutung.

1.4 Komponenten des Klimasystems

Das Klimasystem besteht aus Komponenten, die auf den ersten Blick relativ klar voneinander abgegrenzt werden können, vgl. Abb. 1.2. Dies spiegelt sich ebenfalls in der Modellierung und auch in Softwarekomponenten zur Klimasimulation wider. Wir be-

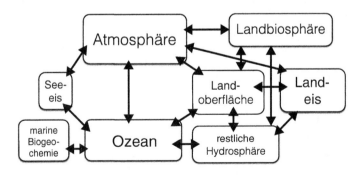

Abb. 1.2 Schematische Darstellung des Klimasystems und seiner Interaktionen

schreiben hier diese Komponenten in kurzer Form. Dabei gehen wir auf folgende Aspekte ein:

- Wie ist die Komponente (meist räumlich) definiert bzw. abgegrenzt?
- Welche Größen werden in ihr vor allem betrachtet und modelliert?
- Welche wichtigen Prozesse oder Phänomene gibt es darin?
- Mit welchen anderen Komponenten interagiert sie?
- Welche Konsequenzen ergeben sich daraus für die Modellierung?

Dies geschieht beispielhaft und ist nicht vollständig. Die folgende Darstellung basiert im Wesentlichen auf [5], vgl. auch die weitere in Anhang genannte Literatur.

Atmosphäre

Die Atmosphäre ist der gasförmige Bereich oberhalb der Erdoberfläche. Die Atmosphäre besteht aus verschiedenen Schichten. Wichtige Größen sind Windgeschwindigkeit und -richtung, Luftdruck, Temperatur, Luftfeuchtigkeit, die Konzentration von Gasen und Aerosolen.

Eine wesentliche Rolle spielt die Bilanz aus eingehender Sonnenstrahlung und von der Erde reflektierter Strahlung. Dadurch wird im Wesentlichen die Temperatur der Atmosphäre bestimmt. Durch die Strömung der Luft erfolgt in der Atmosphäre auch ein Transport von Wärme. Wichtig für die Temperatur in der Atmosphäre ist der Treibhauseffekt, durch den ein Teil der rückgestrahlten Energie zurückgehalten wird und der damit für die überhaupt erst für Menschen, Tiere und Pflanzen lebensnotwendigen Werte der Temperatur sorgt. Er wird durch Wasserdampf, CO_2 und andere Gase verursacht. Die erhöhte Konzentration der Treibhausgase, die durch menschliches Verhalten wie massive Verbrennung fossiler Brennstoffe, Landwirtschaft u. a. verursacht werden, sind zur Zeit aktuelle, auch politische und gesellschaftliche Themen. Eine besondere Rolle in der Atmosphäre haben die Wolken, da sie sowohl von ihrer Entstehung als auch ihrer Wirkung her sehr komplex sind. Außerdem sind sie relativ kleinskalig im Vergleich zur Gesamtgröße der Atmosphäre und erfordern zu ihrer exakten Auflösung eine feine Ortsdiskretisierung in Modellen, oder eben eine Modellierung der durch sie verursachten Prozesse auf einer größeren Raumskala.

Die wichtigste Kopplung ist die mit dem Ozean (Austausch von Impuls durch Wind, Wärme- und Stofftaustausch) und der Vegetation (Stoffaustausch).

Zur Modellierung werden Gleichungen der Strömungsmechanik unter Einbeziehung der Energiegleichung für die Temperatur benutzt. Dabei spielt die besondere geometrische Form mit Ähnlichkeit zu einer Kugelschale sowie die Dünne im Vergleich zur horizontalen Ausdehnung eine wichtige Rolle.

Hydrosphäre

Als Hydrosphäre werden alle Formen von Wasser auf oder unter der Erdoberfläche bezeichnet. Ein wesentlicher Teil sind die Ozeane. Die weiteren Teile der Hydrosphäre, Flüsse, Seen und Grundwasser, werden meist nur in lokalen Klimamodellen exakt aufgelöst. In globalen Modellen werden diese Prozesse eher parametrisiert, d. h. ihre Auswirkungen auf den Rest des Systems werden modelliert. Wichtige Größen sind Geschwindigkeit und Richtung der Strömung, Druck, Wassertemperatur und Salzgehalt.

Die globalen Ozeanströmungen werden durch Änderungen von Temperatur und Salzgehalt angetrieben (*thermohaline Zirkulation, THC: engl. thermohaline circulation*). Sie treibt z. B. den Nordatlantik- oder Golfstrom an, der in unseren mitteleuropäischen Breiten für z. B. im Vergleich zu Nordamerika hohe und damit angenehme Temperaturen sorgt. Die Ozeanströmungen bewirken einen Wärmetransport, und die Meere dienen als Wärmespeicher und -puffer (vgl. Meeres- zu Kontinentalklima).

Gekoppelt ist der Ozean durch die Luftströmungen über Reibung und durch die Wärmeübertragung an seiner Oberfläche mit der Atmosphäre. Niederschlag, Wasserzufluss aus Flüssen und Eisschmelze verändern seinen Salzgehalt. Das Verdampfen von Wasser hat eine Auswirkung auf den Treibhauseffekt in der Atmosphäre, da Wasserdampf daran einen großen Anteil hat. Der Ozean spielt eine wesentliche Rolle im Austausch von Gasen wie CO_2, das über die Oberfläche aufgenommen, gelöst und durch Photosynthese und andere biogeochemische Prozesse chemisch transformiert wird. Damit ergibt sich eine Kopplung zur marinen Biosphäre und eine indirekte zu der des Landes. Wichtige aktuelle Fragestellungen sind auch Meeresspiegelanstieg oder die Beziehung zu ökonomischen Aspekten wie Fischfang.

Die Bestimmungsgleichungen im Ozean sind ebenfalls Gleichungen der Strömungsmechanik, mit den gleichen geometrischen Besonderheiten wie in der Atmosphäre und zusätzlich den durch Kontinente, Inseln und die Ozeanbodentopographie gegebenen Besonderheiten. Die Zeitskalen in den Ozeanströmungen sind größer, so dass Ozeanmodelle oft mehrere tausend Jahre Modellzeit "einschwingen" müssen (sog. *spin-up*).

Kryosphäre

Unter Kryosphäre wird das Eis auf dem Land und im Meer verstanden. Die Bedeckung der Erde mit Schnee und Eis spielt eine große Rolle bei der *Albedo*, dem Anteil der reflektierten Sonneneinstrahlung. Die Eis- und Schneebedeckung hat einen Einfluss auf die ankommende Energie und damit auf die Temperatur, die wiederum die Eis- und Schneebedeckung bestimmt. Einen solchen Mechanismus nennt man *Feedbackeffekt*. Das Eis stellt ein Wasserreservoir dar, und sein Abschmelzen bei Temperaturerhöhungen beeinflusst damit den Meeresspiegel und auch den Salzgehalt des Meerwassers. Meereis ist außerdem schwer zu modellieren, da es sich bewegt. Es ist in dieser Hinsicht grob vergleichbar mit den Wolken in der Atmosphäre.

Daher ist die Kryosphäre vor allem mit der Hydrosphäre durch Schmelzen und daher Frischwasserzufluss gekoppelt. In vielen Klimamodellen wird die Kryosphäre nicht einbezogen oder parametrisiert, da die Modellierung nicht einfach ist. Die Bewegung von Landeismassen kann mit den Gleichungen für Schleichströmungen (Stokes-Gleichungen) modelliert werden.

Landoberfläche

Die Landoberfläche ist die feste, nicht vom Wasser bedeckte Erdoberfläche. Sie definiert die horizontalen Ränder des Ozeans sowie die vertikalen, unteren Grenzen der Atmosphäre. Die Landoberfläche ändert sich z. B. durch Meeresspiegelveränderungen und Erosion. Wichtig ist ihre Bedeckung z. B. mit Felsen, Erdboden oder Wüste, da diese wiederum verschiedene Werte der Albedo haben. Sie hängt damit eng mit der nächsten Komponente, der Biosphäre, der Vegetation zusammen. Der Einfluss von Bodennutzung und Niederschlag spielt eine wichtige Rolle. Damit ist die Eigenschaft der Landoberfläche auch eng mit der menschlichen Nutzung verbunden.

Biosphäre

Als Biosphäre bezeichnet man alle Formen von Tier- und Pflanzenwelt auf der Landoberfläche und im Ozean. An Land spielt die Bedeckung der Erde mit Gras, Wald etc. eine wichtige Rolle für den Wasserhaushalt, d. h. Verdampfung und Niederschlag. Die Bedeutung für die Albedo wurde oben schon erwähnt. Die Photosynthese bewirkt eine Aufnahme von CO_2 und bestimmt damit den Kohlenstoffkreislauf, einen der wesentlichen Stoffkeisläufe auf der Erde, der in Klimamodellen simuliert wird. Die oben schon angesprochene Umwandlung von Treibhausgasen wie CO_2 im Ozean geschieht durch sog. *Phytoplankton*, d. h. Algen, in der Photosynthese. Die Algen sind wiederum Nahrung für *Zooplankton*, d. h. Tiere, durch die ein Teil des Kohlenstoffs in tiefere Schichten absinkt und so sedimentiert wird. Die Gesamtmenge des im Ozean gelösten CO_2 ist 50 mal höher als der in der Atmosphäre, und allein ein Drittel des emittierten CO_2 wird im Meer aufgenommen. Das heißt, dass das Meer einen Teil der Emissionen puffert und so ihren (Treibhaus-)Effekt in der Atmosphäre abmildert. Das ist ein Grund, warum diese CO_2-Aufnahme untersucht wird. Sie führt zu einer Versauerung der Ozeane.

Anthroposphäre

Mit Anthroposphäre wird der menschliche Einfluss bezeichnet. Er äußert sich durch Emissionen von Schadstoffen und Treibhausgasen in die Atmosphäre, die Einleitung von Schadstoffen ins Meer, die Veränderung von Flussläufen (damit auch der Hydrosphäre), die Landnutzung u. a. In der sog. *Klimafolgenforschung* sind auch die Auswirkungen von Kimaveränderungen auf das menschliche Verhalten und die Ökonomie, die wiederum das menschliche Verhalten beeinflussen kann, interessant. Auch ist umgekehrt wichtig, mit welchen politischen und ökonomischen Maßnahmen welche Änderungen in z. B. Emissionen bewirkt werden können, die wiederum Auswirkungen auf die Ökonomie haben. Hier spielen Rückkopplungen offensichtlich eine wichtige Rolle. Da es sich hier auch um soziale Prozesse handelt, sind hier Modelle für menschliches Verhalten wichtig, die sich von physikalischen oder biochemischen Modellen meist darin unterscheiden, dass sie mit mehr empirischen Parametern arbeiten. Die Modelle sind von ihrer Komplexität meist nicht so umfangreich. Sie werden daher oft auch mit Modellen des Klimasystems von geringerer oder mittlerer Komplexität gekoppelt.

1.5 Antreibende Kräfte des Klimas und Ursachen für Klimaänderungen

Das Klimasystem ist ein dynamisches, d. h. zeitlich veränderliches System, das sich in einer „gewissen" Balance befindet. Die Dynamik des Systems drückt sich im Austausch (sog. *Flüssen*)

- von Energie in Form von Strahlung und Wärme und
- von Masse, vor allem Wasser, aber auch Kohlenstoff und Stickstoff inklusive Phasenübergängen

aus. Wesentliche zeitliche Dynamiken sind der tägliche und der jährliche Zyklus, wobei in zeitlich gröberen Modellen nur der letztere erfasst ist, während der erste z. B. durch Mittelwertbildungen beschrieben (*parametrisiert*) wird.

Wesentliche antreibende Kraft des Klimas ist die Sonneneinstrahlung, die durch

- Schwankungen in der Intensität der von der Sonne ausgehenden Strahlung selbst und
- nicht konstante Parameter der Erdbahn um die Sonne und den Einfluss anderer Himmelskörper auf diese

variiert. Dazu kommen in geringerem Ausmaß

- die Erdrotation und
- der Einfluss anderer Himmelskörper (wie z. B. des Mondes auf die Ozeane).

Änderungen in diesen Antrieben sind damit (in Bezug auf die Erde als Ganzes gesehen) *externe Ursachen* für Klimaänderungen.

Abb. 1.3 Ellipsenform der Erdbahn mit sonnennächstem und -fernstem Punkt und deren Abständen a, b zur Sonne. Diese definieren die Exzentrizität. Der kleine Pfeil links beschreibt die variable Position der beiden Hauptscheitel der Erdbahn, hervorgerufen durch die Präzession der Erde

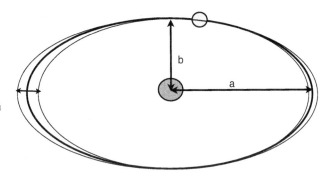

Milankovitch-Theorie

Diese Theorie beschreibt die Variabilität der auf die Erde treffende Sonneneinstrahlung durch die Änderung geometrischer Parameter der Erdumlaufbahn und der Erdneigung zu ihr (vgl. Abb. 1.3). Es gibt drei Effekte, deren Auswirkung sich auch in Messwerten für die Temperatur in der Vergangenheit (in Eisbohrkernen) bestätigen lässt. Für weitere Details s. [1, Abschnitt 2.2], aus dem die Daten unten entnommen wurden, und auch [3, Abschnitt 3.6.3]:

Änderungen der Exzentrität Die Bahn der Erde um die Sonne ist ellipsenähnlich. Als Exzentrizität E wird das Verhältnis

$$E := \frac{\sqrt{a^2 - b^2}}{a}$$

der Abstände a, b des sonnenfernsten bzw. -nächsten Punktes der Erde auf ihrer Umlaufbahn bezeichnet. Der Wert der Exzentrizität liegt zur Zeit bei $E = 0{,}017$. Die Milankovitch-Theorie beschreibt Änderungen mit Perioden von 100.000 und 400.000 Jahren mit $E \in [0{,}002, 0{,}05]$. Diese Variation ist damit nur für Langzeitsimulationen der Vergangenheit (sog. *Paleosimulationen*) interessant.

Das Ergebnis ist eine Änderung der auf die Erde treffenden über das Jahr gemittelten Sonneneinstrahlung, die durch die sog. *Solar-„Konstante"* S von zur Zeit $S = 1367\,\mathrm{W\,m^{-2}}$ angegeben wird. Dieser Wert schwankt durch die Variation der Exzentrizität um ca. $1\,\mathrm{W\,m^{-2}}$.

Änderung des Winkels der Ekliptik Die Neigung der Erdachse zur Ebene der Erdumlaufbahn variiert in $[22°, 24{,}5°]$ und liegt zur Zeit bei $23{,}5°$. Die Schwankungen haben eine Periode von ca. 41.000 Jahren und bewirken eine Veränderung der saisonalen Unterschiede der Sonneneinstrahlung, d. h. der Auswirkung der Jahreszeiten, sie beeinflussen nicht (wie die Variation der Exzentrizität) die Gesamtmenge der eintreffenden Strahlung, sondern deren zeitliche Verteilung um lokal bis zu $6\,\mathrm{W\,m^{-2}}$.

Präzession Durch die nicht vollkommene Kugelform der Erde beschreibt die Orientierung der Erdachse einen Kreis in der Ebene der Umlaufbahn um die Sonne. Die Erde bewegt sich gewissermaßen wie ein Kreisel, der taumelt. Daher ist die Erdbahn keine exakte Ellipse und die beiden Hauptscheitel der Erdbahn, der *Perihel(ion)* und der *Aphel(ion)*, haben nicht den gleichen Abstand von der Sonne, und ihre Abstände ändern sich auch zeitlich. Es gibt zwei Perioden von 19.000 und 23.000 Jahren. Als Ergebnis treten die Jahreszeiten nicht immer am gleichen Punkt der Umlaufbahn auf. So wird der Perihel zur Zeit im Nordwinter (d. h. Winter auf der Nordhalbkugel) und der Aphel im Nordsommer durchlaufen, vor (und wieder in) ca. 11.000 Jahren war (bzw. wird es) umgekehrt (sein). Daraus resultiert eine zeitliche und räumliche Veränderung der Sonneneinstrahlung, die zwischen 1329 und 1411 W m^{-2} liegt. Auch hier ist die Gesamtmenge der Strahlung konstant, nur ihre zeitliche und räumliche Verteilung ändert sich.

Sonnenflecken

Die Sonnenflecken haben eine unterschiedliche Aktivität mit einer elfjährigen Periode, die noch von längeren Schwankungen überlagert ist. Die durch Sonnenflecken verursachte Intensitätsschwankung wird auf 0,1 % geschätzt und damit relativ gering, s. [3, Abschnitt 3.3.4], [1, Abschnitt 3.2.2].

Natürliche interne Ursachen

Es gibt einige natürliche, das heißt hier nicht durch menschliche Einwirkungen verursachte Gründe für Klimaveränderungen.

Beispiel 1.3 Vulkanausbrüche schleudern Partikel und Gas in die Atmosphäre. Wichtig ist dabei die Höhe, bis zu der diese Stoffe gelangen. Meist ist diese Höhe nur fünf bis acht Kilometer, so dass die Stoffe durch die Schwerkraft direkt auf den Boden sinken oder durch Regen ausgewaschen werden. Dann ist ihre Wirkung minimal. Ist der Ausbruch heftiger, und gelangen die Stoffe in Höhen von 15 bis 25 km, so verbleiben sie länger in der Atmosphäre. Das ausgestoßene Schwefeldioxid SO_2 reagiert teilweise, es bewirkt eine erhöhte Reflektivität (Albedo) und damit eine Abkühlung. Durch den Ausbruch des Vulkans Pinatubo 1991 auf den Philippinen gelangten ca. 20 Mio. Tonnen SO_2 in eine Höhe von 25 km, die Auswirkung auf die Sonneneinstrahlung wird auf $-0,4$ W m^{-2} geschätzt und die dadurch verursachte Temperaturabsenkung um 0,5 K bzw. 0,5° Celsius. Dies wird durch Messungen bestätigt.

Beispiel 1.4 In relativ großen Zeitskalen beobachtet kann eine Änderung der thermohalinen Zirkulation, d. h. der durch Temperatur- und Salzgehaltänderungen angetriebenen Konvektionsströmung im Ozean, die z. B. für den Golfstrom verantwortlich ist, beobachtet werden.

Beispiel 1.5 In ca. vierjährigen Perioden tritt die ENSO (*El Niño Southern Oscillation*) auf, eine großflächige Erwärmung des Pazifiks in Äquatornähe. Die entsprechende kühle Phase heißt *La Niña*. Beide haben Auswirkungen auf Süd- und Mittelamerika.

Anthropogene Ursachen

Die vom Menschen verursachten Änderungen am Klima sind die, die zur Zeit am meisten diskutiert werden.

Übung 1.6 Welche anthropogenen Ursachen fallen Ihnen ein bzw. werden zur Zeit diskutiert? In welchen Teilen des Klimasystems sind sie wirksam und welche Prozesse beeinflussen sie?

Hier sind einige Beispiele genannt:

Beispiel 1.7 Erhöhter Ausstoß von Kohlendioxid (CO_2) und Methan (CH_4) sind mit verantwortlich für den ansteigenden Treibhauseffekt in der Atmosphäre, der für eine Temperaturerhöhung sorgt. Die Emissionen werden durch Verbrennung fossiler Energien in Kraftwerken und durch Verkehr verursacht. Methan, das ein vielfach wirksameres Treibhausgas als Kohlendioxid ist, entsteht in der Tierproduktion der Landwirtschaft. Erhöhte Temperaturen bewirken Änderungen in Niederschlägen und Verdampfung, eine Erhöhung des Meeresspiegel durch die Ausdehnung des Wassers und Abschmelzen von Eis, Änderungen des Salzgehaltes im Meer etc.

Beispiel 1.8 Aerosole entstehen ebenfalls durch die Luftverschmutzung bei der Verbrennung fossiler Energien. Sie bewirken eine vermehrte Rückstrahlung der Sonnenenergie und damit eine direkte Abkühlung in der Atmosphäre, außerdem verursachen sie eine Wolkenbildung und dadurch auch indirekt eine höhere Albedo.

Beispiel 1.9 Die Entdeckung des Ozonlochs war ein wichtiges Umweltthema in den 1980er Jahren. Für die Entdeckung der Rolle der vom Menschen in die Atmosphäre emittierten Stoffe (Fluorchlorkohlenwasserstoffe, FCKWs) für die Ozonschicht wurde 1995 ein Nobelpreis verliehen. Diese Stoffe verbleiben lange in der Atmosphäre, sie wirken einerseits als Treibhausgase. Die Reduktion des Ozons hat in den verschiedenen Schichten unterschiedliche Wirkungen, sie führt in der unteren Schicht, der Troposphäre, zu einer Erwärmung, in der höheren Stratosphäre zu einer Abkühlung.

Beispiel 1.10 Abholzung und Umwandlung in Weideland, Bodenversiegelung haben Auswirkungen auf Niederschlag und Verdunstung und damit auf den Wasserhaushalt.

Feedbackeffekte

Zwei oder mehrere Größen, die Änderungen im Klimasystem bewirken, sind besonders wichtig oder kritisch, wenn sie sich gegenseitig beeinflussen und Rückkopplungen, sog. Feedbacks, verursachen.

Bewirkt die Änderung einer Größe x die Änderung einer anderen Größe y und diese wiederum die Änderung von x in die gleiche Richtung (so dass sich also der gesamte gekoppelte Prozess verstärkt), so wird dies als positiver Feedbackeffekt bezeichnet (auch wenn die Auswirkung insgesamt negativ bewertet werden kann). Sind beide Größen differenzierbar, so kann ein positiver Feedbackeffekt durch die Beziehung

$$\frac{dy}{dx}(x)\frac{dx}{dy}(y) > 0$$

definiert werden. Bei negativem Vorzeichen wird von einem negativen Feedbackeffekt gesprochen.

Beispiel 1.11 Der Eis-Albedo-Feedbackeffekt ist ein positiver Feedbackeffekt: Eine erhöhte Albedo bewirkt eine vermehrte Rückstrahlung und damit eine Abkühlung, die sich in einer Temperatursenkung auswirkt, die durch höhere Schnee- und Eisbedeckung zu erneut erhöhter Albedo führt.

Beispiel 1.12 Der Wasserdampf-Feedbackeffekt ist ebenfalls positiv in diesem Sinne: Erhöhter Wasserdampfgehalt in der Atmosphäre bewirkt einen höheren Treibhauseffekt, dieser wiederum eine Temperaturerhöhung mit dem Resultat einer höheren Verdampfung von Wasser.

1.6 Eine Klassifizierung von Klimamodellen

Es gibt verschiedene Arten von Klimamodellen. Bei ihrer Klassifizierung können folgende Fragestellungen dienen:

- Welche Komponenten des Klimasystems sind modelliert (z. B. nur Ozean, Ozean gekoppelt mit Atmosphäre etc.)?
- Welche Prozesse werden einbezogen, vgl. Tab. 1.1?
- Wie ist die räumliche und zeitliche Auflösung? Ist das Modell räumlich dreidimensional? Ist es zeitabhängig oder stationär?

Diese Fragen hängen miteinander zusammen: Bei einem nulldimensionalen Modell können die einzelnen Komponenten des Klimasystems nicht unterschieden und auch nur

Tab. 1.1 Wachsende Komplexität von Klimamodellen, bezogen auf die Berichte des IPCC, nachempfunden [6, Fig. 1-13]. ×: in Modellen enthalten

Zeit	1970er	1980er	1990	1995	2001	2007	2013/14
IPCC-Sachstandsbericht	-	-	1.	2.	3.	4.	5.
Atmosphäre	×	×	×	×	×	×	×
Ozean und Seeeis	×	×	×	×	×	×	×
Landoberfläche	×	×	×	×	×	×	×
Aerosole				×	×	×	×
Kohlenstoffkreislauf					×	×	×
Dynamische Vegetation					×	×	×
Atmosphärenchemie						×	×
Landeis						×	×

wenige Prozesse, z. B. nur die Strahlungsbilanz, modelliert und simuliert werden. Bestimmte Prozesse benötigen zu ihrer Modellierung eine spezielle räumliche oder zeitliche Auflösung, sonst können sie eventuell nur gemittelt einbezogen werden.

Welche Wahl des Modells getroffen wird, hängt wesentlich von der wissenschaftlichen Fragestellung ab, die untersucht werden soll. Ist nur eine mittlere globale Jahrestemperatur interessant, so kann eine gröbere Auflösung gewählt werden, als wenn örtlich und zeitlich lokale Aussagen z. B. über Temperaturänderungen in Deutschland (z. B. nur im Sommer) gemacht werden sollen.

Die Auswirkungen der Wahl des Modells betreffen vor allem die Laufzeit der Simulation, die Notwendigkeit zur Verwendung besonders effizienter Algorithmen oder zur Parallelisierung. Weiterhin müssen etwaige nicht modellierte gekoppelte Komponenten (z. B. bei einem reinen Ozeanmodell die Wechselwirkung mit der Atmosphäre) durch entsprechende Randbedingungen dargestellt werden.

Es werden folgende Typen von Klimamodellen unterschieden:

- *Energiebilanzmodelle (EBM)* sind meist null- oder eindimensional, stationär oder instationär. Sie modellieren nur die Strahlungsbilanz und können z. B. den Treibhauseffekt (grob modelliert) mit einbeziehen, ohne seine Prozesse genau aufzulösen. Sie sind sehr schnell in ihrer Simulation.
- *Boxmodelle*, die meist nur für eine oder wenige Komponenten des Klimassystems (z. B. Boxmodell des Nordatlantikstroms) oder zur Simulation bestimmter Prozesse (z. B. Boxmodell des globalen CO_2-Haushalts) verwendet werden. Da diese Modelle meist nur wenige Boxen haben, sind sie ebenfalls sehr schnell und eignen sich gut zur Kopplung mit anderen Modellen und um viele Simulationsläufe durchzuführen.
- *Globale Zirkulations-* oder *globale Klimamodelle (GCMs: Global Circulation* oder *Climate Models)*, ursprünglich Modelle für Ozean oder Atmosphäre, die die strömungsmechanischen Gleichungen und damit die Zirkulation auflösen können, d. h. die auf

den Navier-Stokes-Gleichungen basieren. Durch die Einbeziehung weiterer Komponenten wie Eis und Biosphäre wurden diese Modelle dann zu globalen Klimamodellen. sie sind räumlich dreidimensional und instationär, d. h. sie brauchen am meisten Rechenzeit und werden meist auf Höchstleistungsrechnern benutzt. Heute wird die Bezeichnung *ESM – Erdsystemmodelle* benutzt.

- Modelle mittlerer Komplexität (*EMICs: Earth System Models of Intermediate Complexity*) sind reduzierte Versionen der GCMs, bei denen mehr Mittelungen oder gröbere Parametrisierungen (d. h. Modellierung bestimmter Prozesse) auf gröberen Gittern durchgeführt werden. Dadurch sind EMICs schneller in der Simulation.

Ein nulldimensionales Energiebilanzmodell 2

Wir formulieren hier das denkbar einfachste Klimamodell, das die Erde als Punkt im Weltraum modelliert. Das Modell basiert auf der Strahlungsbilanz eines „nulldimensionalen" Körpers. Es wird z. B. in [2, 3, 5] behandelt. Es ist eher von akademischen Interesse, zeigt aber bereits die Vorgehensweise bei der Aufstellung von Bilanzgleichungen, die Bedeutung von Modellparametern und Methoden zu ihrer Bestimmung aus Messdaten. Wir betrachten zuerst den stationären Gleichgewichtszustand und anschließend ein zeitabhängiges Modell, mit dem man Temperaturänderungen simulieren kann. Dieses wird sowohl für endliche, diskrete Zeitschritte als auch in einer kontinuierlichen Zeit hergeleitet. Es liefert das erste Beispiel für eine mathematische Modellklasse, nämlich die der gewöhnlichen Differentialgleichungen.

2.1 Die Strahlungsbilanz eines Körpers im All

Im nulldimensionalen Energiebilanzmodell wird die globale Energiebilanz der Erde aufgestellt, bestehend mittleren Temperatur auf der Erde in Beziehung gesetzt wird. Die eingehende Strahlung wird von der Reflektivität der Erdoberfläche und auch der Wolken beeinflusst. Die zurückgestrahlte Energie wird durch den Treibhauseffekt vermindert.

Im stationären oder Gleichgewichtszustand befinden sich die Energie pro Zeiteinheit, die auf die Erde treffen und die von ihr abgestrahlt werden, im Gleichgewicht.

Die von der Sonne auf die Erde einstrahlende Energie pro Zeit (das ist physikalisch die Leistung, Einheit $W = J\,s^{-1}$), ist das Produkt aus der sog. *Solarkonstante S* multipliziert mit der Fläche der Erde, die von der Sonne bestrahlt wird. Dies ist ein Kreis mit dem Erdradius r, d. h. die Fläche ist gleich πr^2. Die Menge der eingehenden Strahlungsenergie pro Zeit ist daher

$$\pi r^2 S.$$

Für die Konstanten gilt $S = 1367\,W\,m^{-2}$, $r = 6371\,km$. Der Erdradius ist dabei gemittelt, denn die Erde ist keine Kugel. Ein Teil dieser Strahlung wird durch die Erde

© Springer-Verlag Berlin Heidelberg 2015
T. Slawig, *Klimamodelle und Klimasimulationen*, Springer-Lehrbuch Masterclass,
DOI 10.1007/978-3-662-47064-0_2

reflektiert. Diesen Anteil $\alpha \in [0, 1]$ bezeichnet man als *Albedo*. Die Albedo hängt von der Oberfläche bzw. deren Farbe ab. Es gilt z. B. für frischen Schnee $\alpha \in [0{,}8, 0{,}9]$, für Wald $\alpha \in [0{,}02, 0{,}2]$. Der über die Erde gemittelte Wert für die Albedo ist $\alpha \approx 0{,}3$. Die auf die Erde auftreffende Strahlungsenergie pro Zeiteinheit ist damit

$$R_{\text{in}} = \pi^2 S (1 - \alpha). \tag{2.1}$$

Zur Modellierung der von der Erde ausgehenden Strahlung beginnen wir mit dem *Stefan-Boltzmann-Gesetz* für einen *schwarzen Strahler*. Dies ist ein Körper, der die gesamte auf ihn einfallende Strahlung absorbiert. Für eine schwarzen Strahler ergibt sich die Rückstrahlung pro Fläche als Funktion der Temperatur T als

$$\sigma T^4$$

mit der Stefan-Boltzmann-Konstante

$$\sigma = 5{,}67 \cdot 10^{-8} \, \text{W} \, \text{m}^{-2} \text{K}^{-4}.$$

Für die Rückstrahlung der gesamten Erde muss dieser Wert noch mit der Erdoberfläche $4\pi r^2$ multipliziert werden:

$$R_{\text{out}} = 4\pi r^2 \sigma T^4. \tag{2.2}$$

Gleichsetzen von R_{in} und R_{out} ergibt die Bilanzgleichung

$$\frac{(1-\alpha)S}{4} = \sigma T^4.$$

Die sich daraus ergebende Temperatur ist

$$T = \sqrt[4]{\frac{(1-\alpha)S}{4\sigma}} \approx 255 \, \text{K} \approx -18\,°\text{C}.$$

Dieser Wert entspricht nicht der zur Zeit tatsächlich auf der Erde gemessenen mittleren Jahrestemperatur, die ca.

$$T_m \approx 287 \, \text{K} \approx 14\,°\text{C}$$

beträgt. Die Ursache dafür ist, dass die Erde eben kein schwarzer Strahler ist, sondern dass ein Teil der von der Erdoberfläche zurückgestrahlten Energie durch den Treibhauseffekt in der Atmosphäre zurückgehalten wird. Um dies zu modellieren, wird ein multiplikativer Parameter, die *Emissivität* ε, in (2.1) eingeführt. Damit ergibt sich die Bilanz

$$\frac{(1-\alpha)S}{4} = \varepsilon\sigma T^4. \tag{2.3}$$

Der Wert T_m kann zur Bestimmung von ε benutzt werden, und es ergibt sich

$$\varepsilon = \frac{(1-\alpha)S}{4\sigma T_m^4} \approx 0{,}62.$$

Übung 2.1 Plotten Sie die Temperatur, die sich aus dem stationären Energiebilanzmodell

1. für Werte von $\alpha \in [0, 1]$ und festes $\varepsilon = 0{,}62$
2. und für Werte von $\alpha \in [0, 1]$ und $\varepsilon \in (0, 1]$ ergibt.

Anmerkung 2.2 Andere, insbesondere nichtlineare und temperaturabhängige Modellierungen der Albedo finden sich in [7–9].

2.2 Die instationäre Form der Strahlungsbilanz

Sind eingehende und ausgehende Energie nicht gleich, so bewirkt dies eine zeitliche Änderung der Temperatur des Körpers, in diesem Fall der Erde. Dies kann als eine Temperaturänderung in der Atmosphäre oder im Ozean interpretiert werden. Je höher das Ungleichgewicht zwischen eintreffender und abgestrahlter Energie ist, desto stärker wird die Temperatur sich pro Zeiteinheit ändern. Aus dieser Beobachtung oder Annahme kann ein zeitabhängiges oder instationäres Energiebilanzmodell hergeleitet werden. Dies kann auf zwei Arten geschehen, die wir in den nächsten Abschnitten vorstellen: Die erste betrachtet endliche, diskrete Zeitschritte, während in der zweiten die Zeit als kontinuierlich angesehen wird.

Es ist in diesem einfachen Modell mit nur einer Gleichung einleuchtend, dass bei $R_{\text{in}} > R_{\text{out}}$ die Temperatur auf der Erde steigen und im umgekehrten Fall sinken wird. Das Ausmaß der Änderung hängt weiterhin von folgenden Dingen ab:

- vom betrachteten Zeitintervall, je größer dies ist, desto größer die Temperaturänderung.
- von dem betrachteten Volumen, für das die (dann darüber räumlich gemittelte) Temperatur berechnet wird (z. B. Atmosphäre oder Ozean): Je größer das Volumen, desto geringer die Temperaturänderung. Wird die Erde wieder als Kugel angenommen, so handelt es sich um das Volumen einer Kugelschale. Dies ist $4\pi r^2 H$, wenn H die Höhe oder Dicke der betrachteten Schicht ist.
- von der Wärmeübertragung in den Stoff, dessen Temperatur beschrieben wird (Luft für die Athmosphäre, Wasser für den Ozean). Diese ergibt sich als Produkt aus Dichte ϱ des Stoffes und seiner spezifischen Wärme C. Auch hier ist der Zusammenhang umgekehrt proportional: Je größer das Produkt ϱC, desto geringer die Temperaturänderung.

Daraus kann ein zeitabhängiges Modell der Form

$$T(t + \Delta t) = T(t) + \Delta t \, \frac{R_{\text{in}}(t) - R_{\text{out}}(t)}{4\pi r^2 H \varrho C}. \tag{2.4}$$

formuliert werden. Hier bezeichnet t einen Zeitpunkt und $\Delta t > 0$ das betrachtete Zeitintervall oder einen Zeitschritt. Es handelt sich um ein zeitdiskretes Modell, und eine solche Gleichung heißt auch *Differenzengleichung*.

In Klimamodellen werden oft „natürliche" Zeitschritte wie ein Tag oder ein Jahr betrachtet. Da aber die Größen R_{in} und R_{out} und auch die Parameter H, ϱ und C in bestimmten Einheiten angegeben werden, muss der Zeitschritt an diese Größen angepasst sein oder die Größen R_{in} und R_{out} und die Parameter eventuell entsprechend skaliert werden.

2.3 Grundgrößen und Einheiten nach dem SI-System

Da das Problem der Wahl der Einheiten bzw. der Skalierung von Größen und Variablen in Modellen bei Klima- und anderen Modellen eine wesentliche Rolle spielt, wurde der SI-Standard für Einheiten definiert. In ihm sind Grundgrößen mit zugehörigen Standardeinheiten für physikalische und andere Größen definiert. Wir geben in den Tab. 2.1 und 2.2 die hier benutzten Grundgrößen und Einheiten an, vgl. [10, Abschnitt 0.2].

Werden die Einheiten der Parameter in der Gleichung (2.4) in SI-Einheiten benutzt, dann muss der Zeitschritt Δt als eine Sekunde gewählt oder die eingehenden Parameter, bei denen eine Zeitabängigkeit vorhanden ist, entsprechend umgerechnet (*umskaliert*) werden.

Tab. 2.1 Liste der Grundgößen (oder Dimensionen) mit ihren symbolischen Bezeichnungen und zugehörigen Einheiten nach SI-Standard. Nach SI-Standard werden Symbole für Dimensionen serifenlos und solche für Einheiten nicht kursiv gesetzt

Grund-größe	Länge	Zeit	Masse	Temperatur	Elektrischer Strom	Licht-stärke	Substanz-menge
Symbol	L	T	M	Θ	I	J	N
Einheit	Meter	Sekunde	Kilogramm	Kelvin	Ampere	Candela	Mol
Symbol	m	s	kg	K $0\,^\circ\text{C} = 273{,}15\,\text{K}$	A	cd	mol

Tab. 2.2 Liste der im Energiebilanzmodell verwendeten abgeleiteten Größen mit zugehörigen Einheiten nach SI-Standard

Abgeleitete Größe	Kraft	Arbeit bzw. Energie	Leistung
Dimensionelle Darstellung	MLT^{-2}	ML^2T^{-2}	ML^2T^{-3}
Einheit	Newton	Joule	Watt
Symbol/Umrechnung	$\text{N} = \text{kg}\,\text{m}\,\text{s}^{-2}$	$\text{J} = \text{N}\,\text{m} = \text{W}\,\text{s}$	$\text{W} = \text{J}\,\text{s}^{-1}$

2.4 Formulierung als Differentialgleichung

Die oben angegebene Form (2.4) des Energiebilanzmodell als Differenzengleichung entspricht mit einem gewählten festen Zeitschritt Δt der Anschauung. Unabhängig von der Wahl des Zeitschritts und eventueller Umskalierungen der Parameter und universeller wird das Modell, wenn die Schrittweite als gegen Null gehend betrachtet wird. Dazu dividieren wir (2.4) nach Umstellen durch Δt, erhalten

$$\frac{T(t + \Delta t) - T(t)}{\Delta t} = \frac{R_{\text{in}}(t) - R_{\text{out}}(t)}{4\pi r^2 H\varrho C} = \frac{\pi r^2 S(1 - \alpha) - 4\pi r^2 \varepsilon\sigma T(t)^4}{4\pi r^2 H\varrho C}, \qquad (2.5)$$

und bilden auf beiden Seiten den Grenzwert $\Delta t \to 0$. Die rechte Seite ist unabhängig vom Zeitschritt, für die linke ergibt sich die Definition der ersten Ableitung von T am Zeitpunkt t:

$$T'(t) := \frac{\mathrm{d}T}{\mathrm{d}t}(t) := \lim_{\Delta t \to 0} \frac{T(t + \Delta t) - T(t)}{\Delta t}.$$

Oft wird – vor allem in der Physik – auch der Punkt ($\dot{T}$) für die Ableitung verwendet. Diese Notation wurde von Newton eingeführt.

Damit kann nun folgende Differentialgleichung für die instationäre Energiebilanz aufgestellt werden:

$$\underbrace{4\pi r^2 H\varrho C\, T'(t)}_{\substack{\text{zeitliche Änderung} \\ \text{der Wärmeenergie}}} = \underbrace{\pi r^2 S(1 - \alpha)}_{\substack{\text{eingehende, nicht reflek-} \\ \text{tierte Strahlungsenergie} \\ \text{pro Zeiteinheit}}} - \underbrace{4\pi r^2 \varepsilon\sigma T(t)^4}_{\substack{\text{zurückgestrahlte} \\ \text{Strahlungsenergie} \\ \text{pro Zeiteinheit}}}$$

Ein Indiz für die Korrektheit einer so hergeleiteten Modellgleichung ergibt der Vergleich der Einheiten. Für eine Größe Q wird mit $[Q]$ deren Einheit bezeichnet, also gilt z. B. für den Erdradius $[r] = \text{m}$. Für die Einheiten der rechten Seite der Differentialgleichung gilt, vgl. Tab. 2.3:

$$[4\pi r^2 H\varrho C\, T'(t)] = \text{m}^2\,\text{m}\,\frac{\text{kg}}{\text{m}^3}\,\frac{\text{J}}{\text{kg K}}\,\frac{\text{K}}{\text{s}} = \frac{\text{J}}{\text{s}} = \text{W}.$$

Für die rechte Seite gilt dies ebenfalls, was leicht zu überprüfen ist.

Tab. 2.3 Parameter im Energiebilanzmodell, angewandt auf die Troposphäre

Variable	Wert und Einheit	Bedeutung
r	$6371\,\text{km} = 6{,}371 \times 10^6\,\text{m}$	Erdradius
H	$8{,}3\,\text{km} = 8{,}3 \times 10^3\,\text{m}$	Dicke bzw. Höhe der betrachteten Schicht der Atmosphäre, hier: Troposphäre (unterste Schicht, die den Großteil der Luft enthält)
ϱ	$1{,}2\,\text{kg}\,\text{m}^{-3}$	Dichte von Luft
C	$10^3\,\text{J}\,\text{kg}^{-1}\text{K}^{-1}$	Spezifische Wärme von Luft
S	$1{,}367 \times 10^3\,\text{W}\,\text{m}^{-2}$	Solarkonstante
σ	$5{,}67 \times 10^{-8}\,\text{W}\,\text{m}^{-2}\,\text{K}^{-4}$	Stefan-Boltzmann-Konstante

Durch Kürzen ergibt sich die Gleichung

$$H\varrho C\, T'(t) = \frac{S}{4}(1 - \alpha) - \varepsilon\sigma T(t)^4. \tag{2.6}$$

Die geometrischen Größen wie Erdradius und auch die Konstante π treten nicht mehr auf. Diese Gleichung ist eine wesentlich prägnantere Darstellung als die Differenzengleichung (2.4). Es handelt sich um eine *nichtlineare* (wegen T^4) *gewöhnliche* Differentialgleichung (Ableitung nur nach der Zeit, keine partiellen Ableitungen) *erster Ordnung* (nur erste Ableitung).

Wird diese Gleichung auf einem Zeitintervall oder für $t \geq t_0 \in \mathbb{R}$ mit einem gegebenen Anfangswert $T_0 = T(t_0)$ betrachtet, so ergibt sich ein *Anfangswertproblem (AWP)*.

Anfangswertprobleme und analytische Lösungsverfahren

3

Gewöhnliche Differentialgleichungen und Anfangswertprobleme für diese bilden die einfachste, aber auch grundlegende Klasse von mathematischen Formulierungen von Klimamodellen. Dieses Kapitel enthält grundlegende Definitionen, die die Basis für die weiteren Modelle und analytischen und numerischen Methoden bilden. Es gibt weiterhin einen Überblick über analytische Lösungsmethoden, die – wie wir am nulldimensionalen Energiebilanzmodell erkennen können – aber enge Grenzen haben.

3.1 Anfangswertprobleme

Nahezu alle Klimamodelle sind als Anfangswertproblem für eine Differentialgleichung gegeben oder können so formuliert werden. Ein solches Anfangswertproblem besteht aus der Differentialgleichung und dem zugehörigen Anfangswert. Wir geben zunächst folgende Definition für eine gewöhnliche Differentialgleichung. Für eine allgemeine Formulierung benutzen wir y als Name für die unbekannte Funktion. Diese kann vektorwertig oder noch allgemeiner in einem beliebigen Vektorraum (auch einem Funktionenraum) sein.

Definition 3.1 (Differentialgleichung) Sei $I \subset \mathbb{R}$ ein beliebiges Intervall, $D \subset \mathbb{R}^n$ offen und $f : I \times D \to \mathbb{R}^n$. Dann heißt

$$y'(t) = f(t, y(t)), \quad t \in I, \tag{3.1}$$

gewöhnliche Differentialgleichung mit *rechter Seite f*. Eine auf I differenzierbare Funktion y, die (3.1) erfüllt, heißt *(exakte) Lösung* der Differentialgleichung. Ist allgemeiner $f : I \times D \to X$ mit einem normierten Vektorraum X und $D \subset X$ offen, dann heißt (3.1) *Operatordifferentialgleichung*.

Bei Klimamodellen wird die rechte Seite f oft mit „dem Modell" identifiziert.

© Springer-Verlag Berlin Heidelberg 2015
T. Slawig, *Klimamodelle und Klimasimulationen*, Springer-Lehrbuch Masterclass,
DOI 10.1007/978-3-662-47064-0_3

Ein Anfangswertproblem enthält zusätzlich zur Differentialgleichung einen Anfangswert der Lösung an einem festen Anfangszeitpunkt:

Definition 3.2 (Anfangswertproblem) Sei $I \subset \mathbb{R}$ ein abgeschlossenes oder halboffenes Intervall, d. h. $I = [t_0, t_e]$ oder $I = [t_0, t_e), t_0 \in \mathbb{R}, t_e \in \mathbb{R} \cup \{\infty\}, t_0 < t_e$. Weiter sei f wie in Definition 3.1 und $y_0 \in D$ gegeben. Das Problem

$$y'(t) = f(t, y(t)), \quad t \in I, \quad y(t_0) = y_0 \tag{3.2}$$

heißt *Anfangswertproblem* mit *Anfangswert* y_0.

In vielen Fällen hängt die rechte Seite der Differentialgleichung nicht explizit von der Variable t ab:

Definition 3.3 (Autonome Differentialgleichung) Eine Differentialgleichung (3.1) heißt *autonom*, wenn die rechte Seite f nur von $y(t)$ und nicht explizit von t abhängt.

Natürlich hängt bei einer nicht zeitlich konstanten Lösung $y = y(t)$ die rechte Seite einer autonomen Gleichung, $f = f(y(t))$, indirekt über y von der Zeit ab, aber nicht direkt. Dies ist der entscheidende Punkt in der Definition.

Anmerkung 3.4 Bei einer autonomen Gleichung ist offensichtlich

$$\tilde{y}(t) := y(t_0 + t), \quad t \in [0, t_e - t_0]$$

eine Lösung, wenn y eine Lösung auf $[t_0, t_e]$ ist. Das heißt: Es kann ohne Beschränkung der Allgemeinheit $t_0 = 0$ betrachtet werden.

Oft wird das Argument t von y weggelassen, d. h. $y' = f(t, y)$ in (3.2) bzw. $y' = f(y)$ (bei einer autonomen Gleichung) geschrieben.

Beispiel 3.5 Das Energiebilanzmodell (2.6), besteht aus einer autonomen Differentialgleichung, wenn alle Parameter S, α, ε als nicht explizit von der Zeit abhängig angenommen werden. Wird eine Temperaturabhängigkeit (z. B. der Albedo als $\alpha = \alpha(T)$) angesetzt, so bleibt die Gleichung autonom.

Im Rest dieses Kapitels geben wir Methoden an, wie eine gewöhnliche Differentialgleichung bzw. ein zugehöriges Anfangswertproblem analytisch gelöst werden kann. Um es vorwegzunehmen, führen diese Methoden jedoch bereits beim nulldimensionalen Energiebilanzmodell nicht zu einer geschlossenen Darstellung der Lösung. Die folgenden Abschnitte sind des Überblicks wegen enthalten, und weil sie die Grenzen der analytischen Lösungsverfahren aufzeigen.

3.2   Die Methode der Trennung der Variablen

Diese Methode kann benutzt werden, um Anfangswertprobleme der Form (3.2) für skalare Differentialgleichungen der Form

$$y'(t) = f_1(y(t)) \, f_2(t) \tag{3.3}$$

mit $f_1 : D \to \mathbb{R}$ und $f_2 : I \to \mathbb{R}$ zu lösen. Können Stammfunktionen F_1, F_2 zu $1/f_1$ bzw. f_2 angegeben werden (also Funktionen mit $F_1' = 1/f_1$ bzw. $F_2' = f_2$), dann kann eine Lösung der Differentialgleichung und auch des zugehörigen Anfangswertproblems mit Hilfe des folgenden Satzes charakterisiert werden.

Satz 3.6 (Trennung der Variablen) *Sei eine Differentialgleichung der Form (3.3) gegeben. Weiterhin sei f_1 stetig mit $f_1(y(t)) \neq 0$ f. a. $t \in I$, und F_1, F_2 seien Stammfunktionen von $1/f_1$ bzw. f_2. Dann ist eine stetig differenzierbare Funktion y, die die Gleichung*

$$F_1(y(t)) = F_2(t), \quad \forall t \in I, \tag{3.4}$$

erfüllt, Lösung der Differentialgleichung (3.3).

Beweis Vgl. auch [11, §11, Satz 1]. Erfüllt y die Gleichung (3.4), dann gilt für beliebige $t_0, t \in I$:

$$F_1(y(t)) - F_1(y(t_0)) = F_2(t) - F_2(t_0).$$

Mit der Definition der Stammfunktion und dem Hauptsatz der Differential- und Integralrechnung (s. z. B. [12, §19 Satz 2]) folgt

$$\int_{y(t_0)}^{y(t)} \frac{1}{f_1(z)} \mathrm{d}z = \int_{t_0}^{t} f_2(s) \mathrm{d}s.$$

Da f_1 stetig und y stetig differenzierbar ist, gilt nach der Substitutionsregel der Integration (s. z. B. [12, §19 Satz 4]) für die linke Seite:

$$\int_{y(t_0)}^{y(t)} \frac{1}{f_1(z)} \mathrm{d}z = \int_{t_0}^{t} \frac{y'(s)}{f_1(y(s))} \mathrm{d}s,$$

also

$$\int_{t_0}^{t} \frac{y'(s)}{f_1(y(s))} \mathrm{d}s = \int_{t_0}^{t} f_2(s) \mathrm{d}s.$$

Differentiation auf beiden Seiten ergibt

$$\frac{y'(t)}{f_1(y(t))} = f_2(t), \ t \in I.$$

Also ist y Lösung der Differentialgleichung.   □

Kann die Gleichung (3.4) nach y aufgelöst, also eine Umkehrfunktion zu F_1 angegeben werden, dann ergibt sich eine explizite Darstellung der Lösung y. Die in den Stammfunktionen F_1, F_2 möglichen additiven Konstanten ergeben in (3.4) eine additive Konstante. Diese wird durch den Anfangswert bestimmt.

In mathematisch etwas unpräziserer Form kann die Vorgehensweise in folgendem Algorithmus beschrieben werden.

Algorithmus 3.7 (Trennung der Variablen)

1. Schreibe die Ableitung als Differentialquotienten

$$y' = \frac{dy}{dt} = f_1(y) f_2(t).$$

   Die Abhängigkeit der Funktion y von t wird dabei in der Schreibweise zunächst ignoriert. Betrachte den Differentialquotienten als Bruch.
2. Trennung der Variablen ergibt

$$\frac{dy}{f_1(y)} = f_2(t) dt.$$

   Diese Umformung ist nur für $f_1(y) \neq 0$ zulässig, was am Ende überprüft werden muss.
3. Berechne auf beiden Seiten das unbestimmte Integral. Dies ergibt

$$\int \frac{1}{f_1(y)} dy = \int f_2(t) dt + c$$

   mit einer Integrationskonstanten $c \in \mathbb{R}$.
4. Können beide unbestimmten Integrale angegeben und die entstehende Gleichung nach y aufgelöst werden, so ergibt sich eine explizite Lösungsdarstellung für $y(t)$.
5. Die Konstante c wird durch die Anfangsbedingung festgelegt.
6. Überprüfe die Bedingung $f_1(y) \neq 0$ und Bedingungen, die sie sicherstellen, z.B. durch Einschränkung des betrachteten Intervalls I.

Im Fall einer autonomen Gleichung gilt $f_2(t) = 1$ für alle $t \in I$ und $f = f_1$. Dann ist $F_2(t) = t + c, c \in \mathbb{R}$, und die Lösung der Differentialgleichung entspricht der Umkehrfunktion von F_1. Folgendes Beispiel zeigt die Anwendung:

Beispiel 3.8 Gegeben sei das Anfangswertproblem

$$y'(t) = \lambda y(t), \quad t \geq 0, \qquad y(0) = y_0, \quad \lambda \in \mathbb{R}. \tag{3.5}$$

Dann ergibt der Algorithmus

$$\frac{1}{y}\, dy = \lambda\, dt$$

und damit

$$\int \frac{1}{y}\, dy = \ln|y| = \lambda t + c. \tag{3.6}$$

Diese Umformungen sind nur für $y \neq 0$ zulässig. Anwenden der Exponentialfunktion auf beiden Seiten der Gleichung liefert

$$|y(t)| = e^{\lambda t + c} = c\, e^{\lambda t}.$$

Da die Exponentialfunktion nur positive Werte annehmen kann, hängt das Vorzeichen der rechten Seite nur von der bisher noch unbestimmten Konstanten c ab, die durch die Anfangswerte festgelegt wird. Damit gilt auch

$$y(t) = c\, e^{\lambda t},$$

eventuell nach Änderung des Vorzeichens von c. Aus der Anfangsbedingung folgt $c = y_0$. Für $y_0 \neq 0$ ist die Umformung (3.6) damit zulässig. Für $y_0 = 0$ ist die konstante Nullfunktion $y \equiv 0$ die Lösung.

Das Anfangswertproblem für die einfache lineare Differentialgleichung (3.5) hat also die Exponentialfunktion als Lösung. Je nach Vorzeichen von λ ergibt sich ein exponentielles Wachstum oder Abfallen von y.

Übung 3.9 Geben Sie mit Hilfe der Methode der Trennung der Variablen jeweils Lösungen für die folgenden Anfangswertprobleme an:

$$\text{(a)} \qquad y' = 2\sqrt{y}, \quad t \geq 0, \quad y(0) = 0$$
$$\text{(b)} \qquad y' = y^2, \quad t \geq 0, \quad y(0) = 1.$$

Die Existenz und Eindeutigkeit der Lösungen beider Probleme wird in Beispiel 3.30 bzw. Übung 3.31 thematisiert.

Das Lösen einer Differentialgleichung kann also mit dieser Methode auf das Lösen von Integralen zurückgeführt werden. Existieren Stammfunktionen für f_2 und $1/f_1$, so ergibt sich eine Beziehung zwischen der unbekannten Funktion y und der unabhängigen Variable t. Ob eine explizite Darstellung für y angegeben werden kann, hängt zusätzlich davon ab, ob die entstehende Gleichung nach y aufgelöst werden kann.

Beispiel 3.10 Für das nulldimensionale Energiebilanzmodell ist (mit $y = T$ gesetzt) die Funktion f_1 in (3.3) komplizierter als in den obigen Fällen. Die Differentialgleichung

$$H\varrho C\,T(t) = \frac{S}{4}(1-\alpha) - \varepsilon\sigma T(t)^4$$

hat die Form

$$T'(t) = a(1 - bT(t)^4)$$

mit den Konstanten

$$a = \frac{S(1-\alpha)}{4H\varrho C}, \quad b = \frac{4\varepsilon\sigma}{S(1-\alpha)H\varrho C}.$$

Die Lösung des sich so ergebenden Integrals ist wesentlich komplizierter:

Übung 3.11 Auf welches Integral führt die Methode der Trennung der Variablen für das Energiebilanzmodell?

3.3 Partialbruchzerlegung

Ist bei der Methode der Trennung der Variablen f_1 ein Polynom, gilt also

$$f_1 \in \Pi_s := \left\{ p : \mathbb{R} \to \mathbb{R},\, p(x) = \sum_{i=0}^{s} a_i x^i, x \in \mathbb{R}, a_i \in \mathbb{R}, i = 0, \dots, s \right\}$$

mit $s \geq 2$, dann kann die Stammfunktion F_1 von $1/f_1$ durch Partialbruchzerlegung berechnet werden. Dazu wird f_1 in lineare oder quadratische Faktoren zerlegt und $1/f_1$ in eine Summe aufgespalten, für deren Summanden dann Stammfunktionen bestimmt werden. Der folgende Algorithmus beschreibt die Vorgehensweise:

Algorithmus 3.12 (Partialbruchzerlegung)

1. Bestimme die (möglicherweise komplexen) Nullstellen $x_i, i = 0, \dots, s$, von f_1, d. h. zerlege das Polynom f_1 in Linearfaktoren

$$f_1(x) = a_s \prod_{i=0}^{s} (x - x_i).$$

2. Fasse dabei ggfs. Faktoren mit paarweise komplexen Nullstellen zusammen, so dass sich eine Darstellung

$$f_1(x) = \prod_{i=0}^{l} q_i(x)$$

   mit $l \leq s$ und $q_i \in \Pi_1$ oder $q_i \in \Pi_2$ ergibt.

3. Stelle $1/f_1$ als Summe der folgenden Art dar:

$$\frac{1}{f_1(x)} = \sum_{i=0}^{l} \frac{p_i(x)}{q_i(x)}, \quad p_i \in \Pi_0 \text{ oder } p_i \in \Pi_1.$$

4. Bestimme aus dieser Darstellung durch Koeffizientenvergleich die Koeffizienten der Polynome p_i.
5. Berechne aus dieser Darstellung eine Stammfunktion F_1 von $1/f_1$.

Das folgende Beispiel zeigt die Anwendung.

Beispiel 3.13 Sei $f(x) = 1 - x^2$. Zur Berechnung der Stammfunktion von $1/f$ gehen wir wie im Algorithmus vor:

1. Es gilt

$$f(x) = -(x+1)(x-1) = (1-x)(1+x).$$

2. Komplexe Nullstellen gibt es nicht. Es gilt $q_0(x) = 1 - x, q_1(x) = 1 + x$.
3. Ansatz:

$$\frac{1}{f(x)} = \frac{1}{1-x^2} = \frac{A}{1-x} + \frac{B}{1+x}, \quad A, B \in \mathbb{R}.$$

Dieser Ansatz ist nur für $|x| \neq 1$ zulässig.
4. Ausmultiplizieren ergibt

$$1 = A(1+x) + B(1-x) = A + B + x(A - B),$$

woraus sich durch Koeffizientenvergleich $A = B = 1/2$ ergibt, also

$$\frac{1}{f(x)} = \frac{1}{1-x^2} = \frac{1}{2}\left(\frac{1}{1-x} + \frac{1}{1+x}\right), \quad |x| \neq 1.$$

5. Für die Stammfunktion gilt dann

$$\int \frac{1}{1-x^2}dx = \frac{1}{2}\left(\int \frac{1}{1-x}dx + \int \frac{1}{1+x}dx\right)$$
$$= \frac{1}{2}(-\ln|1-x| + \ln|1+x|) + c = \frac{1}{2}\ln\left|\frac{1+x}{1-x}\right| + c.$$

Auf ähnliche Art kann jetzt das Integral, das sich beim Energiebilanzmodell mit der Methode der Trennung der Variablen ergibt, gelöst werden:

Übung 3.14 Geben Sie eine Stammfunktion für das in Übung 3.11 erhaltene Integral an.

In einigen Fällen führt Substitution mit Winkel- oder Hyperbelfunktionen zu einer vereinfachten Darstellung der Stammfunktion, wie im letzten Beispiel:

Beispiel 3.15 Für

$$s := \frac{1}{2} \ln \frac{1+x}{1-x}$$

gilt mit der Definition der Tangens-Hyperbolicus-Funktion

$$\tanh(s) = \frac{e^{2s}-1}{e^{2s}+1} = \frac{\frac{1+x}{1-x}-1}{\frac{1+x}{1-x}+1} = \frac{1+x-(1-x)}{1+x+1-x} = x, \quad 0 < x < 1.$$

Also ist

$$s = \frac{1}{2} \ln \frac{1+x}{1-x} = \operatorname{artanh}(x), \quad 0 < x < 1,$$

und

$$\int \frac{1}{1-x^2}\,\mathrm{d}x = \operatorname{artanh}(x) + c, \quad 0 < x < 1.$$

Diese Umformung kann helfen, um die für die Lösung eines Anfangswertproblems nötige Umkehrfunktion von F_1 anzugeben:

Übung 3.16 Wenden Sie die Methode der Trennung der Variablen auf das Anfangswertproblem

$$y'(t) = 1 - y(t)^2, \quad t \in I, \quad y(0) = y_0$$

an. Welche Voraussetzungen müssen an I gemacht werden?

Übung 3.17 Benutzen Sie die Umformung aus Beispiel 3.15 für die Differentialgleichung des Energiebilanzmodells. Warum ist es dennoch nicht möglich, eine geschlossene Form für die Lösung anzugeben?

Weitere analytische Lösungsmethoden (für lineare System) werden in den Abschn. 8.1 und 8.2 behandelt.

3.4 Existenz- und Eindeutigkeitsaussagen

Elementare Lösungsverfahren sind natürlich ein Mittel, um die Existenz einer Lösung zu zeigen. Aber es ist generell sinnvoll, Bedingungen für die Existenz einer Lösung und über ein maximales Intervall $I \subset \mathbb{R}$, auf der sie definiert sind, anzugeben. Interessant sind darüber hinaus Eindeutigkeitsaussagen. Wir geben hier zwei zentrale Sätze an, die sich mit diesen Themen befassen. Dabei betrachten wir wieder das Anfangswertproblem (3.2).

Lipschitz-Stetigkeit

Eine hinreichende Bedingung für die Eindeutigkeit einer Lösung ist die lokale Lipschitz-Stetigkeit der rechten Seite f bezüglich des zweiten Arguments. Da wir diese Eigenschaft später auch in anderen Zusammenhängen benötigen, definieren wir sie für eine allgemeine Funktion F, die von einer Variable abhängt.

Definition 3.18 (Lokale und globale Lipschitz-Stetigkeit) Eine Funktion $F : \mathbb{R}^n \supset D \to \mathbb{R}^n$ heißt *lokal Lipschitz-stetig* in D, wenn zu jedem $x_0 \in D$ Zahlen $L, \varepsilon > 0$ existieren mit

$$\|F(x) - F(\tilde{x})\| \leq L \|x - \tilde{x}\| \quad \forall x, \tilde{x} \in B_\varepsilon(x_0) \cap D.$$

Dabei ist $\| \cdot \|$ eine beliebige Vektornorm und

$$B_\varepsilon(x_0) := \{x \in \mathbb{R}^n : \|x - x_0\| < \varepsilon\}.$$

Die Zahl L heißt *Lipschitz-Konstante*. Gilt diese Abschätzung auf ganz D mit einem von x_0 unabhängigen L, dann heißt F *global Lipschitz-stetig*.

In der Definition ist die Vektornorm, die benutzt wird, nicht spezifiziert. Wir geben hier noch einmal die wichtigsten Normen auf dem $\mathbb{R}^n$ als Beispiel an:

Beispiel 3.19 Die folgenden Abbildungen sind Normen auf dem $\mathbb{R}^n$:

$$\|x\|_p := \left(\sum_{i=1}^n |x_i|^p \right)^{1/p}, \quad p \in \mathbb{N}, p > 1,$$

$$\|x\|_\infty := \max_{i=1,\dots,n} |x_i|$$

Auf dem $\mathbb{R}^n$ sind alle Normen im folgenden Sinne ineinander umrechenbar:

Definition 3.20 Sei $\mathbb{R}^n$ ein normierter Raum mit Normen $\| \cdot \|_a, \| \cdot \|_b$. Die beiden Normen heißen *äquivalent*, wenn $c_{ab}, c_{ba} \in \mathbb{R}$ existieren mit

$$\|x\|_a \leq c_{ab} \|x\|_b, \quad \|x\|_b \leq c_{ba} \|x\|_a \quad \forall x \in \mathbb{R}^n.$$

Die Umrechnungsfaktoren hängen im $\mathbb{R}^n$ zum Teil von der Dimension n ab:

Übung 3.21 Berechnen Sie die Konstanten c_{ab}, c_{ba} für die Normen $\| \cdot \|_1, \| \cdot \|_2$ und $\| \cdot \|_\infty$ im $\mathbb{R}^n$.

Der Wert der Lipschitz-Konstanten hängt also eventuell von der Wahl der Norm ab.

Übung 3.22 Wie ändert sich die Lipschitz-Konstante, wenn statt der Norm $\|\cdot\|_a$ eine andere, äquivalente Norm $\|\cdot\|_b$ verwendet wird?

Der Banach'sche Fixpunktsatz

Der Beweis des weiter unten folgenden Existenz- und Eindeutigkeitssatzes basiert auf dem Banach'schen Fixpunktsatz (oder Kontraktionsprinzip). Ein Fixpunkt ist wie folgt definiert:

Definition 3.23 (Fixpunkt) Ein Punkt $x \in D \subset \mathbb{R}^n$ heißt *Fixpunkt* von $F : D \to D$, wenn $F(x) = x$ gilt.

Eine Kontraktion ist wie folgt definiert:

Definition 3.24 (Kontraktion) Eine Funktion $F : \mathbb{R}^n \supset D \to D$ heißt *kontrahierend* oder *Kontraktion* auf D, wenn sie auf D global Lipschitz-stetig mit $L < 1$ ist.

Der Banach'sche Fixpunktsatz liefert nun Aussagen über den Fixpunkt einer kontraktiven Abbildung sowie die Möglichkeit, diesen zu approximieren:

Satz 3.25 (Banach'scher Fixpunktsatz) *Sei* $D \subset \mathbb{R}^n$ *nichtleer und abgeschlossen und* $F : D \to D$ *eine kontrahierende Abbildung. Dann gilt:*

1. *F hat genau einen Fixpunkt x^* in D.*
2. *Die Folge $(x_k)_{k \in \mathbb{N}}, x_{k+1} = F(x_k)$, konvergiert für jeden Startwert $x_0 \in D$ gegen x^*.*
3. *Für alle $k \in \mathbb{N}$ gelten die a-priori- und a-posteriori-Fehlerabschätzungen*

$$\|x_k - x^*\| \leq \frac{L^k}{1-L} \|x_1 - x_0\|,$$

$$\|x_k - x^*\| \leq \frac{L}{1-L} \|x_k - x_{k-1}\|.$$

Beweis Wir zeigen, dass die Folge der Iterierten eine Cauchy-Folge bildet: Es gilt $x_k \in D$, da $F : D \to D$, und

$$\|x_{m+1} - x_m\| = \|F(x_m) - F(x_{m-1})\| \leq L \|x_m - x_{m-1}\|$$
$$\leq L^m \|x_1 - x_0\|. \tag{3.7}$$

Sei $l, k \in \mathbb{N}$ mit $l > k$. Dann folgt mit der Dreiecksungleichung und der Kontraktionseigenschaft:

$$
\begin{aligned}
\|x_l - x_k\| &= \left\| \sum_{i=1}^{l-k} (x_{k+i} - x_{k+i-1}) \right\| \\
&\leq \sum_{i=1}^{l-k} \|x_{k+i} - x_{k+i-1}\| \\
&\leq \sum_{i=1}^{l-k} L^{k+i-1} \|x_1 - x_0\| \\
&= L^k \sum_{i=0}^{l-k-1} L^i \|x_1 - x_0\| \\
&\leq L^k \sum_{i=0}^{\infty} L^i \|x_1 - x_0\| = \frac{L^k}{1-L} \|x_1 - x_0\|.
\end{aligned} \tag{3.8}
$$

Die letzte Gleichung folgt mit der Formel für die geometrische Reihe, s. [13, §4 Satz 6]. Wegen $L < 1$ wird der letzte Ausdruck für großes k (und damit l) beliebig klein. Also ist $(x_k)_{k \in \mathbb{N}}$ eine Cauchy-Folge, die konvergiert, da der $\mathbb{R}^n$ vollständig ist. Da D abgeschlossen ist, ist das Grenzelement in D, also

$$
\lim_{k \to \infty} x_k = x^* \in D.
$$

Um zu zeigen, dass x^* ein Fixpunkt ist, folgt aus der Stetigkeit von F

$$
x^* = \lim_{k \to \infty} x_{k+1} = \lim_{k \to \infty} F(x_k) = F(x^*).
$$

Für die Eindeutigkeit seien $x^*, \bar{x}$ zwei Fixpunkte von F in D. Dann gilt:

$$
\|x^* - \bar{x}\| = \|F(x^*) - F(\bar{x})\| \leq L \|x^* - \bar{x}\|.
$$

Daraus folgt

$$
(1 - L)\|x^* - \bar{x}\| \leq 0
$$

und wegen $L < 1$ dann $\|x^* - \bar{x}\| = 0$, also $x^* = \bar{x}$.

Zum Beweis der a-priori-Fehlerabschätzung wird die gezeigte Abschätzung (3.8) benutzt. Grenzübergang $l \to \infty$ ergibt wegen der Stetigkeit der Norm

$$
\|x^* - x_k\| \leq \frac{L^k}{1-L} \|x_1 - x_0\|.
$$

Für die a-posteriori-Fehlerabschätzung setze $\bar{x}_0 := x_{k-1}$. Dann ist $\bar{x}_1 = x_k$, und es folgt aus der a-priori-Fehlerabschätzung

$$\|x_k - x^*\| = \|\bar{x}_1 - x^*\| \leq \frac{L^1}{1-L}\|\bar{x}_1 - \bar{x}_0\| = \frac{L}{1-L}\|x_k - x_{k-1}\|. \qquad \square$$

Die Aussage des Satzes bleibt in einem vollständigen normierten und auch in einem vollständigen metrischen Raum X gültig. In letzterem wird dann die Norm durch eine Metrik (Abstandsbegriff) $d : X \times X \to \mathbb{R}^+$ ersetzt, genauer gesagt die Norm $\|x - \tilde{x}\|_X$ durch $d(x, \tilde{x})$.

Der Satz von Picard-Lindelöf

Wir zeigen nun die lokale Existenz und Eindeutigkeit der Lösung in einer Umgebung des Anfangswertes. Dazu benötigen wir noch folgendes Resultat.

Lemma 3.26 *Sei* $\|\cdot\|$ *eine beliebige Norm auf dem* $\mathbb{R}^n$. *Dann gilt für alle* $F \in C([a,b], \mathbb{R}^n)$

$$\left\|\int_a^b F(s)\mathrm{d}s\right\| \leq \int_a^b \|F(s)\|\mathrm{d}s.$$

Beweis Siehe [11, §6, Hilfssatz nach Satz 5] für den Fall der Euklidischen Norm. $\square$

Übung 3.27 Beweisen Sie diese Aussage für eine beliebige Norm.

Es gilt nun folgender lokaler Existenz- und Eindeutigkeitssatz.

Satz 3.28 (Satz von Picard-Lindelöf) *Sei* $D \subset \mathbb{R} \times \mathbb{R}^n$ *offen,* f *in* D *stetig und lokal Lipschitz-stetig bezüglich des zweiten Arguments, d. h. (vgl. Definition 3.18) zu jedem Punkt* $(t_0, y_0) \in D$ *existieren* $L, \varepsilon > 0$ *mit*

$$\|f(t, y) - f(t, \tilde{y})\| \leq L\|y - \tilde{y}\| \quad \text{für alle } (t, y), (t, \tilde{y}) \in B_\varepsilon(t_0, y_0) \cap D.$$

Dann hat das Anfangswertproblem (3.2) für alle $(t_0, y_0) \in D$ *genau eine Lösung auf einem Intervall* $[t_0, t_0 + r]$ *mit* $r > 0$.

Beweis Der Beweis basiert auf dem Banach'schen Fixpunktsatz. Sei $(t_0, y_0) \in D$ beliebig. Da D offen und f lokal Lipschitz-stetig in D ist, existieren $r, s > 0$, so dass auf der Menge

$$U := [t_0, t_0 + r] \times \overline{B_s(y_0)} \subset D \tag{3.9}$$

die Funktion f sowohl stetig als auch Lipschitz-stetig bezüglich des zweiten Arguments ist. Die Lipschitz-Konstante sei $L = L(y_0, t_0)$. Es sei

$$M := \max_{(t,y) \in U} \| f(t, y) \|.$$

Wir verkleinern r gegebenenfalls noch so, dass $Mr \le s$ gilt.

Ist y eine Lösung des Anfangswertproblems, so ist y auf D stetig und die Funktion F, definiert durch $F(t) := f(t, y(t))$, ist auf $[t_0, t_0 + r]$ stetig. Dann gilt mit dem Hauptsatz der Differential- und Integralrechnung

$$y(t) = y_0 + \int_{t_0}^{t} f(s, y(s)) \mathrm{d}s =: (Ty)(t) \quad \text{für alle } t \in [t_0, t_0 + r], \tag{3.10}$$

wobei das Integral komponentenweise zu verstehen ist.

Löst umgekehrt eine Funktion y Gleichung (3.10)), so gilt offensichtlich

$$y(t_0) = y_0,$$

d. h. sie erfüllt die Anfangsbedingung. Ist y stetig, so ist die rechte Seite von (3.10)) stetig differenzierbar nach t, also ist (wieder mit dem Hauptsatz der Differential- und Integralrechnung) y stetig differenzierbar, und es gilt

$$y'(t) = f(t, y(t)) \quad \text{für alle } t \in [t_0, t_0 + r],$$

also die Differentialgleichung. Insgesamt ist auf $[t_0, t_0 + r]$ damit (3.10) äquivalent zum Anfangswertproblem (3.2).

Die Integralgleichung (3.10)) können wir als Fixpunktgleichung

$$y = Ty$$

schreiben, wobei für den Operator T gilt:

$$T : C([t_0, t_0 + r], \mathbb{R}^n) \to C([t_0, t_0 + r], \mathbb{R}^n)$$

Für beliebiges $\alpha > 0$ ist der Raum $C([t_0, t_0 + r], \mathbb{R}^n)$, versehen mit der Norm

$$\| y \|_\alpha := \max_{t \in [t_0, t_0 + r]} \| y(t) \| \exp(-\alpha(t - t_0)),$$

ein Banachraum. Auf der rechten Seite steht dabei eine beliebige Norm im $\mathbb{R}^n$. Wir wählen, wie später deutlich wird, $\alpha > Lr$, und überprüfen nun die Voraussetzungen des Banach'schen Fixpunktsatzes:

Zuerst zeigen wir, dass T die Menge $\overline{B_s(y_0)}$ in sich abbildet. Dazu betrachten wir für $t \in [t_0, t_0 + r]$ unter Benutzung von Lemma 3.26:

$$
\begin{aligned}
\|(Ty)(t) - y_0\| &= \left\| \int_{t_0}^{t} f(s, y(s)) \mathrm{d}s \right\| \\
&\leq \int_{t_0}^{t} \|f(s, y(s))\| \mathrm{d}s \\
&\leq (t - t_0) \max_{(s,z) \in U} \|f(s, z)\| \leq rM \leq s.
\end{aligned}
$$

Jetzt zeigen wir, dass T eine Kontraktion ist. Es gilt mit der lokalen Lipschitz-Stetigkeit von f bezüglich des zweiten Arguments:

$$
\begin{aligned}
\|(Ty)(t) - (Tz)(t)\| &= \left\| \int_{t_0}^{t} (f(s, y(s)) - f(s, z(s))) \mathrm{d}s \right\| \\
&\leq \int_{t_0}^{t} \|f(s, y(s)) - f(s, z(s))\| \mathrm{d}s \\
&\leq \int_{t_0}^{t} L \|y(s) - z(s)\| \mathrm{d}s \\
&= \int_{t_0}^{t} L \|y(s) - z(s)\| \exp(-\alpha(s - t_0)) \exp(\alpha(s - t_0)) \mathrm{d}s \\
&\leq (t - t_0) L \|y - z\|_\alpha \int_{t_0}^{t} \exp(\alpha(s - t_0)) \mathrm{d}s \\
&= (t - t_0) L \|y - z\|_\alpha \frac{1}{\alpha} \exp(\alpha(t - t_0)) \quad \forall t \in [t_0, t_0 + r].
\end{aligned}
$$

Also folgt

$$
\|Ty - Tz\|_\alpha \leq \frac{Lr}{\alpha} \|y - z\|_\alpha.
$$

Da $\alpha > Lr$ gewählt war, ist T eine Kontraktion, und Existenz und Eindeutigkeit folgen aus dem Banach'schen Fixpunktsatz. $\qquad\qquad\qquad\qquad\qquad\qquad\qquad\qquad\qquad\qquad$ $\square$

Beispiel 3.29 Damit ist klar, dass die Lösung $y(t) = y_0 e^{\lambda t}$ des Anfangswertproblems (3.5) aus Beispiel 3.8 die einzige ist.

Ein einfaches Beispiel für den Nachweis der Eindeutigkeit über die lokale Lipschitz-Stetigkeit von f ist das Anfangswertproblem aus Übung 3.9(b):

Beispiel 3.30 Die Funktion $f(y) = y^2$ ist lokal Lipschitz-stetig auf $\mathbb{R}$. Es gilt

$$|y^2 - \tilde{y}^2| = |y + \tilde{y}|\,|y - \tilde{y}| \le 2|y_0 + \varepsilon|\,|y - \tilde{y}|,$$

wenn $y, \tilde{y} \in B_\varepsilon(y_0)$. Also ist $L = L(y_0) = 2|y_0 + \varepsilon|$. Das Anfangswertproblem hat für beliebigen Anfangswert $y_0 \in \mathbb{R}$ eine eindeutige Lösung.

Im folgenden Beispiel liegt keine Eindeutigkeit vor, vgl. Übung 3.9(a):

Übung 3.31 Geben Sie alle Lösungen des Anfangswertproblems

$$y' = 2\sqrt{y}, \quad t \ge 0, \quad y(0) = 0$$

an. Welche Voraussetzungen des Satzes von Picard-Lindelöf sind nicht erfüllt?

Übung 3.32 Was ändert sich, wenn $y' = 2\sqrt{|y|}$ mit gleichem Anfangswert betrachtet wird?

Was passiert, wenn der Anfangswert y_0 von Null weg verschoben wird? Dann liegt (t_0, y_0) im Inneren des Definitionsbereiches von f und die lokale Lipschitz-Stetigkeit ist gegeben.

Übung 3.33 Welche Lösungen hat das Problem aus Übung 3.31 mit $y(0) > 0$? Sind die Voraussetzungen des Satzes von Picard-Lindelöf erfüllt?

Genauso kann nun das Energiebilanzmodell untersucht werden.

Übung 3.34 Untersuchen Sie das Modell (2.6) auf Existenz- und Eindeutigkeit.

Abschätzung der Lipschitz-Konstante über die Ableitung

Nur bei einfachen Gleichungen kann die lokale Lipschitz-Stetigkeit direkt mit der Definition nachgewiesen werden. Bei nichtlinearen Systemen ist dies sehr schwierig. Daher erweist sich ein Lemma als hilfreich, das die Norm der Jacobi-Matrix zur Abschätzung der Lipschitz-Konstante benutzt. Diese Norm muss zu der Vektornorm, bezüglich der die Lipschitz-Konstante berechnet wird, im folgenden Sinne passen:

Definition 3.35 (Verträgliche Matrix- und Vektornormen) Eine Vektornorm $\| \cdot \|_V$ auf dem $\mathbb{R}^n$ und eine Matrixnorm $\| \cdot \|_M$ auf dem $\mathbb{R}^{n \times n}$ heißen *(miteinander) verträglich* oder *kompatibel*, wenn gilt:

$$\|Ax\|_V \le \|A\|_M \|x\|_V \quad \forall A \in \mathbb{R}^{n \times n}, \; x \in \mathbb{R}^n.$$

Folgende Matrixnormen sind verträglich mit den entsprechend indizierten Vektornormen aus Beispiel 3.19. Dabei benutzen wir folgende Bezeichnung:

Definition 3.36 (Spektralradius) Für $A \in \mathbb{R}^{n \times n}$ heißt

$$\varrho(A) := \max\{|\lambda| : \lambda \text{ ist Eigenwert von } A\}$$

Spektralradius von A.

Es gilt jetzt:

Lemma 3.37 *Sei $A = (a_{ij})_{ij} \in \mathbb{R}^{n \times n}$. Die Abbildungen*

$$\|A\|_1 := \max_{j=1,\ldots,n} \sum_{i=1}^{n} |a_{ij}|$$

$$\|A\|_\infty := \max_{i=1,\ldots,n} \sum_{j=1}^{n} |a_{ij}|$$

$$\|A\|_2 := \sqrt{\varrho(A^\top A)}.$$

sind mit den entsprechenden Vektornorm verträgliche Normen auf dem $\mathbb{R}^{n \times n}$.

Die $\| \cdot \|_2$-Norm vereinfacht sich offensichtlich, wenn die Matrix symmetrisch ist, dann ist sie gleich dem betragsgrößten Eigenwert. Doch Symmetrie ist bei der Jacobi-Matrix nicht notwendigerweise gegeben.

Zunächst ergibt sich sofort folgende Aussage:

Anmerkung 3.38 Lineare Funktionen sind lokal Lipschitz-stetig. Ist

$$f(t, y) = A(t)y$$

mit einer matrixwertigen Funktion $A : I \to \mathbb{R}^{n \times n}$, dann gilt

$$\|f(t, y) - f(t, \tilde{y})\| = \|A(t)(y - \tilde{y})\| \le \|A(t)\| \|(y - \tilde{y})\|,$$

wenn die Normen verträglich sind. Ist nun A stetig, dann ist

$$L(t_0) = \max_{t \in B_\varepsilon(t_0)} \|A(t)\|.$$

Im Fall $A(t) = A$ konstant liegt dann sogar globale Lipschitz-Stetigkeit vor.

Für nichtlineare Funktionen kann die Lipschitz-Konstante wie folgt abgeschätzt werden:

Lemma 3.39 *Sei $U \subset \mathbb{R}^n$ offen und $F : U \to \mathbb{R}^n$ stetig differenzierbar. Dann ist F auf jeder kompakten konvexen Menge $D \subset U$ global Lipschitz-stetig mit*

$$L = \max_{x \in D} \|F'(x)\|$$

und einer mit einer Vektornorm auf dem $\mathbb{R}^n$ verträglichen Matrixnorm.

Beweis Aus dem Mittelwertsatz der Differentialrechnung (s. [13, §18 Satz 7] mit $\varphi = 1$) folgt für $x, \tilde{x} \in D$, da D konvex ist:

$$
\begin{aligned}
\|F(x) - F(\tilde{x})\| &= \left\| \int_0^1 F'(\tilde{x} + s(x - \tilde{x}))(x - \tilde{x}) ds \right\| \\
&\leq \left(\int_0^1 \|F'(\tilde{x} + s(x - \tilde{x}))\| ds \right) \|x - \tilde{x}\| \\
&\leq \max_{x \in D} \|F'(x)\| \left(\int_0^1 1 \, ds \right) \|x - \tilde{x}\| \\
&= \max_{x \in D} \|F'(x)\| \|x - \tilde{x}\|.
\end{aligned}
$$

Die Stetigkeit von F' auf der kompakten Menge D ergibt die Behauptung. □

Mit diesem Lemma reicht für die lokale Existenz und Eindeutigkeit die stetige partielle Differenzierbarkeit (bezüglich y) der rechten Seite einer Differentialgleichung aus:

Korollar 3.40 *Sei $D \subset \mathbb{R} \times \mathbb{R}^n$ offen und f in D stetig nach y differenzierter. Dann hat das Anfangswertproblem (3.2) für alle $(t_0, y_0) \in D$ genau eine Lösung auf einem Intervall $[t_0, t_0 + r]$ mit $r > 0$.*

Mit dieser Aussage ergibt die Existenz und Eindeutigkeit von Lösungen der Anfangswertprobleme aus Beispiel 3.30 und Übung 3.34 wesentlich einfacher.

Der Satz von Peano

Dieser Satz macht eine Existenzaussage nur mit der Voraussetzung der Stetigkeit der rechten Seite f. Wir notieren ihn hier der Vollständigkeit halber:

Satz 3.41 (Existenzsatz von Peano) *Sei f in einem Gebiet $D \subset \mathbb{R} \times \mathbb{R}^n$ stetig. Dann geht durch jeden Punkt $(t_0, y_0) \in D$ mindestens eine Lösung des Anfangswertproblems (3.2), die sich bis zum Rand von D fortsetzen lässt.*

Beweis Siehe [14, Satz 6.1.1].   □

3.5 Fortsetzbarkeit und globale Existenz von Lösungen

Interessant bei einem Anfangswertproblem ist nicht nur die Existenz lokaler Lösungen, sondern auch, auf welchem Intervall sie existieren. Das Anfangswertproblem aus Übung 3.9(b) und Beispiel 3.30, wo lokale Eindeutigkeit gegeben ist, aber die Lösung beim Anfangszeitpunkt $t_0 = 0$ nur für $t < 1$ existiert, ist ein Beispiel dafür. Das folgende Lemma zeigt, dass lokale Lösungen zusammengesetzt werden können.

Lemma 3.42 *Seien y_1, y_2 Lösungen des Anfangswertproblems (3.2) auf $[t_0, t_1]$ bzw. $[t_1, t_2]$ mit $y_1(t_0) = y_0$ beliebig und $y_2(t_1) = y_1(t_1)$. Dann ist*

$$
y(t) := \begin{cases} y_1(t), & t \in [t_0, t_1] \\ y_2(t), & t \in (t_1, t_2] \end{cases}
$$

eine Lösung von (3.2) auf $[t_0, t_2]$.

Beweis Es ist zu zeigen, dass y in t_1 die Differentialgleichung erfüllt. Wegen der links- bzw. rechtsseitigen Differenzierbarkeit von y_1 bzw. y_2 in t_1 gilt

$$
\lim_{h \downarrow 0} \frac{y(t_1 - h) - y(t_1)}{h} = \lim_{h \downarrow 0} \frac{y_1(t_1 - h) - y_1(t_1)}{h} = f(t_1, y_1(t_1))
$$

$$
\lim_{h \downarrow 0} \frac{y(t_1 + h) - y(t_1)}{h} = \lim_{h \downarrow 0} \frac{y_2(t_1 + h) - y_2(t_1)}{h} = f(t_1, y_2(t_1)).
$$

Wegen $y_1(t_1) = y_2(t_1)$ stimmen rechts- und linksseitige Ableitung von y in t_1 überein und sind gleich $f(t_1, y(t_1))$.   □

Der folgende Satz benutzt Resultate über gleichmäßig stetige Funktionen:

Definition 3.43 (Gleichmäßige Stetigkeit) Eine Funktion $F : \mathbb{R}^n \supset D \to \mathbb{R}$ heißt *gleichmäßig stetig*, wenn gilt:

$$\forall \varepsilon > 0 \; \exists \delta > 0: \quad \|F(x) - F(\tilde{x})\| \leq \delta \quad \forall x, \tilde{x} \in D, \; \|x - \tilde{x}\| < \delta.$$

Wir benutzen im Beweis folgende Aussagen:

Lemma 3.44 *Eine Lipschitz-stetige Funktion ist gleichmäßig stetig. Eine auf einem offenen Intervall gleichmäßig stetige Funktion lässt sich stetig auf den Rand des Intervalls fortsetzen.*

Beweis Siehe [13, Aufgaben 11.3(a) und 11.5].   □

Damit wird folgender globaler Existenzsatz gezeigt:

Satz 3.45 *Sei $D \subset \mathbb{R} \times \mathbb{R}^n$ offen, f auf D lokal Lipschitz-stetig und $(t_0, y_0) \in D$. Dann existiert eine Lösung y des Anfangswertproblems (3.2) mit*

1. *$I = [t_0, \infty)$*
2. *oder $I = [t_0, t_e]$ mit $t_e < \infty$ und $\lim\limits_{t \to t_e} \sup \|y(t)\| = \infty$*
3. *oder $I = [t_0, t_e]$ mit $t_e < \infty$ und $\lim\limits_{t \to t_e} \mathrm{dist}((t, y(t)), \partial D) = 0$.*

Dabei ist ∂D der Rand von D und $\mathrm{dist}(x, D)$ der Abstand des Punktes x zu D. Die Lösung y ist eindeutig, d. h. alle anderen Lösungen sind Restriktionen.

Beweis Sei Y die Menge aller lokalen Lösungen von (3.2). Nach Satz 3.28 ist $Y \neq \emptyset$, und zu $y \in Y$ gibt es $r = r(y) > 0$, so dass y auf $[t_0, t_0 + r(y)]$ existiert. Wegen der lokalen Eindeutigkeit stimmen zwei Lösungen $y_1, y_2 \in Y$ auf ihrem gemeinsamen Existenzintervall $[t_0, t_0 + \min\{r(y_1), r(y_2)\}]$ überein.

Sei $t_e := t_0 + \sup_{y \in Y} r(y)$. Je nachdem, ob das Supremum angenommen wird oder nicht, können wir auf $[t_0, t_e]$ oder $[t_0, t_e)$ eine Lösung $\bar{y}$ definieren, die eindeutig und nach Konstruktion nicht mehr auf ein größeres Intervall fortsetzbar ist. Alle anderen Lösungen sind Restriktionen dieser Lösung. Wir betrachten für diese nicht mehr fortsetzbare Lösung $\bar{y}$ die Menge

$$M := \overline{\{(t, \bar{y}(t)) \in \mathbb{R}^{n+1} : t \geq t_0\}} \subset D.$$

Wir zeigen einen Widerspruch, wenn alle Aussagen 1–3 falsch sind:

Da die Aussagen 1 und 2 falsch sind, ist M bezüglich t und y beschränkt. Da M nach Definition abgeschlossen ist, ist M kompakt.

Fall 1: Die nicht mehr fortsetzbare Lösung $\bar{y}$ ist auf dem halboffenen Intervall $[t_0, t_e)$ gegeben. Da die stetige Funktion f auf M beschränkt ist, ist auch $\bar{y}'$ auf der kompakten Menge M beschränkt. Mit Lemma 3.39 folgt Lipschitz-Stetigkeit und mit Lemma 3.44 gleichmäßige Stetigkeit von $\bar{y}$ in $[t_0, t_e)$ und die Fortsetzbarkeit

$$\lim_{t \to t_e} \bar{y}(t) =: y_e.$$

Wegen der Abgeschlossenheit von M gilt $(t_e, y_e) \in M$. Die Gleichung

$$\bar{y}(t) = y_0 + \int_{t_0}^{t} f(s, \bar{y}(s)) \mathrm{d}s$$

gilt für $t \in [t_0, t_e)$. Der Grenzübergang $t \to t_e$ zeigt, dass sie auch für $t = t_e$ gilt. Damit folgt, dass $\bar{y}$ in t_e linksseitig differenzierbar ist. Damit ist $\bar{y}$ auf das Intervall $[t_0, t_e]$ fortsetzbar und es ergibt sich ein Widerspruch zur Nichtfortsetzbarkeit.

Fall 2: Die Lösung ist auf dem abgeschlossenen Intervall $[t_0, t_e]$ gegeben. Wegen $t_e < \infty$ und $(t_e, y_e) \in M \subset D$ kann eine lokale Lösung mit Anfangswert (t_e, y_e) konstruiert und so $\bar{y}$ auf ein Intervall $[t_0, t_e + r]$, $r > 0$, fortgesetzt werden. Auch in diesem Fall ergibt sich also ein Widerspruch zur Nichtfortsetzbarkeit von $\bar{y}$. $\qquad\square$

Umformulierung und Vereinfachung von Modellen

Thema dieses Kapitels sind einige Methoden, die oft bei Klimamodellen (und auch anderen Modellen) angewendet werden, um diese in eine Form zu bringen, die sich besser für die Beschreibung der Prozesse selbst, aber auch für ihre Berechnung eignet. Dazu gehören der Übergang zu dimensionslosen Größen, die Aufspaltung in einen stationären und einen instationären oder Störungsanteil und eine geeignete Skalierung der Gleichungen. Eine weitere Methode, die Linearisierung, wird vor allem dann angewendet, wenn das ursprüngliche Modell nicht direkt analytisch lösbar ist, wie es beim instationären Energiebilanzmodell der Fall war. Die hier vorgestellten Methoden werden in der einen oder anderen Form in den meisten Klimamodellen angewendet.

4.1 Übergang zu dimensionslosen Größen und Skalierung

Die meisten Klima- (und auch andere) Modelle werden in eine dimensionslose Form umgeschrieben. Dadurch sind sie für die mathematische Beschreibung und Analyse und auch für die Umsetzung auf dem Rechner besser handhabbar. Zusätzlich erlaubt diese Entdimensionalisierung, die wirklich relevanten Parameter oder Kennzahlen zu bestimmen.

In diesem Prozess werden alle Größen als Produkte von dimensionslosen Werten, also Zahlen, und sinnvoll gewählten, gegebenenfalls dimensionsbehafteten Referenzgrößen ausgedrückt. Damit entfallen die physikalischen Einheiten (oder Dimensionen, deswegen *dimensionslose Form*).

Die Referenzgrößen können die Einheiten nach dem SI-Standard (s. Tab. 2.1) sein. Es kann aber auch sinnvoll sein, andere, problemangepasste Referenzgrößen oder Einheiten zu wählen. Zum Beispiel kann die Länge nicht in der SI-Einheit m (Meter), sondern in Vielfachen einer modellspezifischen Größe der Dimension Länge ausgedrückt werden, z. B. der Größe eines Behälters, in dem Prozesse untersucht werden, oder einer sinnvollen Referenzgröße im Ozean. Bei vielen nur grob aufgelösten Klimamodellen wie auch dem Energiebilanzmodell ist statt der SI-Zeiteinheit Sekunde meist ein Jahr eine angemessene Zeitskala.

© Springer-Verlag Berlin Heidelberg 2015
T. Slawig, *Klimamodelle und Klimasimulationen*, Springer-Lehrbuch Masterclass,
DOI 10.1007/978-3-662-47064-0_4

Dadurch findet zusätzlich zur Entdimensionalisierung eine Skalierung statt. Diese kann auch sinnvoll sein, um Modellgrößen auf eine ähnliche Größenordnung zu bringen, was für bestimmte numerische Berechnungsverfahren sinnvoll ist und die Vergleichbarkeit von Größen und die Qualität des Ergebnisses verbessern kann.

Die Prozesse Entdimensionalisierung und Skalierung hängen also miteinander zusammen. Wir beginnen mit den Definitionen der beiden Begriffe.

Definition 4.1 Sei q eine dimensionsbehaftete Größe mit zugehöriger SI-Einheit $[q]$. Dann heißt $\tilde{q} \in \mathbb{R}$ mit $q = \tilde{q}\,[q]$ zugehörige *dimensionslose Größe*. Werden in einem Modell alle Größen durch ihre zugehörigen dimensionslosen Größen ersetzt und die Dimensionen aus dem Modell eliminiert, so heißt dieser Prozess *Entdimensionalisierung* und das entstehende Modell ein *dimensionsloses Modell*.

Definition 4.2 Sei $q \in \mathbb{R}$ eine dimensionslose Modellgröße und $\bar{q} \in \mathbb{R} \setminus \{0\}$. Dann heißt $\tilde{q}$ mit $q = \bar{q}\,\tilde{q}$ mit $\bar{q}$ *skalierte Modellgröße*. Die Größe $\bar{q}$ heißt *Skalierungsfaktor*.

Beide Prozesse sind ähnlich und können zusammengefasst werden: Ist q eine dimensionsbehaftete Modellgröße, $[q]$ ihre Einheit und $\bar{q}$ ein Skalierungsfaktor, so wird eine äquivalente dimensionslose und skalierte Modellformulierung gesucht, also eine, die die Größe $\tilde{q}$ mit $q = \bar{q}\,q\,[q]$ an Stelle von q benutzt.

In Modellen, die Differentialgleichungen und damit Ableitungen enthalten, ist bei der Transformation der Ableitungen das folgende Lemma hilfreich.

Lemma 4.3 *Sei F eine differenzierbare dimensionsbehaftete Funktion einer dimensionsbehafteten Variablen q, $[F] := [F(q)]$ und $[q]$ die zugehörigen Einheiten und $\bar{F}, \bar{q}$ Skalierungsfaktoren für F und q. Für die Ableitung der zugehörigen dimensionslosen und skalierten Funktion $\tilde{F}$ mit dimensionslosem und skaliertem Argument $\tilde{q}$, definiert durch*

$$\tilde{F}(\tilde{q}) := \frac{F(\tilde{q}\,\bar{q}\,[q])}{\bar{F}\,[F]} \quad \text{oder äquivalent} \quad F(q) = \tilde{F}\left(\frac{q}{\bar{q}\,[q]}\right)\bar{F}\,[F], \qquad (4.1)$$

gilt

$$F'(q) = \frac{\mathrm{d}F}{\mathrm{d}q}(q) = \frac{\bar{F}\,[F]}{\bar{q}\,[q]}\frac{\mathrm{d}\tilde{F}}{\mathrm{d}\tilde{q}}(\tilde{q}) = \frac{\bar{F}\,[F]}{\bar{q}\,[q]}\tilde{F}'(\tilde{q}). \qquad (4.2)$$

Beweis Es gilt mit (4.1)

$$F'(q) = \lim_{h \to 0}\frac{1}{h}\left(F(q+h) - F(q)\right) = \lim_{h \to 0}\frac{1}{h}\left(\tilde{F}\left(\frac{q+h}{\bar{q}\,[q]}\right) - \tilde{F}\left(\frac{q}{\bar{q}\,[q]}\right)\right)\bar{F}\,[F].$$

Mit den Bezeichnungen $\tilde{q} := q/(\bar{q}\,[q]), \tilde{h} := h/(\bar{q}\,[q])$ und wegen der Äquivalenz

$$\tilde{h} \to 0 \iff h \to 0$$

folgt

$$F'(q) = \lim_{\tilde{h} \to 0} \frac{1}{\tilde{h}\bar{q}[q]} \left(\tilde{F}(\tilde{q} + \tilde{h}) - \tilde{F}(\tilde{q}) \right) \bar{F}[F] = \frac{\bar{F}\,[F]}{\bar{q}\,[q]} \lim_{\tilde{h} \to 0} \frac{1}{\tilde{h}} \left(\tilde{F}(\tilde{q} + \tilde{h}) - \tilde{F}(\tilde{q}) \right).$$

$\square$

Der folgende Algorithmus fasst die Vorgehensweise bei Entdimensionalisierung und Skalierung zusammen.

Algorithmus 4.4 (Entdimensionalisierung und Skalierung)

1. Stelle jede Modellgröße q als Produkt einer dimensionslosen Größe $\tilde{q}$, der Einheit $[q]$ und ggfs. einem Skalierungsfaktor $\bar{q}$ dar, d. h. als

$$q = \tilde{q}\,\bar{q}\,[q].$$

2. Benutze für die Transformation von Ableitungen Formel (4.2).
3. Setze die erhaltenen Beziehungen in die Modellgleichung(en) ein und dividiere auf beiden Seiten durch die Einheiten. Ergebnis ist eine dimensionslose und ggfs. skalierte Form des Modells.

Beide Prozesse, Entdimensionalisierung und Skalierung, können gleichzeitig oder (mit der Setzung $\bar{q} = 1$ bzw. $[q] = 1$) auch nacheinander ausgeführt werden.

Das folgende Beispiel zeigt die Entdimensionalisierung des Energiebilanzmodells ohne zusätzliche Skalierung.

Beispiel 4.5 Wir betrachten die Differentialgleichung (2.6):

$$H\varrho\,C\,T'(t) = \frac{S}{4}(1 - \alpha) - \varepsilon\sigma T(t)^4. \tag{4.3}$$

In Tab. 2.3 wurden die im Energiebilanzmodell vorkommenden Parameter aufgelistet. Schritt 1 des obigen Algorithmus liefert die Beziehungen in Tab. 4.1, wobei α und ε bereits dimensionslos sind. Für die einzige auftretende Ableitung gilt mit (4.1):

$$T'(t) = \frac{[T]}{[t]}\tilde{T}'(\tilde{t}) = \frac{\mathrm{K}}{\mathrm{s}}\tilde{T}'(\tilde{t}).$$

Dimensionslose	Dimensionsbehaftete Variable/Parameter
$\tilde{T}$	$T = \tilde{T}\,\mathrm{K}$
$\tilde{t}$	$t = \tilde{t}\,\mathrm{s}$
$\tilde{r}$	$r = \tilde{r}\,\mathrm{m}$
$\tilde{H}$	$H = \tilde{H}\,\mathrm{m}$
$\tilde{\varrho}$	$\varrho = \tilde{\varrho}\,\mathrm{kg\,m^{-3}}$
$\tilde{C}$	$C = \tilde{C}\,\mathrm{J\,kg^{-1}K^{-1}}$
$\tilde{S}$	$S = \tilde{S}\,\mathrm{W\,m^{-2}}$
$\tilde{\sigma}$	$\sigma = \tilde{\sigma}\,\mathrm{W\,m^{-2}K^{-4}}$
α, ε	$[\alpha] = [\varepsilon] = 1$

Tab. 4.1 Dimensionsbehaftete und dimensionslose Variablen und Parameter im Energiebilanzmodell

Einsetzen in die ursprüngliche Differentialgleichung ergibt

$$\tilde{H}\tilde{\varrho}\,\tilde{C}\,\tilde{T}'(\tilde{t})\frac{\mathrm{m\,kg\,J\,K}}{\mathrm{m^3\,kg\,K\,s}} = \frac{\tilde{S}}{4}(1-\alpha)\frac{\mathrm{W}}{\mathrm{m^2}} - \varepsilon\tilde{\sigma}\,\tilde{T}(\tilde{t})^4\frac{\mathrm{W\,K^4}}{\mathrm{m^2\,K^4}}$$

und durch Kürzen der Einheiten und Verwendung der Beziehung $\mathrm{W} = \mathrm{J\,s^{-1}}$:

$$\tilde{H}\tilde{\varrho}\,\tilde{C}\,\tilde{T}'(\tilde{t})\frac{\mathrm{W}}{\mathrm{m^2}} = \left(\frac{\tilde{S}}{4}(1-\alpha) - \varepsilon\tilde{\sigma}\,\tilde{T}(\tilde{t})^4\right)\frac{\mathrm{W}}{\mathrm{m^2}}.$$

Die Gleichung ist also in der Einheit $\mathrm{W\,m^{-2}}$ formuliert. Eine Division durch die verbleibende Einheit ergibt (4.3) in dimensionsloser Form, wenn man die Tilden wieder weglässt.

Das folgende Beispiel motiviert eine Skalierung des Energiebilanzmodells.

Beispiel 4.6 Die Temperatur T tritt im Energiebilanzmodell in der vierten Potenz auf. Das Modell liege hier schon in dimensionsloser Form vor, und die Tilden in der Bezeichnung sind schon weggelassen. Bei einem Wert von ca. 287 für die mittlere Jahrestemperatur liegt der Wert T^4 in der Größenordnung von $\approx 7 \cdot 10^9$. In der Modellgleichung (4.3) ergibt die Multiplikation mit der Boltzmann-Konstante $\sigma = 5{,}67 \cdot 10^{-8}$ dann $\sigma T^4 \approx 4 \cdot 10^2$. Mit der Größenordnung von $S \approx 10^3$ haben also beide Terme auf der rechten Seite von (4.3) ungefähr die gleiche Größenordnung. Hier bietet sich für das instationäre Modell die Skalierung

$$T(t) = \bar{T}\,\tilde{T}(t)$$

mit einem zeitlich konstanten Referenzwert $\bar{T}$ an. Dies kann z. B. die Lösung der stationären Gleichung (2.3) sein. In der Modellgleichung ist nun

$$\sigma T(t)^4 = \sigma\bar{T}^4\,\tilde{T}(t)^4,$$

d. h. der für eine instationäre Rechnung konstante Faktor $\sigma \bar{T}^4$ fasst die beiden unterschiedlichen Größenskalen von σ und T^4 zusammen, die sich im Produkt teilweise aufheben und die Größenordnung von $\approx 10^2$ ergeben.

Im Energiebilanzmodell ist es weiterhin sinnvoll, die Zeit nicht in Sekunden, sondern in Jahren zu messen:

Übung 4.7 Geben Sie eine dimensionslose und skalierte Form des instationären Energiebilanzmodells an, in dem die Zeit in Jahren gemessen und die Skalierung der Temperatur wie in Beispiel 4.6 verwendet wird.

4.2 Trennung in Referenzwert und Abweichung/Störung

In vielen Fällen ist es sinnvoll, nicht den Wert einer Größe selbst, sondern nur die Abweichung von einem Referenzwert zu untersuchen und für diesen eine Gleichung aufzustellen. Bei zeitabhängigen Prozessen kann das zeitliche Verhalten einer Größe $q(t)$ etwa als eine Abweichung oder Störung des stationären Wertes $\bar{q}$ (wenn dieser existiert) aufgefasst werden, also als

$$q(t) = \bar{q} + \tilde{q}(t) \tag{4.4}$$

Die Größe

$$\tilde{q}(t) = q(t) - \bar{q}$$

ist die *absolute Abweichung* vom zeitlich konstanten Referenzwert $\bar{q}$. Der Ansatz

$$q(t) = \bar{q}(1 + \hat{q}(t)) \tag{4.5}$$

führt gleichzeitig eine Skalierung der Abweichung $\hat{q}(t)$ mit dem stationären Referenzwert $\bar{q}$ durch. Daher heißt

$$\hat{q}(t) = \frac{q(t) - \bar{q}}{\bar{q}}$$

relative Abweichung. Diese ist ohnehin meist aussagekräftiger, da sie interpretiert werden kann, ohne den Wert von $\bar{q}$ nennen zu müssen oder ihn überhaupt zu kennen. Analog kann man auch bezüglich einer räumlich veränderlichen Größe vorgehen. Hier wird oft ein Mittelwert als Referenzgröße verwendet, was ebenfalls bei zeitabhängigen Größen möglich ist, die z. B. keinen stationären Wert haben.

Bei Transformation der Ableitung in einem Modell folgen unmittelbar aus (4.4) und (4.5) die Beziehungen

$$q'(t) = \tilde{q}'(t) = \bar{q}\,\hat{q}'(t).$$

Die Aufspaltung selbst hat also keine Auswirkung auf die Ableitung, beim Betrachten der relativen Störung geht wieder der Skalierungsfaktor in die Umrechnung der Ableitungen ein. Beim Energiebilanzmodell ergibt sich folgende Differentialgleichung:

Beispiel 4.8 Wir nennen die relative Abweichung hier $\theta(t)$ und machen den Ansatz

$$T(t) = \bar{T} + \tilde{T}(t) = \bar{T}(1 + \theta(t)),$$

wobei $\bar{T}$ der stationäre Wert des Modells ist, für den $(1 - \alpha)S/4 = \sigma\varepsilon\bar{T}^4$ gilt, vgl. (2.3). Für die Ableitung nach der Zeit gilt

$$T'(t) = \bar{T}\,\theta'(t).$$

Die Differentialgleichung lautet damit

$$\bar{T}h\varrho C\,\theta'(t) = (1 - \alpha)\frac{S}{4} - \sigma\varepsilon\bar{T}^4(1 + \theta(t))^4 = \sigma\varepsilon\bar{T}^4\left(1 - (1 + \theta(t))^4\right).$$

Damit erhalten wir

$$\theta'(t) = \frac{\bar{T}^3\sigma\varepsilon}{H\varrho C}\left(1 - (1 + \theta(t))^4\right), \tag{4.6}$$

eine Gleichung für θ, die relative Abweichung vom stationären Gleichgewichtszustand der Temperatur. Diese ist so jedoch auch nicht leichter zu lösen. Das Problem ist die nichtlineare Funktion $\theta \mapsto (1 + \theta)^4$.

Die gleiche Technik wird in Kap. 8 auf ein Boxmodell angewendet.

4.3 Linearisierung

Entdimensionalisierung und Skalierung machen ein Modell einfacher in der Notation und sind bei einer numerischen Auswertung eventuell günstig, für die analytische Lösbarkeit einer Differentialgleichung haben sie in der Regel keinen positiven Effekt, wie im Beispiel 4.8 zu erkennen war. Im Gegensatz dazu führt die Linearisierung eines ursprünglich nichtlinearen Modells in der Regel auf eine Gleichung oder ein System, das analytisch gelöst werden kann.

Das wichtigste Werkzeug für die Linearisierung ist die Taylor-Entwicklung, die auf folgendem Satz basiert. Sie erlaubt die Approximation einer nichtlinearen, glatten (d. h. differenzierbaren) Funktion durch ein Polynom.

Satz 4.9 (Taylor-Formel mit Lagrange-Form des Restglieds) *Für eine m-mal stetig differenzierbare Funktion* $F : [a, b] \to \mathbb{R}$ *und* $x, \bar{x} \in [a, b]$ *gilt*

$$F(x) = \sum_{k=0}^{m-1} \frac{F^{(k)}(\bar{x})}{k!}(x - \bar{x})^k + \frac{F^{(m)}(\bar{x} + s(x - \bar{x}))}{m!}(x - \bar{x})^m \quad \text{mit } s \in [0, 1].$$

Der Wert $\bar{x}$ *heißt* Entwicklungspunkt *der Taylor-Entwicklung. Bei einer vektorwertigen Funktion* $F : [a, b] \to \mathbb{R}^n$ *kann die Aussage komponentenweise angewandt werden, aber für jede Komponentenfunktion* F_i *ergibt sich dann in der Regel eine andere Zwischenstelle* s_i.

Beweis Siehe z. B. [12, §22 Satz 2]. □

Anmerkung 4.10 Eine manchmal nützliche Umformulierung ist für $x, x + h \in [a, b]$, $h \in \mathbb{R}$:

$$F(x + h) = \sum_{k=0}^{m-1} \frac{F^{(k)}(x)}{k!}h^k + \frac{F^{(m)}(x + sh)}{m!}h^m, \quad s \in [0, 1].$$

Die Taylor-Entwicklung wird an vielen Stellen benutzt. Bei der Linearisierung eines Modells, das in Form einer (hier der Einfachheit halber autonomen) Differentialgleichung

$$y'(t) = f(y(t))$$

gegeben ist, wird sie auf die bezüglich y nichtlineare rechte Seite, also auf die Funktion $f = f(y)$ angewandt. Da eine Linearisierung erreicht werden soll, wird im Satz $m = 2$ gesetzt. Wieder wird eine Aufspaltung in einen konstanten Referenzwert $\bar{y}$ und eine zeitlich veränderliche Abweichung $\tilde{y}$ gemacht:

$$y(t) = \bar{y} + \tilde{y}(t).$$

Der Referenzwert wird zum Entwicklungspunkt, und daher wird im obigen Satz $\bar{x} = \bar{y}$, $\bar{x} - x = \tilde{y}(t)$ (bzw. $x = \bar{y}$, $h = \tilde{y}(t)$ in Anmerkung 4.10) gesetzt. Dies ergibt

$$f(y(t)) = f(\bar{y} + \tilde{y}(t)) \approx f(\bar{y}) + f'(\bar{y})\tilde{y}(t)$$

Mit $y'(t) = \tilde{y}'(t)$ ergibt sich als Approximation eine lineare Differentialgleichung der Form

$$\tilde{y}'(t) = f'(\bar{y})\tilde{y}(t) + f(\bar{y}).$$

Der Entwicklungspunkt $\bar{y}$ wird so gewählt, dass die beiden auftretenden Terme $f(\bar{y})$, $f'(\bar{y})$ einfach auszuwerten sind. Dabei sollte $f'(\bar{y}) \neq 0$ sein. Bei einem Anfangswertproblem muss der Anfangswert für die neue Unbekannte $\tilde{y}$ entsprechend angepasst werden.

Das folgende Beispiel zeigt die Anwendung auf das Energiebilanzmodell.

Beispiel 4.11 Wir benutzen hier die Formulierung (4.3), die sich als

$$T'(t) = c_1 - c_2 T(t)^4$$

mit $c_1 = S(1 - \alpha)/(4H\varrho C)$ und $c_2 = \varepsilon\sigma/(H\varrho C)$ schreiben lässt. Zu linearisieren ist also die Funktion $f(y) = c_1 - c_2 y^4$. Mit $f'(\bar{y}) = -4c_2\bar{y}^3$ gilt

$$f(y(t)) = f(\bar{y} + \tilde{y}(t)) = c_1 - c_2 y(t)^4 \approx f(\bar{y}) + f'(\bar{y})\tilde{y}(t) = c_1 - c_2\bar{y}^4 - 4c_2\bar{y}^3\tilde{y}(t).$$

Zu lösen ist also eine lineare Differentialgleichung der Form

$$\tilde{y}'(t) = c_3\tilde{y}(t) + c_4$$

mit $c_3 = -4c_2\bar{y}^3, c_4 = c_1 - c_2\bar{y}^4$. Da der Entwicklungspunkt $\bar{y}$ sinnvollerweise positiv gewählt wird und $c_2 > 0$ gilt, ist zu erkennen, dass $c_3 < 0$ ist.

Übung 4.12 Lösen Sie das mit der Taylor-Entwicklung linearisierte Differentialgleichung für das Energiebilanzmodell. Welches Intervall I kann bei der Methode der Trennung der Variablen gewählt werden.

Wird beim Energiebilanzmodell der Ansatz mit der Trennung von stationärem Zustand und relativer Störung wie in Beispiel 4.8 verwendet, dann ergibt sich noch eine andere Möglichkeit der Linearisierung, ohne die Taylor-Formel benutzen zu müssen:

Beispiel 4.13 Für die Funktion $f(\theta) = (1 + \theta)^4$ kann der Binomische Lehrsatz (s. z. B. [12, §1 Satz 5]) benutzt werden. Danach gilt

$$(a + b)^n = \sum_{k=0}^{n} \binom{n}{k} a^{n-k} b^k \quad \text{für } a, b \in \mathbb{R}, n \in \mathbb{N}.$$

In unserem speziellen Fall benutzen wir $a = 1, b = \theta, n = 4$. Wird die Summe nach dem zweiten Term (also $k = 1$) abgebrochen, so ergibt sich ein linearer Ausdruck in θ.

Übung 4.14
1. Linearisieren Sie mit dem Binomischen Lehrsatz die Funktion $f(y) = (1 + y)^n$.
2. Linearisieren Sie damit die Gleichung (4.6) für die relative Abweichung im Energiebilanzmodell und lösen Sie das AWP für $t \geq 0$ mit einem Anfangswert $\theta(0) = \theta_0$. Ein Bild des Ergebnisses zeigt Abb. 5.1.
3. Unter welcher Voraussetzung ist die Linearisierung gerechtfertigt?
4. Nach welcher Zeit ist eine Anfangsabweichung θ_0 bis auf ein Tausendstel des ursprünglichen Wertes abgeklungen?

Bei Anwendung der Taylor-Entwicklung ist das Ziel, eine komplizierte Funktion durch eine lineare zu approximieren. Dabei ist die Abschätzung des Fehlers interessant. Dafür ist die folgende Schreibweise hilfreich.

Definition 4.15 (Landau-Symbol) Seien $F : \mathbb{R} \to \mathbb{R}^n$ und $G : \mathbb{R} \to \mathbb{R}^+$. Dann gilt $F \in \mathcal{O}(G)$ *für* $h \to 0$, wenn $c, \bar{h} > 0$ existieren mit

$$\| F(h) \| \leq c\, G(h) \quad \text{für } h < \bar{h}.$$

Für den Fehler bei der Taylor-Entwicklung gilt folgende Aussage.

Korollar 4.16 (Approximationsfehler bei Taylor-Formel) *Unter den Voraussetzungen von Satz 4.9 und mit der Notation von Anmerkung 4.10 gilt*

$$F(x + h) - \sum_{k=0}^{m-1} \frac{F^{(k)}(x)}{k!} h^k \in \mathcal{O}(h^m) \quad \text{für } h \to 0.$$

Beweis Die Abschätzung des Restglieds folgt aus der Stetigkeit der m-ten Ableitung und damit ihrer Beschränktheit auf dem Intervall $[x, x + h]$ bzw. $[x - h, \bar{x}]$. $\qquad\square$

Numerische Lösung eines Anfangswertproblems   5

Wenn analytische Methoden nicht weiterführen, muss ein Anfangswertproblem numerisch gelöst werden, d. h. die Lösung wird näherungsweise mit einem Algorithmus berechnet. In diesem Kapitel wird das Euler-Verfahren als einfachste Möglichkeit dazu vorgestellt. Darauf aufbauend werden die allgemeinen Konzepte für eine ganze Klasse von Lösungsalgorithmen, die expliziten Einschrittverfahren, zusammengestellt. Dies umfasst Konvergenz und die Abhängigkeit von Daten- und Rundungsfehlern.

Bei der Linearisierung wurde das ursprüngliche Problem, das als Anfangswertproblem für eine nichtlineare gewöhnliche Differentialgleichung gegeben und so nicht direkt lösbar war, so vereinfacht, dass es lösbar wurde. Wir haben prinzipiell ein „zu schwieriges" Modell durch ein einfacheres ersetzt, für das wir eine Lösung angeben konnten.

Alternativ können wir auch versuchen, die Lösung des komplexen Modells nicht exakt, sondern nur approximativ zu berechnen. Dies kann mit numerischen Lösungs- oder Approximationsverfahren für Anfangswertprobleme geschehen. Der Vorteil ist, dass man diese Methoden zunächst einmal auf beliebige Anfangswertprobleme anwenden kann, ohne vorher erst zu überlegen, ob sie vielleicht analytisch lösbar sind. Ein numerisches Verfahren ist ein Algorithmus, und für die Klasse der Anfangswertprobleme für gewöhnliche Differentialgleichungen gibt es schon fertige Softwarebibliotheken mit solchen Algorithmen, so dass prinzipiell auf diese zurückgegriffen werden kann.

Da es aber dennoch gut ist zu verstehen, was diese tun, und oft Anpassungen notwendig sind, wird hier zur Motivation das einfachste Verfahren zur numerischen Lösung eines Anfangswertproblems beschrieben.

© Springer-Verlag Berlin Heidelberg 2015   53
T. Slawig, *Klimamodelle und Klimasimulationen*, Springer-Lehrbuch Masterclass,
DOI 10.1007/978-3-662-47064-0_5

5.1 Das explizite Euler-Verfahren

Das Euler-Verfahren ist das einfachste Verfahren, um ein Anfangswertproblem zu lösen. Wir betrachten dazu allgemein ein Anfangswertproblem der Form (3.2) auf einem endlichen Intervall:

$$y'(t) = f(t, y(t)), \quad t \in I = [t_0, t_e], \quad y(t_0) = y_0.$$

Das Euler-Verfahren approximiert die Ableitung durch den Differenzenquotienten:

$$y'(t) \approx \frac{y(t+h) - y(t)}{h}, \quad h > 0 \text{ fest.}$$

Damit erhält man folgenden Algorithmus. Wir formulieren ihn direkt für den n-dimensionalen Fall, also für ein System von Differentialgleichungen.

Algorithmus 5.1 (Explizites Euler-Verfahren mit fester Schrittweite)
Input:

- Funktion $f : \mathbb{R} \times \mathbb{R}^n \to \mathbb{R}^n$, $f = f(t, y)$
- Anfangs- und Endzeitpunkte $t_0, t_e \in \mathbb{R}$
- Schrittweite $h = (t_e - t_0)/N$ mit $N \in \mathbb{N}$
- Anfangswert $y_0 \in \mathbb{R}^n$

Algorithmus: Für $k = 0, \ldots, N - 1$:

(a) $y_{k+1} = y_k + hf(t, y_k)$
(b) $t = t + h$.

Output: Näherungslösung $y = (y_k)_{k=0}^N := (y_0, \ldots, y_N) \in \mathbb{R}^{(N+1) \times n}$ mit $y_k \approx y(t_0 + kh)$, $k = 0, \ldots, N$.

Die Anwendung auf das Energiebilanzmodell in der Form (2.6) liefert

$$T_{k+1} = T_k + h \frac{1}{H \varrho C} \left(\frac{S}{4}(1 - \alpha) - \varepsilon \sigma T_k^4 \right).$$

Wenn hier der Bruch rechts wieder mit $4\pi r^2$ erweitert wird, ergibt sich (mit den Bezeichnungen $h = \Delta t$ und $T_k \approx T(t_k)$) die Differenzengleichung (2.5). Noch einmal zusammengefasst:

- Die Differenzengleichung (2.5) war ein zeitdiskretes Modell.
- Daraus wurde durch Übergang zu beliebig kleinem Zeitschritten die Differentialgleichung (2.6) hergeleitet. Diese war direkt nicht lösbar, also wurde ein spezielles Näherungsverfahren angewandt (das Euler-Verfahren), und landeten bei einem Algorithmus, der (2.5) entspricht.

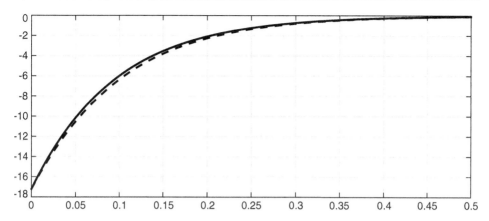

Abb. 5.1 Exakte Lösung des linearisierten Energiebilanzmodells (gestrichelt) und numerische Lösung des nicht linearisierten Modells. Gezeigt ist jeweils die Abweichung vom stationären Zustand (2.3) für die Parameterwerte aus den Abschn. 2.1 und 2.2 und einen beliebig gewählten Anfangswert

Also entsprechen sich in diesem Fall beide Wege, um zu einem anwendbaren Verfahren zu kommen. Das Euler-Verfahren macht den Grenzübergang $h = \Delta t \to 0$ gewissermaßen wieder rückgängig, denn es verwendet ja gerade eine endliche Schrittweite. Wenn ein anderes Verfahren als das Euler-Verfahren verwendet wird, um das Anfangswertproblem für die Differentialgleichung zu lösen, gilt das nicht mehr.

Hier ist zu erkennen, dass ein numerisches Verfahren auch als Teil der Modellierung aufgefasst werden kann, was bei Klimamodellen oft passiert. Das Ziel ist ein berechenbarer Modelloutput (hier $T(t)$). Ist dieser für eine Modellformulierung (hier: Anfangswertproblem für eine Differentialgleichung) nicht direkt berechenbar, so ist eine Näherung (wie hier mit dem Euler-Verfahren) notwendig. Am Ende steht ein Modell, dessen Output berechenbar ist.

Übung 5.2 Implementieren Sie das Euler-Verfahren für das Anfangswertproblem (2.6). Plotten Sie die Ergebnisse und vergleichen Sie mit der Lösung der linearisierten Gleichung aus Übung 4.14., vgl. Abb. 5.1.

5.2   Allgemeine explizite Einschrittverfahren

Das oben vorgestellte Euler-Verfahren ist das einfachste Beispiel für eine ganze Klasse von Verfahren zur Lösung von Anfangswertproblemen bei gewöhnlichen Differentialgleichungen. Die allgemeine Form dieser Klasse ist:

Definition 5.3 (Explizites Einschrittverfahren) Seien ein Anfangswertproblem (3.2) und eine Unterteilung $t_{k+1} = t_k + h_k, t_N = t_e$ mit Schrittweiten $h_k, k = 0, \dots, N - 1$, gegeben. Ein Verfahren der Form

$$y_{k+1} = y_k + h_k \Phi(t_k, y_k, h_k), \quad k = 0, 1, \ldots, N - 1, \tag{5.1}$$

heißt *explizites Einschrittverfahren* mit *Verfahrensfunktion* $\Phi : \mathbb{R} \times \mathbb{R}^n \times \mathbb{R} \to \mathbb{R}^n$.

Die Verfahrensfunktion hängt – präzise formuliert – auch noch von der rechten Seite f der Differentialgleichung ab, was wir hier nicht in der Notation ausdrücken. Das Verfahren liefert eine sog. *Gitterfunktion* $(y_k)_{k=0}^N$ an den *Gitterpunkt* t_k.

- *Explizit* heißt das Verfahren, da zur Berechnung von y_{k+1} nur die Werte y_k eingesetzt, aber keine Gleichung gelöst werden muss. Im Gegensatz dazu benutzt die Verfahrensfunktion eines *impliziten* Verfahrens auch den Wert y_{k+1}. Daher ist dann in jedem Schritt eine implizite Gleichung zu lösen.
- *Einschritt*verfahren heißt das Verfahren, weil nur der letzte Wert y_k zur Berechnung herangezogen wird (und nicht etwa y_{k-1}).

Das Verfahren ist in dieser Form für beliebige Differentialgleichungen anwendbar. Beim Euler-Verfahren wird $\Phi = f$ als Verfahrensfunktion benutzt.

Um die Qualität eines Verfahrens zu bewerten, spielen zwei Dinge eine Rolle: Der Aufwand und die Approximationsgüte oder Konvergenzgeschwindigkeit des Verfahrens. Der Aufwand kann relativ leicht angegeben werden:

Anmerkung 5.4 Der Aufwand eines expliziten Einschrittverfahrens wird bestimmt durch

- die Anzahl N der Zeitschritte und damit durch die Wahl der Schrittweiten h_k und die Länge des betrachteten Zeitintervalls $[t_0, t_e]$,
- die Anzahl der Auswertungen von f, die für eine Auswertung der Verfahrensfunktion Φ benötigt werden
- und den Aufwand zur Auswertung der Funktion f.

Wenn Φ insgesamt s Auswertungen von f erfordert, gilt dann

$$\text{Aufwand(explizites Einschrittverfahren)} = N \cdot s \cdot \text{Aufwand}(f).$$

5.3 Der Konvergenzbegriff bei Einschrittverfahren

Nach der obigen Betrachtung ist also der Aufwand geringer, je weniger Zeitschritte nötig sind und je einfacher die Verfahrensfunktion ist. Andererseits ist die erreichte Genauigkeit der Näherungslösung interessant. Es ist leicht einsichtig, dass etwa beim Euler-Verfahren die Approximation der Ableitung durch den Differenzenquotienten (die zur Motivation des Verfahrens verwendet wurde) schlechter wird, je größer die Schrittweite ist.

Mit Genauigkeit ist die Differenz zwischen den exakten Lösung y des Anfangswertproblems und der mit dem Verfahren bestimmten Näherungslösung $(y_k)_{k=0}^N$ gemeint. Das ist die Frage nach der *Konvergenz* des Verfahrens.

Definition 5.5 Seien ein Anfangswertproblem (3.2) und eine zum Schrittweitenvektor $(h_k)_{k=0}^{N-1}$ gehörende Näherungslösung $(y_k)_{k=0}^N$ eines Verfahrens wie in (5.1) gegeben. Weiterhin sei $y = y(t), t \in [t_0, t_e]$ die exakte Lösung.

1. Als *globalen Fehler* an der Stelle t_k bezeichnen wir die Größe

$$e_k := e(t_k, h_0, \ldots, h_{k-1}) := y(t_k) - y_k.$$

2. Das Verfahren heißt *konvergent*, wenn für

$$h := \max_{0 \le k < N} h_k$$

und alle $k = 0, \ldots, N$ gilt:

$$\lim_{h \to 0} e_k = 0.$$

3. Es heißt *konvergent von Ordnung* $p \in \mathbb{N}$, wenn es $c, \bar{h} > 0$ gibt mit

$$\|e_k\| \le ch^p \quad \forall k = 0, \ldots, N \text{ und } h < \bar{h},$$

oder (anders ausgedrückt, vgl. Definition 4.15):

$$e_k \in \mathcal{O}(h^p) \quad \text{für } h \to 0 \quad \forall k = 0, \ldots, N.$$

Für die Konvergenz eines Verfahrens sind zwei Dinge entscheidend:

- Zum einen die lokale Approximationseigenschaft des Verfahrens, d. h.: Wie gut approximiert der Wert der Verfahrensfunktion $\Phi(t_k, y_k, h_k)$ die Ableitung der Lösung die mittlere Steigung oder Ableitung der Lösung über das Teilintervall $[t_k, t_{k+1}]$? Diese Eigenschaft wird als *Konsistenz* des Verfahrens bezeichnet.
- Andererseits die Akkumulation der so in jedem Schritt des Verfahrens entstehenden lokalen Fehler und auch der Einfluss von Rundungsfehlern. Da ja die Schritte nacheinander über das Intervall $[t_0, t_e]$ berechnet werden, können sich Fehler in jedem Schritt verstärken. Die Beschränktheit dieser Verstärkung wird als *Stabilität* bezeichnet.

Erst beides zusammen sichert die Konvergenz des Verfahrens, weshalb oft die folgende Faustregel verwendet wird:

$$\text{Konsistenz} + \text{Stabilität} \implies \text{Konvergenz}.$$

5.4 Konsistenz

Um die Qualität eines Einschrittverfahrens zu untersuchen, spielt zunächst eine Rolle, wie gut die Verfahrensfunktion Φ die Ableitung y' approximiert. Diese Eigenschaft bezeichnet man als *Konsistenz*.

Definition 5.6 (Lokaler Verfahrensfehler, Konsistenz) Seien ein Anfangswertproblem (3.2) und ein Einschrittverfahren der Form (5.1) gegeben. Die exakte Lösung des Anfangswertproblems werde mit y bezeichnet.

1. Für beliebiges $h > 0$ heißt die Größe

$$\tau(t, y, h) := \frac{y(t + h) - y(t)}{h} - \Phi(t, y(t), h)$$

   Abschneide- oder *lokaler Verfahrensfehler*. An den Gitterpunkten t_k schreiben wir auch kurz $\tau_k := \tau(t_k, y, h_k)$.
2. Das Verfahren heißt *konsistent mit dem Anfangswertproblem* (3.2), wenn für alle $t \in [t_0, t_e)$ gilt:

$$\lim_{h \to 0} \tau(t, y, h) = 0.$$

3. Es heißt *konsistent von Ordnung* $p \in \mathbb{N}$, wenn für alle $t \in [t_0, t_e)$ gilt:

$$\|\tau(t, y, h)\| \leq ch^p \quad \text{mit } c > 0 \text{ für } h \to 0$$

   bzw. (mit Landau-Symbol)

$$\tau(t, y, h) \in \mathcal{O}(h^p) \quad \text{für } h \to 0.$$

Um Konsistenz zu zeigen, reicht beim Euler-Verfahren die Definition der Differenzierbarkeit aus:

Beispiel 5.7 Für den lokalen Verfahrensfehler gilt beim expliziten Euler-Verfahren für beliebiges $t \in [t_0, t_e)$

$$\tau(t, y, h) = \frac{y(t + h) - y(t)}{h} - \Phi(t, y(t), h) = \frac{y(t + h) - y(t)}{h} - f(t, y(t))$$

und damit

$$\lim_{h \to 0} \tau(t, y, h) = y'(t) - f(t, y(t)) = 0.$$

Um die Konsistenzordnung zu bestimmen (auch für andere Verfahren), wird die Taylor-Entwicklung aus Satz 4.9 bzw. die Korollar 4.16 benutzt. So ergibt sich für das Euler-Verfahren die Konsistenzordnung $p = 1$:

Beispiel 5.8 Beim Euler-Verfahren erhalten wir die Konsistenzordnung $p = 1$, denn mit Taylor-Entwicklung gilt unter der Voraussetzung, dass die Lösung y des Anfangswertproblems zweimal stetig differenzierbar ist:

$$y(t + h) = y(t) + h y'(t) + \frac{h^2}{2} y''(t + sh) \quad \text{mit } s \in [0, 1].$$

Wegen $\Phi = f$ und $y'(t) = f(y(t), t)$ für die exakte Lösung und der Stetigkeit der zweiten Ableitung folgt:

$$\frac{y(t + h) - y(t)}{h} - \Phi(t, y, h) = \frac{h}{2} y''(t + sh) = \mathcal{O}(h) \quad \text{für } h \to 0.$$

Das folgende Verfahren hat eine höhere Konsistenzordnung, benötigt aber auch zwei Funktionsauswertungen pro Schritt:

Übung 5.9 Zeigen Sie: Das *verbesserte Euler-Verfahren*, definiert durch

$$\Phi(t, y, h) = f\left(t + \frac{h}{2}, y + \frac{h}{2} f(t, y)\right) \tag{5.2}$$

hat die Konsistenzordnung 2.

Weitere Verfahren höherer Ordnung und ihre Konstruktionsprinzipien sind Thema von Kap. 11.

5.5 Stabilität und Konvergenz

Unter Stabilität versteht man die Eigenschaft eines Verfahrens, die Fehler, die im Anfangswert enthalten sind und die, die durch die Approximation der Ableitung und durch Rundungsfehler in jedem Teilschritt hinzukommen, nur beschränkt zu verstärken.

Definition 5.10 (Stabilität eines Einschrittverfahrens) Sei $(y_k)_{k=1,\dots,N}$ die durch ein Verfahren (5.1) und $(\tilde{y}_k)_k$ die durch das im Anfangswert und in jedem Schritt durch $\varepsilon_k \in \mathbb{R}^n$ gestörte Verfahren generierte Folge, d. h.

$$y_{k+1} = y_k + h_k \Phi(t_k, y_k, h_k),$$
$$\tilde{y}_{k+1} = \tilde{y}_k + h_k \Phi(t_k, \tilde{y}_k, h_k) + \varepsilon_k, \quad k = 0, \dots, N - 1.$$

Das Verfahren heißt *stabil*, wenn eine von h_k unabhängige Konstante S existiert mit

$$\max_{0 \le k \le N} \|\tilde{y}_k - y_k\| \le S \left(\|\tilde{y}_0 - y_0\| + \sum_{k=0}^{N-1} \|\varepsilon_k\| \right).$$

Bevor wir ein Kriterium zum Nachweis der Stabilität angeben, zeigen wir, wie aus der Konsistenz eines Verfahrens mit der Stabilität die Konvergenz folgt.

Satz 5.11 *Sei ein Einschrittverfahren* (5.1) *für das Anfangswertproblem* (3.2) *gegeben. Insbesondere werde mit dem exakten Anfangswert begonnen. Ist das Verfahren stabil mit Stabilitätskonstante S, dann gilt für den globalen Fehler*

$$\max_{0 \leq k \leq N} \|e_k\| \leq S \sum_{k=0}^{N-1} h_k \|\tau_k\| \leq S\bar{\tau}(t_e - t_0)$$

mit

$$\bar{\tau} := \max_{0 \leq k < N} \|\tau_k\|.$$

Ist das Verfahren konsistent und stabil, so ist es konvergent, und die Konsistenzordnung des Verfahrens überträgt sich auf seine Konvergenzordnung.

Beweis Die Definition des lokalen Verfahrensfehlers an den Gitterpunkten ergibt für alle $k = 0, \ldots, N-1$

$$\frac{y(t_{k+1}) - y(t_k)}{h_k} - \Phi(t_k, y(t_k), h_k) = \tau_k,$$

also

$$y(t_{k+1}) = y(t_k) + h_k \Phi(t_k, y(t_k), h_k) + \tau_k h_k. \tag{5.3}$$

Wir betrachten jetzt die exakte Lösung als „Störung" der numerischen Lösung. Dazu setzen wir in der Stabilitätsdefinition 5.10 $\tilde{y}_k = y(t_k)$ und erhalten

$$\tilde{y}_{k+1} = \tilde{y}_k + h_k \Phi(t_k, \tilde{y}_k, h_k) + \varepsilon_k$$

mit $\varepsilon_k = \tau_k h_k$. Da das Verfahren stabil ist und mit dem exakten Anfangswert begonnen wird (also $\tilde{y}_0 = y_0$ ist), folgt aus der Stabilitätsdefintion

$$\max_{0 \leq k \leq N} \|y(t_k) - y_k\| = \max_{0 \leq k \leq N} \|\tilde{y}_k - y_k\| \leq S \sum_{k=0}^{N-1} h_k \|\tau_k\| \leq S\bar{\tau} \sum_{k=0}^{N-1} h_k = S\bar{\tau}(t_e - t_0).$$

Wegen der Konsistenzordnung p folgt $\bar{\tau} \in \mathcal{O}(h^p)$ und damit die gleiche Ordnung für das Maximum des globalen Fehlers. $\square$

5.6 Ein hinreichendes Stabilitätskriterium

Die folgende Bedingung erlaubt es, für bestimmte Differentialgleichungen bzw. Verfahrensfunktionen die Stabilität des Verfahrens nachzuweisen.

Satz 5.12 *Ist die Verfahrensfunktion Φ eines expliziten Einschrittverfahrens für alle $t \in [t_0, t_e]$ Lipschitz-stetig bezüglich y mit Lipschitz-Konstante L, dann gilt für die Stabilitätskonstante S in Definition 5.10:*

$$S = \exp(L(t_e - t_0)). \tag{5.4}$$

Beweis Aus

$$y_{k+1} = y_k + h_k \Phi(t_k, y_k, h_k),$$
$$\tilde{y}_{k+1} = \tilde{y}_k + h_k \Phi(t_k, \tilde{y}_k, h_k) + \varepsilon_k, \quad k = 0, \ldots, N - 1$$

ergibt sich durch Subtraktion

$$\tilde{y}_{k+1} - y_{k+1} = \tilde{y}_k - y_k + h_k \left(\Phi(t_k, \tilde{y}_k, h_k) - \Phi(t_k, y_k, h_k) \right) + \varepsilon_k$$

und mit der Lipschitz-Stetigkeit von Φ

$$\| \tilde{y}_{k+1} - y_{k+1} \| \leq (1 + h_k L) \| \tilde{y}_k - y_k \| + \| \varepsilon_k \|.$$

Mit den Bezeichnungen $a_k := \| \tilde{y}_k - y_k \|, b_k := h_k L, c_k := \| \varepsilon_k \|$ kann diese Ungleichung als

$$a_{k+1} \leq (1 + b_k) a_k + c_k, \quad k = 0, \ldots, N - 1, \tag{5.5}$$

geschrieben werden. Diese rekursive Abschätzung kann mit Hilfe des nachfolgenden Lemmas durch eine explizite Abschätzung ersetzt werden. Es gilt

$$\sum_{i=0}^{k-1} b_i = L \sum_{i=0}^{k-1} h_i = L(t_k - t_0) \quad \forall k = 1, \ldots, N.$$

Das folgende Lemma ergibt dann

$$\| \tilde{y}_k - y_k \| \leq e^{L(t_k - t_0)} \left(\| \tilde{y}_0 - y_0 \| + \sum_{k=0}^{N-1} \| \varepsilon_k \| \right).$$

Maximumsbildung liefert mit $\exp(L(t_k - t_0)) \leq \exp(L(t_e - t_0))$ für alle k die gewünschte Abschätzung. $\qquad \square$

Lemma 5.13 *Seien* $a_k, b_k, c_k \geq 0$ *mit* (5.5). *Dann gilt für alle* $k = 0, \ldots, N$:

$$a_k \leq \left(a_0 + \sum_{i=0}^{k-1} c_i \right) \exp \left(\sum_{i=0}^{k-1} b_i \right).$$

Übung 5.14 Beweisen Sie das Lemma.

5.7 Der Einfluss von Rundungs- und Datenfehlern

Bei der Untersuchung des globalen Fehlers im letzten Abschnitt wurde davon ausgegangen, dass alle Rechnungen exakt durchgeführt wurden und dass auch der Anfangswert exakt gegeben ist. Dies ist auf dem Computer durch die endliche Zahlendarstellung und bei realen (Mess-)Daten als Anfangswerte nicht gegeben. Es stellt sich die Frage, ob das Resultat des Satzes über den globalen Fehler (dass nämlich die exakte Lösung beliebig genau approximiert werden kann, wenn h klein genug ist) unter dem Einfluss von solchen Daten- und Rundungsfehlern noch gültig bleibt.

Der Fehler durch einen gestörten oder ungenauen Anfangswert $\tilde{y}_0$ kann durch einen Term $(\tilde{y}_0 - y_0)$ dargestellt werden. Es kann sich dabei um Messfehler und Darstellungsfehler, also Rundungsfehler bei der Darstellung der Anfangswerte auf dem Rechner handeln.

Zusätzlich liefert jeder Schritt der Rechenvorschrift (5.1) des Einschrittverfahrens gerundete Werte, die wir mit ebenfalls einer Tilde über der entsprechenden Variable bezeichnen. Die Vorschrift des Verfahrens mit *gerundeten Rechnungen* ergibt ebenfalls einen Fehler, den wir mit ε_k bezeichnen:

$$\tilde{y}_{k+1} = \tilde{y}_k + h_k \Phi(t_k, \tilde{y}_k, h_k) + \varepsilon_k, \quad k = 0, \ldots, N-1. \tag{5.6}$$

Auch in der Auswertung von Φ können Datenfehler auftreten, etwa durch in f und damit in Φ eingehende Parameter. Die Abhängigkeit von diesen Datenfehlern betrachten wir zunächst nicht.

Bevor wir die Größenordnung dieser Rundungsfehler abschätzen, untersuchen wir, wie sie sich auf den Fehler zwischen der exakten Lösung und den gerundeten Werten der Näherungslösung, also den Werten, die wir wirklich auf einem Computer berechnen können, auswirken. Wir folgen hier [15] und bezeichnen diese Differenz als Gesamtfehler. Er ergibt sich aus der Summe von Approximationsfehlern und Rundungsfehlern.

Definition 5.15 Es bezeichne $\tilde{y}_k$ die unter Berücksichtigung von Rundungsfehlern berechneten Näherungslösung des Anfangswertproblems (3.2) an der Stelle t_k, $k = 0, \ldots, N$. Die Größe

$$E_k := y(t_k) - \tilde{y}_k$$

heißt *Gesamtfehler* an der Stelle t_k.

Es ist zu sehen, dass eine Analogie zwischen Abschneidefehler τ_k in (5.3)

$$y(t_{k+1}) = y(t_k) + h_k \Phi(t_k, y(t_k), h_k) + \tau_k h_k$$

und der Größe ε_k / h_k in (5.6)

$$\tilde{y}_{k+1} = \tilde{y}_k + h_k \Phi(t_k, \tilde{y}_k, h_k) + \varepsilon_k$$

besteht. Damit ist der Beweis des folgenden Satzes analog zu demjenigen von Satz 5.11 über den globalen Fehler.

Satz 5.16 *Sei ein durch Fehler im Anfangswert und Rundungsfehler ε_k in jedem Schritt gestörtes Einschrittverfahren der Form (5.6) für das Anfangswertproblem (3.2) gegeben. Ist das Verfahren stabil mit Stabilitätskonstante S, dann gilt für den Gesamtfehler*

$$\max_{0 \le k \le N} \|E_k\| \le S \left(\|E_0\| + \sum_{k=0}^{N-1} (h_k \|\tau_k\| + \|\varepsilon_k\|) \right) \le S \left(\|E_0\| + \left(\bar{\tau} + \frac{\bar{\varepsilon}}{\bar{h}} \right) \right)$$

mit

$$\bar{\varepsilon} := \max_{0 \le k < N} \|\varepsilon_k\|, \quad \bar{\tau} := \max_{0 \le k < N} \|\tau_k\|, \quad \bar{h} := \min_{0 \le k < N} h_k.$$

Beweis Wir setzen

$$\tilde{y}_{k+1} = \tilde{y}_k + h_k \Phi(t_k, \tilde{y}_k, h_k) + \varepsilon_k$$

und erhalten analog zum Beweis von Satz 5.11

$$\max_{0 \le k \le N} \|\tilde{y}_k - y_k\| \le S \left(\|\tilde{y}_0 - y_0\| + \sum_{k=0}^{N-1} \|\varepsilon_k\| \right).$$

Da die Anzahl N der Schritte für $h_k \to 0$ gegen unendlich geht und hier kein h_k in dem Störungsterm auftaucht, muss es künstlich eingeführt werden, um eine Abschätzung zu erhalten, die die Summe nicht mehr enthält. Es gilt

$$\sum_{k=0}^{N-1} \|\varepsilon_k\| = \sum_{k=0}^{N-1} \frac{\|\varepsilon_k\|}{h_k} h_k \le \frac{\bar{\varepsilon}}{\bar{h}} \sum_{k=0}^{N-1} h_k = \frac{\bar{\varepsilon}}{\bar{h}} (t_e - t_0)$$

und damit

$$\max_{0 \le k \le N} \|\tilde{y}_k - y_k\| \le S \left(\|\tilde{y}_0 - y_0\| + \frac{\bar{\varepsilon}}{\bar{h}} (t_e - t_0) \right). \tag{5.7}$$

Der Gesamtfehler setzt sich nun mit der Dreiecksungleichung aus der Differenz e_k der exakten Lösung und der ungestörten Näherungslösung (Resultat von Satz 5.11) und der Differenz zwischen ungestörter und gestörter Näherungslösung, abgeschätzt durch (5.7), zusammen:

$$\max_{0 \le k \le N} \| E_k \| \le \max_{0 \le k \le N} \| y(t_k) - y_k \| + \max_{0 \le k \le N} \| \tilde{y}_k - y_k \|$$

$$\le S \left(\| E_0 \| + \left(\bar{\tau} + \frac{\bar{\varepsilon}}{\bar{h}} \right) (t_e - t_0) \right). \qquad \square$$

Um die Größe der Rundungsfehler ε_k in den einzelnen Schritten des Verfahrens abzuschätzen, untersuchen wir die Berechnungsvorschrift (5.1): Es werden nacheinander

- die Auswertung der Verfahrensfunktion Φ,
- die Multiplikation mit der Schrittweite h_k und
- die Addition zum letzten Wert $\tilde{y}_k$

durchgeführt. Dabei werden Fehler gemacht, die wir in der folgenden Form als relative Fehler schreiben. Die auf dem Computer berechneten gerundeten Werte werden hier mit einer Tilde über der Variable, dem jeweiligen Operator (für zusammengesetzte Ausdrücke) oder der Funktionsauswertung bezeichnet:

$$\tilde{\Phi}(t_k, \tilde{y}_k, h_k) = \Phi(t_k, \tilde{y}_k, h_k)(1 + \alpha_k),$$

$$h_k \tilde{*} \tilde{\Phi}(t_k, \tilde{y}_k, h_k) = h_k \tilde{\Phi}(t_k, \tilde{y}_k, h_k)(1 + \beta_k),$$

$$\tilde{y}_k \tilde{+} h_k \tilde{*} \tilde{\Phi}(t_k, \tilde{y}_k, h_k) = (\tilde{y}_k + h_k \tilde{*} \tilde{\Phi}(t_k, \tilde{y}_k, h_k))(1 + \gamma_k).$$

Damit erhalten wir insgesamt

$$\tilde{y}_{k+1} = \big(\tilde{y}_k + h_k \Phi(t_k, \tilde{y}_k, h_k)(1 + \alpha_k)(1 + \beta_k) \big)(1 + \gamma_k). \qquad (5.8)$$

Die einzelnen relativen Rundungsfehler können mit der *Maschinengenauigkeit* abgeschätzt werden. Auf dem Rechner gibt es nur endlich viele darstellbare *Maschinenzahlen*, bezeichnet mit der Menge $\mathbb{M} \subset \mathbb{R}$. Diese ist die auf heutigen Computern und in den meisten Programmiersprachen durch Standards des IEEE (Institute of Electrical and Electronical Engineers) für einfache und doppelte Genauigkeit von Gleitpunktzahlen festgelegt. Wir definieren:

Definition 5.17 (Maschinengenauigkeit) Die kleinste Maschinenzahl $x \in \mathbb{M}$, für die auf dem Computer (d. h. unter Einbeziehung von Rundungsfehlern) $1 \tilde{+} x > 1$ gilt, heißt *Maschinengenauigkeit* und wird mit *eps* bezeichnet:

$$eps := \min\{x \in \mathbb{M} : 1 \tilde{+} x > 1\}.$$

Die Maschinengenauigkeit ist bei einfacher Genauigkeit (*single precision*, 4 Byte) ca. 10^{-8}, bei doppelter (*double precision*, 8 Byte) etwa 10^{-16}.

Über die einzelnen relativen Fehler ist bei der Addition und Multiplikation bekannt, dass sie alle von der Größenordnung *eps* sind. Bei der Auswertung der Verfahrensfunktion wird das ebenfalls angenommen. Hier können aber auch Fehler in den in f und daher Φ eingehenden Parameter eine Rolle spielen, so dass der relative Fehler β_k eventuell von anderer Größenordnung ist, was wir hier nicht beachten. Ausmultiplizieren und Vernachlässigen von quadratischen Termen der Fehler in (5.8) ergibt dann

$$\varepsilon_k \approx h_k \Phi(t_k, \tilde{y}_k, h_k)(\alpha_k + \beta_k + \gamma_k) + \tilde{y}_k \gamma_k.$$

Für kleine h_k ist der zweite Summand entscheidend, es kann also

$$\|\varepsilon_k\| \approx \|\tilde{y}_k\| eps$$

gesetzt werden. Wenn statt der gerundeten Näherungslösung die exakte Lösung eingesetzt wird, gilt

$$\|\varepsilon_k\| \approx |y_k| eps$$

und global

$$\bar{\varepsilon} \approx eps \max_{t \in [t_0, t_e]} \|y(t)\|$$

und damit insgesamt die Abschätzung

$$\max_{0 \leq k \leq N} \|E_k\| \leq S \left(\|E_0\| + \left(\bar{\tau} + \frac{eps \max_{t \in [t_0, t_e]} \|y(t)\|}{\bar{h}} \right) (t_e - t_0) \right).$$

Dabei kann der Fehler E_0 durch etwaige Messfehler in den Anfangsdaten von anderer Größenordnung sein als die Rundungsfehler.

Ein Boxmodell des Nordatlantikstroms

6

In diesem Kapitel wird ein von Stefan Rahmstorf entwickeltes Boxmodell der nordatlantischen thermohalinen, d. h. durch Temperatur- und Salzgehaltunterschiede induzierten Strömung vorgestellt. Es gibt Einblicke in die Modellierung mit Hilfe von Bilanzgleichungen und die Formulierung eines entsprechenden gewöhnlichen Differentialgleichungssystems. Mit diesem Modell können Szenarien der globalen Erwärmung gerechnet werden, die durch die Variation einer Inputgröße realisiert werden. Das Rahmstorf-Boxmodell wird im nächsten Kapitel als ein Beispiel für die Berechnung stationärer Zustände verwendet. Wir definieren in diesem Kapitel am Beispiel des Modells auch noch einige spezifische Begriffe zur Unterscheidung verschiedener in Klimamodellen auftretender Größen.

Boxmodelle sind nach den globalen Energiebilanzmodellen die konzeptionell einfachsten Klimamodelle. Sie modellieren das gesamte oder einen Teil des Klimasystems in wenigen *Kompartments* oder Boxen. Dabei repräsentiert eine Box entweder einen gesamten Teil des Klimasystems (wie z. B. Ozean, Atmosphäre etc.) oder – wie in dem Beispiel, das wir in diesem Kapitel betrachten – ein Teil des Systems wird nur grob räumlich aufgelöst. Zwischen den einzelnen Boxen werden Bilanzen oder Flüsse modelliert. Auf Grund der groben räumlichen Auflösung besteht das Modell aus algebraischen Gleichungen (im stationären Fall) oder aus gewöhnlichen Differentialgleichungen (wenn zeitabhängiges Verhalten simuliert wird).

Boxmodelle sind schnell numerisch lösbar, da sie meist nur aus wenigen Gleichungen aufgebaut sind. Sie sind dennoch komplex genug, um differenzierte Aussagen über wichtige Größen wie z. B. die im Atlantik bewegte Wassermasse zu treffen. Aus beiden Gründen eignen sie sich für langfristige Vorhersagen, Sensitivitäts- und Unsicherheitsstudien und auch die Kopplung mit ökonomischen und sozialen Modellen. Für Boxmodelle werden auch Verzweigungspunkte und Hystereseverhalten (unterschiedliches Verhalten beim Übergang von Zustand 1 in Zustand 2 und im umgekehrten Fall) studiert. Boxmodelle sind bei aller Einfachheit andererseits doch meist so komplex, dass analytische Berechnungsmethoden nicht mehr anwendbar sind. Daher kommen die numerischen Methoden für gewöhnliche Differentialgleichungen aus dem letzten Kapitel zum Einsatz.

© Springer-Verlag Berlin Heidelberg 2015
T. Slawig, *Klimamodelle und Klimasimulationen*, Springer-Lehrbuch Masterclass,
DOI 10.1007/978-3-662-47064-0_6

Ein Boxmodell der Nordatlantikströmung ist das von Stommel (s. [9, Kapitel 13]), das die Ozeanströmung in zwei Boxen darstellt. Das hier betrachtete Modell von Rahmstorf [16, 17] ist gewissermaßen eine Erweiterung.

6.1 Die thermohaline Zirkulation

Hier beschreiben wir das vom Boxmodell beschriebene Phänomen der thermohalinen Zirkulation und geben eine mathematische Modellierung dafür an. Die sog. *thermohaline Zirkulation* (*THC* für engl. *Thermohaline Circulation*) ist eine der wichtigsten, großflächigen und massereichen Strömungen im Ozean. Angetrieben wird sie durch Differenzen in Temperatur und Salzgehalt im Meerwasser. Beide Ursachen bewirken eine Dichteänderung:

- Warmes (Wasser) steigt nach oben, d. h. eine wachsende Temperatur bewirkt eine Dichteverminderung. Wird also Wasser z. B. von unten in einem Topf erwärmt, so steigt es auf Grund der geringeren Dichte nach oben, verdrängt dort kälteres, das gleichzeitig absinkt. Die entstehende Strömung wird als Konvektionsströmung bezeichnet.
- Stärker salzhaltiges Wasser hat eine höhere Dichte, vgl. das Beispiel des Toten Meeres: Der menschliche Körper, an sich schwerer als das in unseren Breiten vorhandene relativ salzarme Wasser, geht dort nicht unter.

Im Meer wird das Wasser nun nicht von unten erwärmt, sondern von oben durch die Sonneneinstrahlung. Diese ist je nach Breitengrad unterschiedlich: Am Äquator wird das Wasser stärker erwärmt als an den Polen. Es ergibt sich also eine Temperaturdifferenz zwischen den Wassermassen am Äquator und z. B. am Nordpol. Diese Differenz bewirkt, dass sich wärmeres Wasser geringerer Dichte an der Oberfläche nach Norden bewegt und dort kühleres an den Boden verdrängt. Auch hier kommt also eine Zirkulation in Gang, die auf der gesamten Erde in den Ozeanen als große, massereiche Strömungsbänder beobachtet werden kann. Diese wird als thermohaline Zirkulation bezeichnet.

Durch verstärktes Verdunsten von Wasser (Erhöhen des Salzgehaltes) in Äquatornähe und verstärkten Niederschlag in höheren Breiten plus Abschmelzen von Eis (Verringerung des Salzgehaltes) ist ebenfalls ein dem entgegenwirkender Effekt vorhanden. Da Letzterer durch anthropogenen Einfluss zunimmt, ist eine Veränderung der THC bis zu ihrem Kollabieren theoretisch möglich. Um diesen Effekt, der für Mitteleuropa deutliche Klimaveränderungen zur Folge hätte, zu untersuchen, dient das in hier beschriebene Boxmodell.

Die lineare Zustandsgleichung für die Dichte

In der einfachsten Form kann folgender *linearen* Zusammenhang zwischen Dichte ϱ einerseits und Temperatur T und *Salinität* oder Salzgehalt S andererseits aufgestellt werden, und zwar punktweise im Raum oder auch für ein räumliches Volumen (eine Box) sowie zusätzlich in Abhängigkeit von der Zeit:

$$\varrho(T, S) = \varrho_0 \left(1 - \alpha(T - T_0) + \beta(S - S_0)\right).$$

Dabei gehen Proportionalitätskoeffizienten $\alpha, \beta > 0$ und eine Referenzdichte $\varrho_0 = \varrho(T_0, S_0)$, gegeben bei einer Referenztemperatur T_0 und einem Referenzwert des Salzgehaltes S_0, ein. Man nennt diesen Zusammenhang eine *Zustandsgleichung*.

Gibt es zwei Bereiche oder Boxen, die mit Wasser der Temperaturen T_1, T_2 und der Salzgehalte S_1, S_2 gefüllt sind, so ergibt sich die relative Dichtedifferenz mit $\varrho_i := \varrho(T_i, S_i), i = 1, 2$, zu

$$\frac{\varrho_2 - \varrho_1}{\varrho_0} = \beta(S_2 - S_1) - \alpha(T_2 - T_1). \tag{6.1}$$

Die Werte T_0, S_0 selbst treten nicht mehr auf. Außerdem ist die Größe auf der linken Seite bereits dimensionslos. Folglich muss dies auch für die rechte Seite gelten. Dies führt uns zu den Einheiten der beiden Koeffizienten α, β. Diese heißen thermischer oder thermaler bzw. haliner Ausdehnungskoeffizient. Bezeichnen wir wieder mit $[q]$ die Einheit einer Größe q, so gilt:

$$[T] = \mathrm{K}, \quad [S] = 1.$$

Oft wird für den Salzgehalt die „Einheit" psu *(Practical Salinity Unit)* angegeben, die jedoch dimensionslos ist und keine Einheit im physikalischen Sinne darstellt. Daher ist

$$[\alpha] = \frac{1}{\mathrm{K}}, \quad [\beta] = 1.$$

Der hier beschriebene lineare Zusammenhang wird zum Teil auch in komplexeren Klimamodellen verwendet oder durch ebenfalls komplexere, nichtlineare Modellierungen ersetzt.

6.2 Das Rahmstorf-Boxmodell

Das Rahmstorf-Boxmodell simuliert die Strömung in einem Teil des Atlantiks. Es ist bekannt, dass eine thermohalin angetriebene Strömung in Äquatornähe im Südatlantik beginnt und bis ins Nordpolarmeer reicht. Das ist die bei uns als Golfstrom bekannte Strömung. Das Modell simuliert nur diese, also nur einen Teil der gesamten Ozeanströmung. Dazu benutzt es vier Boxen, die

1. den äquatornahen südlichen Teil des Atlantik in seiner gesamten Tiefe,
2. den Nordatlantik in seiner gesamten Tiefe,
3. den oberen
4. und den unteren (tiefen) Teil des äquatornahen Teil des Nordatlantiks

Abb. 6.1 Rahmstorf-
Boxmodell

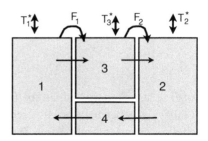

umfassen, vgl. Abb. 6.1. Die vier Boxen haben unterschiedliche Volumina V_i. Der Index $i \in \{1, 2, 3, 4\}$ bezieht sich auf die oben genannte Nummerierung.

In den vier Boxen werden die zeitabhängigen Werte von Temperatur und Salzgehalt als $T_i(t)$ und $S_i(t), t \in I$, bezeichnet, wobei wir das betrachtete Zeitintervall I hier noch unbestimmt lassen.

Nach dem linearen Ansatz aus dem letzten Abschnitt kann mit (6.1) der *Volumenstrom*, d. h. die Menge an Wasser, die pro Zeiteinheit umgewälzt wird (das sog. *Overturning*), als

$$M(t) = k \left(\beta \left(S_2(t) - S_1(t) \right) - \alpha \left(T_2(t) - T_1(t) \right) \right) \tag{6.2}$$

angegeben werden. Für die Einheit gilt, da (6.1) dimensionslos formuliert war:

$$[M(t)] = \mathrm{m}^3 \mathrm{s}^{-1} = [k],$$

Modellierung der Strömung

Die Änderung der Temperatur pro Zeiteinheit in zwei benachbarten Boxen kann nun jeweils durch die Temperaturdifferenz zwischen diesen Boxen, multipliziert mit dem Volumenstrom pro Zeiteinheit und dividiert durch das Boxvolumen beschrieben werden. Dabei wird in diesem Modell davon ausgegangen, dass die Strömungsrichtung wie in Abb. 6.1 angedeutet in Richtung der Boxen

$$1 \to 3 \to 2 \to 4 \to 1$$

fest ist. Für die zeitliche Änderung Temperatur in Box 1 ergibt sich daher:

$$T_1'(t) = \frac{M(t)}{V_1} (T_4(t) - T_1(t)).$$

Das heißt:

- Die Temperatur in Box 1 erhöht sich, wenn das einströmende Wasser (aus Box 4) eine höhere Temperatur als das in Box 1 hat, andernfalls sinkt sie.

- Die Temperaturänderung pro Zeiteinheit ist
  - proportional zur Temperaturdifferenz $T_4(t) - T_1(t)$
  - und zum Volumenstrom $M(t)$
  - und umgekehrt proportional zum Boxvolumen V_1, da sich die Wärme des einströmenden Wassers auf mehr Volumen verteilt.

Analog wird für alle Boxen und auch für den Salzgehalt verfahren.

Damit ergeben sich zunächst folgende Modellgleichungen.

$$T_1'(t) = \frac{M(t)}{V_1}(T_4(t) - T_1(t)), \quad S_1'(t) = \frac{M(t)}{V_1}(S_{4(t)} - S_1(t)),$$

$$T_2'(t) = \frac{M(t)}{V_2}(T_3(t) - T_2(t)), \quad S_2'(t) = \frac{M(t)}{V_2}(S_3(t) - S_2(t)),$$

$$T_3'(t) = \frac{M(t)}{V_3}(T_1(t) - T_3(t)), \quad S_3'(t) = \frac{M(t)}{V_3}(S_1(t) - S_3(t)),$$

$$T_4'(t) = \frac{M(t)}{V_4}(T_2(t) - T_4(t)), \quad S_4'(t) = \frac{M(t)}{V_4}(S_2(t) - S_4(t))$$

mit der Darstellung (6.2) für den Volumenstrom. Beachte, dass M von T_1, T_2, S_1, S_2 abhängt, was in der Bezeichnung hier unterdrückt wird, aber für Nichtlinearität des Systems sorgt.

Kopplung mit der Atmosphäre

Das Boxmodell beschreibt nur eine Klimakomponente, den Ozean. Die wichtigste Kopplung des Ozeans, nämlich die mit der Atmosphäre, muss sinnvoll mit einbezogen werden. Das heißt hier, dass Kopplungseffekte oder Einflüsse der Atmosphäre auf den Ozean insofern modelliert werden müssen, als sie die Phänomene betreffen, die das Boxmodell darstellen soll. Das sind Temperatur und Salzgehalt. Beide Größen werden durch die Atmosphäre beeinflusst:

Kopplung durch Oberflächentemperaturen An den Boxen 1 bis 3, die Kontakt mit der Atmosphäre haben, wird die Wassertemperatur ebenfalls durch die Atmosphärentemperatur beeinflusst. Es wird hier zwar kein Massentransport modelliert, aber es gibt Wärmeleitung an der Grenzfläche. Dazu werden die Modellparameter $T_i^*, i = 1, 2, 3$ eingeführt, die die Atmosphärentemperatur über den jeweiligen Boxen widerspiegeln. Zunächst sind diese konstant, für sog. *Global Warming-Szenarien* kann hier ein Trend mit einer zeitlichen Temperaturerhöhung eingeführt werden. Der Wärmetransport an der Ozeanoberfläche wird vereinfacht durch einen linearen Term der Form

$$\lambda_i(T_i^* - T_i), \ \lambda_i > 0$$

modelliert. In feiner räumlich aufgelösten Modellen wird der Wärmetransport an der Oberfläche durch eine Randbedingung an eben dieser Oberfläche dargestellt. Dies ist in einem Boxmodell nicht möglich. Daher sind die λ_i Modellparameter, die die Wirkung des Wärmetransportes an der Oberfläche umgerechnet auf eine Temperaturänderung in der gesamten Box beschreiben.

Die Parameter λ_i werden aus einer Konstante Γ und der jeweiligen Boxtiefe z_i berechnet:

$$\lambda_i = \frac{\Gamma}{c\varrho_0 z_i}.$$

Dabei ist c die spezifische Wärmekapazität von Meerwasser, ϱ_0 wieder die Referenzdichte und Γ eine thermale Kopplungskonstante. Es gilt

$$[c] = \frac{\mathrm{J}}{\mathrm{kg\,K}}, \quad [\varrho_0] = \frac{\mathrm{kg}}{\mathrm{m}^3}, \quad [\Gamma] = \frac{\mathrm{J}}{\mathrm{m}^2\,\mathrm{K\,s}}, \quad [\lambda_i] = \frac{[\Gamma]}{[c][\varrho_0][z_i]} = \frac{1}{\mathrm{s}}.$$

Kopplung durch Frischwasserflüsse Ein zweiter wichtiger Effekt der Atmosphäre auf die thermohaline Zirkulation ist die Änderung des Salzgehaltes im Meerwasser durch

- unterschiedliche Niederschläge und Verdunstung
- und windgetriebenen Wassertransport an der Ozeanoberfläche.

Niederschläge verringern den Salzgehalt, Verdunstung erhöht ihn. Für die Variablen S_i des Boxmodells ist nur die Bilanz beider Prozesse wichtig. Außerdem wird die Menge des so ins Meer gelangenden oder verdunstenden Wassers vernachlässigt, d. h. die Volumina V_i bleiben unverändert.

Durch Wind wird das Wasser an der Oberfläche bewegt, und so kann natürlich auch Wasser mit geringerem oder höherem Salzgehalt von einer Box in die andere gelangen. Auch dies kann damit als Frischwasserfluss modelliert werden. Tatsächlich ist dies der Grund, warum ein positiver Frischwassertransport ($F_1 > 0$) von Box 1 in Box 3 untersucht wird.

Diese Effekte werden durch sog. *Frischwasserflüsse* F_1 (zwischen der südlichen Box 1 und der mittleren Oberflächenbox 3) und F_2 zwischen Box 3 und der nördlichen Box 2) modelliert. Die Vorzeichen sind so gewählt, dass positive Werte einen Fluss in nördliche Richtung beschreiben. In den Modellgleichungen wird dies so benutzt, dass folgendes gilt:

- F_1 ist positiv, wenn Frischwasser von Box 1 in Box 3 gelangt, also wenn an der Oberfläche von Box 1 mehr Wasser verdunstet als Niederschlag vorhanden ist, Frischwasser durch Flüsse ins Meer gelangt oder ein entsprechender windgetriebener Transport von salzarmem Wasser in Nordrichtung gegeben ist.
- F_2 ist positiv, wenn das gleiche zwischen Box 3 und Box 2 gilt. Zusätzlich geht hier noch eine Eisschmelze von salzarmem Landeis (z. B. des Grönlandeises) ein.

Beide Parameter sind relativ zum Referenzwert S_0 des Salzgehaltes gewählt. Sie werden als Parameter der globalen Erwärmung betrachtet und können (wie die T_i^*) in einem Global-Warming-Szenario zeitlich erhöht werden.

6.3 Die Modellgleichungen

Damit ergibt sich als Modell ein System gewöhnlicher Differentialgleichungen für Temperaturen und Salinitäten in den vier Boxen:

$$T_1'(t) = \frac{M(t)}{V_1}(T_4(t) - T_1(t)) + \lambda_1(T_1^* - T_1(t)) \tag{6.3}$$

$$T_2'(t) = \frac{M(t)}{V_2}(T_3(t) - T_2(t)) + \lambda_2(T_2^* - T_2(t)) \tag{6.4}$$

$$T_3'(t) = \frac{M(t)}{V_3}(T_1(t) - T_3(t)) + \lambda_3(T_3^* - T_3(t)) \tag{6.5}$$

$$T_4'(t) = \frac{M(t)}{V_4}(T_2(t) - T_4(t)) \tag{6.6}$$

$$S_1'(t) = \frac{M(t)}{V_1}(S_4(t) - S_1(t)) + S_0\frac{F_1}{V_1} \tag{6.7}$$

$$S_2'(t) = \frac{M(t)}{V_2}(S_3(t) - S_2(t)) - S_0\frac{F_2}{V_2} \tag{6.8}$$

$$S_3'(t) = \frac{M(t)}{V_3}(S_1(t) - S_3(t)) + S_0\frac{F_2 - F_1}{V_3} \tag{6.9}$$

$$S_4'(t) = \frac{M(t)}{V_4}(S_2(t) - S_4(t)) \tag{6.10}$$

mit der Darstellung (6.2) für den Volumenstrom. Das System ist autonom, denn $M(t)$ bedeutet eigentlich $M(T_1(t), T_2(t), S_1(t), S_2(t))$. Daher können wir es für $t \geq t_0 = 0$ betrachten. Geeignete Anfangswerte

$$T_i(t_0) = T_{i0}, \quad S_i(t_0) = S_{i0}, \quad i = 1, \dots, 4,$$

müssen gegeben sein.

Dimensionslose Form des Modells

Wir beschreiben hier die Entdimensionalisierung des Boxmodells, die wie in Abschn. 4.1 durchgeführt wird. Darüber hinaus ist es beim Boxmodell sinnvoll, in der Zeiteinheit Jahre statt Sekunden zu rechnen. Außerdem wird eine geeignete Skalierung durchgeführt, da die Boxvolumina hier sehr groß sind und eine Darstellung in der SI-Einheit m^3 sehr große Zahlen liefert.

Die dimensionslosen und zum Teil skalierten Größen bezeichnen wir zunächst wieder mit einer Tilde (vgl. Tab. 6.1). Wir definieren sie mit Hilfe der folgenden Beziehungen:

$$T_i = \tilde{T}_i \, \text{K}, \quad T_i^* = \tilde{T}_i^* \, \text{K}, \quad V_i = \tilde{V}_i \cdot 10^{17} \text{m}^3, \quad t = \tilde{t} \, s_{\text{year}} \, \text{s}.$$

Dabei wird die Zeit auf Jahre umgerechnet mit Hilfe der Konstanten

$$s_{\text{year}} := 365 \cdot 24 \cdot 60 \cdot 60 = 31.536.000.$$

Da in den Modellgleichungen die Temperaturen T_i, T_i^* nur als Differenzen auftreten, können diese auch in Grad Celsius (°C) statt in Kelvin (K) angegeben werden. Außerdem benutzen wir

$$\Gamma = \tilde{\Gamma} \frac{1}{s_{\text{year}}} \frac{\text{J}}{\text{m}^2 \, \text{K} \, \text{s}}, \quad z_i = \tilde{z}_i \, \text{m}, \quad c = \tilde{c} \frac{\text{J}}{\text{kg} \, \text{K}}, \quad \varrho_0 = \tilde{\varrho}_0 \frac{\text{kg}}{\text{m}^3},$$

$$\lambda_i = \frac{\Gamma}{c \varrho_0 z_i} = \frac{\tilde{\Gamma}}{\tilde{c} \tilde{\varrho}_o \tilde{z}_i} \frac{1}{s_{\text{year}}} \frac{\text{J}}{\text{m}^2 \, \text{K} \, \text{s}} \frac{\text{kg} \, \text{K}}{\text{J}} \frac{\text{m}^3}{\text{kg}} \frac{1}{\text{m}} = \tilde{\lambda}_i \frac{1}{s_{\text{year}}} \frac{1}{\text{s}},$$

$$\alpha = \tilde{\alpha} \frac{1}{\text{K}}, \quad k = \tilde{k} \frac{10^{17}}{s_{\text{year}}} \frac{\text{m}^3}{\text{s}}.$$

Salinitäten S_i und der Koeffizient β sind bereits dimensionslos und werden auch nicht skaliert. Für den Volumenstrom gilt mit $\alpha T_i = \tilde{\alpha} \tilde{T}_i$, dass

$$M = k[\beta(S_2 - S_1) - \alpha(T_2 - T_1)]$$
$$= \tilde{k}[\beta(S_2 - S_1) - \tilde{\alpha}(\tilde{T}_2 - \tilde{T}_1)]\frac{10^{17}}{s_{\text{year}}} \frac{\text{m}^3}{\text{s}} =: \tilde{M} \frac{10^{17}}{s_{\text{year}}} \frac{\text{m}^3}{\text{s}},$$

wobei die Abhängigkeit von t hier unterdrückt wurde. Analog skalieren wir die Frischwasserflüsse

$$F_i = \tilde{F}_i \frac{10^{17}}{s_{\text{year}}} \frac{\text{m}^3}{\text{s}}.$$

Wenden wir diese Skalierungen auf die Differentialgleichungen an, so erhalten wir mit Lemma 4.3 z. B. aus (6.3)

$$\tilde{T}_1(\tilde{t})' \frac{1}{s_{\text{year}}} \frac{\text{K}}{\text{s}} = \frac{\tilde{M}(\tilde{t})}{\tilde{V}_1}(\tilde{T}_4(\tilde{t}) - \tilde{T}_1(\tilde{t}))\frac{10^{17}}{10^{17}s_{\text{year}}} \frac{\text{m}^3 \text{K}}{\text{s} \, \text{m}^3} + \tilde{\lambda}_1(\tilde{T}_1^* - \tilde{T}_1(\tilde{t}))\frac{1}{s_{\text{year}}} \frac{\text{K}}{\text{s}}$$

und vereinfacht

$$\tilde{T}_1'(\tilde{t}) = \frac{\tilde{M}(\tilde{t})}{\tilde{V}_1}(\tilde{T}_4(\tilde{t}) - \tilde{T}_1(\tilde{t})) + \tilde{\lambda}_1(\tilde{T}_1^* - \tilde{T}_1(\tilde{t})).$$

Gleichung (6.7) ergibt analog

$$S_1'(\tilde{t}) = \frac{\tilde{M}(\tilde{t})}{\tilde{V}_1}(S_4(\tilde{t}) - S_1(\tilde{t})) + S_0 \frac{\tilde{F}_1}{\tilde{V}_1}.$$

Tab. 6.1 Parameter und Größen des Boxmodells und ihre Einheiten und Skalierungen. Für das Overturning und die Frischwasserflüsse sind die Skalierungen auf die in der Literatur angegebenen Werte m, f_1, f_2 gelistet. Der Wert von f_1 für die jetzige Klimasituation ist 0,014. Da das Modell nur Temperaturdifferenzen und -ableitungen benutzt, kann äquivalent in Grad Celsius statt in Kelvin gerechnet werden

Größe	Einheit	Skalierungs-faktor $\bar{q}$	Wert dimensionslos und skaliert	Literaturwerte für Flüsse (Sv)
q	$[q]$	$q = \tilde{q}\,\bar{q}\,[q]$	$\tilde{q}$	
$T_i, i = 1, \ldots, 4$	K			
$S_i, i = 1, \ldots, 4$	1			
T_1^*	K		279,6 (6,6)	
T_2^*	K		275,7 (2,7)	
T_3^*	K		284,7 (11,7)	
V_1	m^3	10^{17}	1,1	
V_2	m^3	10^{17}	0,4	
V_3	m^3	10^{17}	0,68	
V_4	m^3	10^{17}	0,05	
z_1	m		3000	
z_2	m		3000	
z_3	m		1000	
c	$\dfrac{J}{kg\,K}$		4000	
ϱ_0	$\dfrac{kg}{m^3}$		1025	
Γ	$\dfrac{J}{m^2\,K\,s}$	$\dfrac{1}{s_{\text{year}}}$	$7,3 \cdot 10^8$	
α	$\dfrac{1}{K}$		$1,7 \cdot 10^{-4}$	
β	1		$8 \cdot 10^{-4}$	
k	$\dfrac{m^3}{s}$	$\dfrac{10^{17}}{s_{\text{year}}}$	25,4	
S_0	1		35	
M	$\dfrac{m^3}{s}$	$\dfrac{10^{17}}{s_{\text{year}}}$	$\tilde{M}$	$m = \tilde{M}\,\dfrac{10^{11}}{s_{\text{year}}} \in [0, 30]$
F_1	$\dfrac{m^3}{s}$	$\dfrac{10^{17}}{s_{\text{year}}}$	$\tilde{F}_1$	$f_1 = \tilde{F}_1\,\dfrac{10^{11}}{s_{\text{year}}} \in [-0,2, 0,2]$
F_2	$\dfrac{m^3}{s}$	$\dfrac{10^{17}}{s_{\text{year}}}$	$\tilde{F}_2$	$f_2 = \tilde{F}_2\,\dfrac{10^{11}}{s_{\text{year}}} = 0,065$

Für die anderen Gleichungen funktioniert das genauso. Damit ist das Modell wieder in seiner ursprünglichen Form, wenn die Tilden weggelassen werden.

In Plots und Tabellen in [16, 17] werden nicht die so skalierten Werte M, $\tilde{F}_i$, sondern Werte m, f_i in der Einheit *Sverdrup* ($1\,\text{Sv} = 10^6\,\text{m}^3\,\text{s}^{-1}$) angegeben. Um die Werte also zu vergleichen, können wir hier nachträglich

$$F_i = \tilde{F}_i \frac{10^{17}\text{m}^3}{s_{\text{year}}\text{s}} = f_i \frac{10^6\text{m}^3}{\text{s}}$$

setzen, und analog für $\tilde{M}$, also erhalten wir (hier ist m nicht zu verwechseln mit der Einheit *Meter*)

$$f_i = \tilde{F}_i \frac{10^{11}}{s_{\text{year}}}, \quad m = \tilde{M} \frac{10^{11}}{s_{\text{year}}}. \tag{6.11}$$

Natürlich kann auch direkt mit dieser Skalierung begonnen werden.

Übung 6.1 Simulieren Sie das Boxmodell mit dem Euler-Verfahren und beliebigen (sinnvollen) Anfangswerten über einige hundert Jahre Modellzeit, bis es sich „einschwingt" (vgl. Abschn. 7.3).

6.4 Zustandsgrößen, prognostische und diagnostische Variablen und Parameter

Das Modell ist oben in eine mathematische Formulierung überführt worden. An dieser Stelle sollen an seinem Beispiel mehrere Begriffe definiert werden, die in Klimamodellen immer wieder auftreten, die für Fachfremde aber nicht immer klar sind und zum Teil in der Mathematik und Informatik auch anders verwendet werden. Die Unterschiede zwischen den Begriffen kann mit Hilfe folgender Fragen klargemacht werden:

- Was muss gegeben sein, damit eine Simulation mit dem Boxmodell durchgeführt werden kann, was wird als Input benötigt?
- Was liefert das Modell als Output?

Um eine Simulation durchführen zu können (zum Beispiel mit dem Euler-Verfahren), werden folgende Größen benötigt

- Anfangswerte,
- Werte für die *Parameter*

$$V_i (i = 1, \ldots, 4), \lambda_i (i = 1, 2, 3), F_i (i = 1, 2), S_0, k, \alpha, \beta.$$

Als Output liefert das Modell für jeden Zeitpunkt (an dem – z. B. mit dem Euler-Verfahren – eine Näherungslösung ausgerechnet wurde) einen Wert für die *Modellvariablen* oder

Zustandsgrößen oder *prognostischen Variablen* T_i und $S_i, i = 1, \ldots, 4$. Hier ist schon zu erkennen, dass hier mehrere Begriffe für dieselben Dinge benutzt werden.

Der Volumenstrom M wird weder als Input benötigt, noch wird er *direkt* durch die Gleichungen des Modells bestimmt. Eigentlich ist M nur eine Bezeichnung für die in (6.2) formulierte Beziehung, und es könnte im Modell auch ohne ihn ausgekommen werden, indem (6.2) in die Differentialgleichungen direkt eingesetzt wird. Der Wert von M ist aber oft die Größe, der von Interesse ist. Eine solche Größe wird auch als *diagnostische Variable* bezeichnet.

Definition 6.2 Größen, die zur Auswertung und Simulation eines Modells notwendig sind, vor einem Simulationslauf bekannt sind und nicht erst durch die Simulation berechnet werden, werden als *(Modell-)Parameter* bezeichnet, zeitlich variable Parameter oft auch als *Forcingdaten* oder kurz *Forcing*.

Damit können auch Anfangswerte (oder Randwerte bei ortsabhängigen Modellen) als Modellparameter betrachtet werden. In einer *Kalibrierung* oder *Parameteridentifikation* werden die Parameter variiert, um ein Modellergebnis zu erhalten, das z. B. mit Messwerten gut übereinstimmt. Dennoch sind für *einen Modelllauf* die Parameter fest. Parameter werden in einem zeitabhängigen Modell (wie dem instationären Energiebilanzmodell oder dem Boxmodell) meist als *zeitlich konstant* angesehen. Der Begriff *Forcing* kommt vom englischen Begriff für antreibende Kraft.

Beispiel 6.3 Wird in einem Modell z. B. die Variabilität der Sonneneinstrahlung nach den Milankovitch-Zyklen als zeitlich variabler Input benutzt, so wird dies hier eher *Forcing* genannt. Die Solarkonstante würde eher als *Parameter* bezeichnet.

Beispiel 6.4 Die Größen $\alpha, \beta, k, V_i, \lambda_i$ im Boxmodell werden als Modellparameter bezeichnet. Dagegen werden für *Global-Warming-Szenarien* die Flüsse f_i und die Temperaturen T_i^* als zeitlich variabel angesehen und als Forcing betrachtet, s. [17]. Sind sie zeitlich konstant, werden sie ebenfalls als Parameter bezeichnet.

Übung 6.5 Lassen Sie das Modell von beliebigen Anfangswerten einige hundert Jahre Modellzeit, vgl. Übung 6.1, und addieren Sie dann zu den Temperaturen T_i^* und Frischwasserflüssen f_i lineare Trends der Form

$$\Delta T_i^*(t) = p_i t, \quad i = 1, 2, 3,$$
$$\Delta f_i(t) = h_i q_i t, \quad i = 1, 2$$

jeweils über n Jahre (z. B. mit $n = 200$). Dabei seien $p_1 = 0{,}91, p_2 = q_2 = 1{,}07, p_3 = 0{,}79, q_1 = 0{,}93, h_1 = -0{,}005, h_2 = 0{,}013$, wenn das Modell für t in Jahren skaliert ist. Für Details s. [17, Abschnitt 4].

Für die Größen, die als Ergebnis in einer Simulation berechnet werden, gibt es verschiedene Bezeichnungen.

Definition 6.6 Die Größen, die in einem Modell berechnet werden und die das System beschreiben, heißen *Zustandsgrößen* oder *Zustandsvariablen*. Handelt es sich um ein zeitabhängiges Modell, so werden sie auch *prognostische Variablen* genannt.

Für prognostische Variablen wird eine Prognose mit Hilfe des Modells bzw. der Simulation gemacht. Der Begriff *Prognose* ergibt nur Sinn, wenn es sich um ein zeitabhängiges oder *transientes* Modell handelt.

Definition 6.7 Variablen, die in einer Simulation berechnet werden, aber zur Beschreibung des Zustandes des modellierten Systems nicht notwendig sind, werden *diagnostische Variablen* genannt.

Diagnostische Variablen sind meist Größen, die aus den prognostischen Variablen bestimmt werden, für die aber selbst keine Modellgleichung mit einer Zeitableitung vorhanden ist. Ihre zeitliche Änderung kann daher über die prognostischen Variablen bestimmt werden. Manchmal sind nur prognostische, d. h. aggregierte Variablen interessant, und nicht die Zustandsgrößen selbst.

Beispiel 6.8 Prognostische Variablen des Boxmodells sind Temperaturen und Salzgehalte T_i, S_i in den vier Boxen. Der Volumenstrom M selbst ist dagegen eine diagnostische Variable. Er kann mit (6.2) aus dem Modell eliminiert werden. Für ihn ist keine Differentialgleichung formuliert, er ergibt sich aus den diagnostischen Variablen. Er ist der meist betrachtete relevante Output.

6.5   Eine erweiterte Form des Boxmodells

Das Boxmodell ist nur gültig, wenn $M \geq 0$ ist, d. h. der Volumenstroms in eine vorgegebene Richtung fließt. Daher ist in einer transienten Simulation immer die Abfrage $M \geq 0$ notwendig, um die Rechnung abzubrechen, wenn dies nicht der Fall ist. Das Modell ist dann in dieser Form nicht bezüglich der Zustandsgrößen differenzierbar. Dieser Mangel für bestimmte mathematische Aussagen kann durch eine Erweiterung beseitigt werden, den wir hier kurz vorstellen. Diese erweiterte Form wurde in [18] für numerische Untersuchungen von Verzweigungen vorgeschlagen und benutzt, bei denen Differenzierbarkeit benötigt wird.

Die Idee ist die folgende: In den Differentialgleichungen für Temperatur und Salzgehalt werden die Terme, die den Volumenstrom enthalten, um analoge ergänzt, die eine umgekehrte Strömungsrichtung repräsentieren. Statt nun mit einer Abfrage $M \geq 0$ den entsprechenden Term gewissermaßen an- und abzuschalten, der die korrekte Strömungsrichtung darstellt, werden beide mit einem Faktor versehen, der den jeweils „richtigen" positiv und den anderen gering gewichtet, und im Bereich $M \approx 0$ für einen glatten Übergang sorgt. Dazu können die Funktionen

$$s^+(M) = \frac{M}{1 - e^{-aM}}, \quad s^-(M) = \frac{-M}{1 - e^{aM}}, \tag{6.12}$$

mit $a > 0$ geeignet verwendet werden. Solche Funktionen werden auch als *Sigmoide* bezeichnet. Sie dienen dazu, eine unstetige Größe durch eine glatte, differenzierbare zu approximieren, wenn z. B. aus mathematischen Gründen die Glattheit von Bedeutung ist. Es gilt:

$$\lim_{a \to \infty} s^+(M) = \begin{cases} M, & M \geq 0, \\ 0, & M < 0, \end{cases} \qquad \lim_{a \to \infty} s^-(M) = \begin{cases} 0, & M \geq 0, \\ -M, & M < 0. \end{cases}$$

Übung 6.9 Plotten Sie den Übergang in der Umgebung der Stelle $M = 0$ zwischen s^+ und s^- für verschiedene Werte von $a > 0$.

Übung 6.10 Wie oft ist die Funktion $s : \mathbb{R} \to \mathbb{R}$ mit

$$s(M) = \begin{cases} s^+(M), & M \geq 0, \\ s^-(M), & M < 0, \end{cases}$$

in $M = 0$ stetig differenzierbar?

Mit (6.12) und der Bezeichnung $M^+(t) = s^+(M(t))$, $t \in I$, und $s^+(t)$ analog ergibt sich folgende Form des Modells:

$$T_1'(t) = \frac{M^+(t)}{V_1}(T_4(t) - T_1(t)) + \frac{M^-(t)}{V_1}(T_3(t) - T_1(t)) + \lambda_1(T_1^* - T_1(t))$$

$$T_2'(t) = \frac{M^+(t)}{V_2}(T_3(t) - T_2(t)) + \frac{M^-(t)}{V_2}(T_4(t) - T_2(t)) + \lambda_2(T_2^* - T_2(t))$$

$$T_3'(t) = \frac{M^+(t)}{V_3}(T_1(t) - T_3(t)) + \frac{M^-(t)}{V_3}(T_2(t) - T_4(t)) + \lambda_3(T_3^* - T_3(t))$$

$$T_4'(t) = \frac{M^+(t)}{V_4}(T_2(t) - T_4(t)) + \frac{M^-(t)}{V_4}(T_1(t) - T_4(t))$$

$$S_1'(t) = \frac{M^+(t)}{V_1}(S_4(t) - S_1(t)) + \frac{M^-(t)}{V_1}(S_3(t) - S_1(t)) + \frac{S_0 F_1}{V1}$$

$$S_2'(t) = \frac{M^+(t)}{V_2}(S_3(t) - S_2(t)) + \frac{M^-(t)}{V_2}(S_4(t) - S_2(t)) - \frac{S_0 F_2}{V_2}$$

$$S_3'(t) = \frac{M^+(t)}{V_3}(S_1(t) - S_3(t)) + \frac{M^-(t)}{V_3}(S_2(t) - S_4(t)) + \frac{S_0(F_2 - F_1)}{V_3}$$

$$S_4'(t) = \frac{M^+(t)}{V_4}(S_2(t) - S_4(t)) + \frac{M^-(t)}{V_4}(S_1(t) - S_4(t)).$$

Der Parameter a aus (6.12) ist nun ein zusätzlicher Modellparameter. Verglichen mit dem ursprünglichen Boxmodell ist eine andere Art von Nichtlinearität in M^+, M^- hinzugekommen.

Übung 6.11 Simulieren Sie dieses Modell mit dem Euler-Verfahren und vergleichen Sie für die Parameter aus Tab. 6.1 und verschiedene Werte für a die Ergebnisse für M. Was ist ein „optimaler" oder ein besonders gut geeigneter Wert für a? (Vgl. z.B. [19]).

Stationäre Zustände

Stationäre Zustände eines Modells sind solche, bei denen keine zeitliche Änderung der Modellgrößen stattfindet. Im Klimasystem ist ein solches Verhalten eigentlich nicht vorhanden. Werden jedoch große Zeitskalen betrachtet und zum Beispiel tages- und jahreszeitliche Schwankungen gemittelt bzw. nicht erfasst, dann können auch Klimamodelle stationäre Zustände haben. Diese werden oft – mit gemittelten Daten – zur Kalibrierung des Modells verwendet. Dabei werden dann z. B. Parameter so angepasst, dass das Modell ebenfalls gemittelte Messwerte trifft. Dies ist die Motivation, in diesem Kapitel verschiedene Verfahren zur Berechnung stationärer Punkte vorzustellen und sie, vor allem auf das Rahmstorf-Boxmodell, anzuwenden. Mathematisch ergibt sich die Möglichkeit, Algorithmen wie Fixpunktiteration und Newton-Verfahren anzuwenden.

Oft ist es zunächst interessant, *stationäre Zustände* eines Modells zu kennen. Bei der Entwicklung des Rahmstorf-Boxmodells war ein Ziel, es im Hinblick auf die sog. *Warming*-Parameter F_1, F_2 (oder f_1, f_2 in der umskalierten Form) zu untersuchen. Diese werden als Größen betrachtet, die sich durch globale Erwärmung ändern, nämlich durch Eisschmelzen oder höhere Verdunstung.

Wir wenden hier verschiedene analytische und numerische Methoden zur Bestimmung dieser stationären Zustände am Beispiel des Boxmodells an. Eine Besonderheit beim diesem Modell ist, dass eventuell gar nicht die stationären Werten der Variablen T_i, S_i selbst, sondern nur die des Volumenstroms M interessant sind.

7.1 Definition und Beispiele

Zuerst definieren wir den Begriff der stationären Zustände.

Definition 7.1 Für eine autonome Differentialgleichung der Form

$$y'(t) = f(y(t)), \quad t \in I \tag{7.1}$$

© Springer-Verlag Berlin Heidelberg 2015
T. Slawig, *Klimamodelle und Klimasimulationen*, Springer-Lehrbuch Masterclass,
DOI 10.1007/978-3-662-47064-0_7

heißt eine Lösung mit $y'(t) = 0$ f. a. $t \in I$, also eine Lösung der Gleichung

$$f(y) = 0, \tag{7.2}$$

stationäre(r) Lösung, Zustand oder Punkt. Weitere verwendete Begriffe sind Gleichgewichtslösung und Equilibrium.

Die Bezeichnung „Fixpunkt", die manchmal verwendet wird, ist zwar anschaulich korrekt (die Lösung ist „fix", d. h. sie verändert sich in der Zeit nicht). Es ist jedoch kein Fixpunkt von f im mathematischen Sinne (vgl. Definition 3.23) gemeint, sondern eine Nullstelle von f.

Die Berechnung der stationären Punkte ist bei einer nichtlinearen und vektorwertigen Funktion nicht trivial, denn (7.2) ist dann ein nichtlineares algebraisches Gleichungssystem.

Beispiel 7.2 Beim Energiebilanzmodell wurde in Abschn. 2.1 zuerst die stationäre Lösung aus der nichtlinearen Gleichung (2.3) berechnet.

Das Rahmstorf-Boxmodell besteht aus mehreren Gleichungen. Es lassen sich einige davon eliminieren, wenn nur stationäre Zustände interessant sind:

Beispiel 7.3 Beim Boxmodell folgt aus den Gleichungen (6.6) und (6.10) für stationäre Lösungen sofort $T_2 = T_4, S_2 = S_4$.

Die Anzahl der Gleichungen, die für einen stationären Zustand bestimmend sind, lässt sich beim Boxmodell noch weiter reduzieren.

Übung 7.4 Zeigen Sie, dass sich zur Berechnung von stationären Zuständen das Boxmodell auf fünf Gleichungen reduzieren lässt.

Übung 7.5 Zeigen Sie, dass vier Gleichungen ausreichen, wenn nur der stationäre Wert des Volumenstroms M von Interesse ist. Welcher der beiden Frischwasserflüsse hat Einfluss auf den stationären Wert von M?

Wenn stationäre Zustände nicht analytisch berechnet werden können, weil die Gleichungen (7.2) wegen ihrer Nichtlinearität zu komplex sind, dann werden numerische Approximationsverfahren benutzt. In den nächsten beiden Abschnitten werden zwei wichtige Methoden behandelt.

7.2   Numerische Berechnung mit dem Newton-Verfahren

Das klassische Verfahren zur Lösung einer nichtlinearen Gleichung der Form

$$f(y) = 0$$

ist das Newton-Verfahren:

Algorithmus 7.6 (Newton-Verfahren für ein nichtlineares Systems)
Input:

- Funktion $f : \mathbb{R}^n \to \mathbb{R}^n$
- Startwert $y_0 \in \mathbb{R}^n$,
- Abbruchkriterium K (z. B. als Funktion),
- Abbruchschranke $\varepsilon > 0$.

Algorithmus:

1. Setze $k = 0$.
2. Solange $K(y_k, y_{k-1}) > \varepsilon$:
   (a) Löse $f'(y_k)\Delta y = -f(y_k)$.
   (b) Setze $y_{k+1} = y_k + \Delta y$.
   (c) Setze $k = k + 1$.

Output: Approximation y_k einer Nullstelle von f.

Beispiele für das Abbruchkriterium K sind absolute Werte

$$K(y_k, y_{k-1}) = \|y_k - y_{k-1}\|, \quad K(y_k) = \|f(y_k)\| \tag{7.3}$$

oder relative Werte

$$K(y_k, y_{k-1}) = \frac{\|y_k - y_{k-1}\|}{\|y_{\text{typ}}\|}, \quad K(y_k) = \frac{\|f(y_k)\|}{\|f_{\text{typ}}\|}, \tag{7.4}$$

wobei $y_{\text{typ}}, f_{\text{typ}} \in \mathbb{R}^n \setminus \{0\}$ geeignet gewählte, „typische" Werte für die Iterierten bzw. den Funktionswert sind.

Übung 7.7 Berechnen Sie die Jacobi-Matrix des stationären Rahmstorf-Boxmodells in der in Übung 7.4 erhaltenen, auf fünf Gleichungen reduzierten Form. Implementieren Sie das Newton-Verfahren und testen Sie es für die in Tab. 6.1 gelisteten Parameter im Bereich $f_1 \in [-0,2, 0,125]$. Was passiert für größere Werte von f_1? Das Ergebnis ist in Abb. 7.1 zu erkennen.

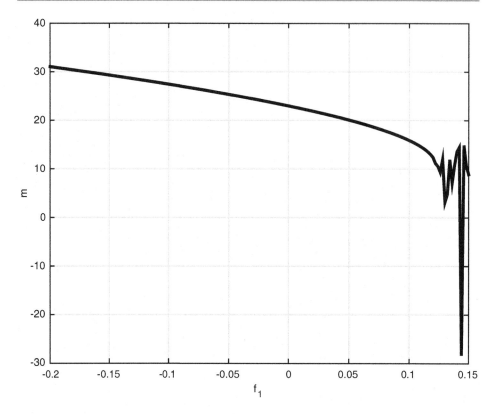

Abb. 7.1 Stationäre Werte des skalierten Volumenstroms m, berechnet mit dem Newton-Verfahren, für verschiedene Werte von f_1, vgl. (6.11). Für Werte über $f_1 = 0{,}125$ konvergiert das Verfahren nicht mehr

Konvergenz

Zur Konvergenz des Newton-Verfahrens gibt es verschiedene Aussagen. Der folgende Satz setzt die Existenz der Nullstelle voraus:

Satz 7.8 *Sei f auf einer offenen und konvexen Menge $D \subset \mathbb{R}^n$ stetig differenzierbar, $y^* \in D$ mit $f(y^*) = 0$ und $f'(y^*)$ invertierbar mit $\| f'(y^*)^{-1} \| \leq \beta$.*

(a) Sei f' in $B_r(y^*) \subset D, r > 0$, Lipschitz-stetig mit Lipschitz-Konstante L. Dann existiert $\varepsilon > 0$, so dass für alle $y_0 \in B_\varepsilon(y^*)$ die Newton-Iterierten wohldefiniert sind und lokal quadratisch gegen y^* konvergieren, d. h. es gilt:

$$\| y_{k+1} - y^* \| \leq \beta L \| y_k - y^* \|^2 \quad \forall k \in \mathbb{N}.$$

(b) Ohne die Lipschitz-Stetigkeit von f' gibt es $\varepsilon > 0$, so dass für alle $y_0 \in B_\varepsilon(y^*)$ die Newton-Iterierten superlinear gegen y^* konvergieren, d. h. es existiert eine positive Nullfolge $(c_k)_{k \in \mathbb{N}}$ und $k_0 \in \mathbb{N}$ mit

$$\|y_{k+1} - y^*\| \leq c_k \|y_k - y^*\| \quad \forall k \geq k_0.$$

Beweis Für (a) s. [20, Theorem 5.2.1], für (a,b) [21, Kapitel 2, Satz 3.1] $\square$

Der nun folgende Satz setzt die Existenz nicht voraus, sondern fordert neben der Lipschitz-Stetigkeit nur Eigenschaften im Startwert y_0 der Newton-Iteration. Er benutzt die sog. *Grenzennorm*:

Definition 7.9 (Grenzennorm) Für $A \in \mathbb{R}^{n \times n}$ und eine Vektornorm $\| \cdot \|_V$ heißt die Matrixnorm

$$\|A\|_V := \max_{x \in \mathbb{R}^n \setminus \{0\}} \frac{\|Ax\|_V}{\|x\|_V}$$

Grenzennorm oder lub-Norm (lowest upper bound).

Die in Lemma 3.37 definierten Normen sind alle Grenzennormen der entsprechenden Vektornormen mit denselben Indizes. Per Definition ist die Grenzennorm verträglich (vgl. Definition 3.35) mit der zu Grunde liegenden Vektornorm. Nun gilt folgende Aussage:

Satz 7.10 (Kantorovich) *Sei $r > 0$, $y_0 \in \mathbb{R}^n$, $f : B_r(y_0) \to \mathbb{R}^n$ stetig differenzierbar, f' in $B_r(y_0)$ Lipschitz-stetig bezüglich einer Vektornorm $\| \cdot \|_V$ mit Lipschitz-Konstante L, und $f'(y_0)$ invertierbar mit*

$$\|f'(y_0)^{-1}\|_V \leq \beta, \quad \|f'(y_0)^{-1} f(y_0)\|_V \leq \eta.$$

- *Ist $\alpha := \beta \eta L \leq 1/2$ und $r \geq s := (1 - \sqrt{1 - 2\alpha})/(\beta L)$, dann konvergiert die Newton-Folge gegen die einzige Nullstelle $y^* \in B_s(y_0)$.*
- *Ist $\alpha < 1/2$, dann ist y^* die einzige Nullstelle in $B_s(y_0)$ mit*

$$s = \min \left\{ r, \frac{1 + \sqrt{1 - 2\alpha}}{\beta L} \right\}$$

und es gilt

$$\|y_k - y^*\|_V \leq (2\alpha)^{2^k} \eta / \alpha.$$

Beweis Siehe [20, Theorem 5.3.1] oder die Referenzen in [22, Theorem 5.3.4]. $\square$

Möglichkeiten zur Berechnung der Jacobi-Matrix

Eine exakte (analytische) Berechnung der Jacobi-Matrix „auf dem Papier" ist für das Box-modell möglich, aber für andere Modelle oft zu aufwändig.

Symbolisches und algorithmisches Ableiten Eine Möglichkeit ist die Berechnung mit Programmen, die symbolisches Rechnen erlauben, oder die algorithmische Generierung von Ableitungscode durch sog. *Algorithmisches* bzw. *Automatisches Differenzieren*, s. [23].

Quasi-Newon-Verfahren Diese, in der Optimierung weit verbreiteten Verfahren berechnen eine schrittweise Approximation der Jacobi-Matrix während der Newton-Iteration durch eine Updateformel $B_{k+1} = B_k + U_k$. Der Start kann z. B. mit $B_0 = I$ erfolgen, vgl. etwa [20, Abschnitt 8].

Finite Differenzen-Approximationen Eine für jedes Modell durchführbare Berechnungsmethode ist die der Approximation durch Differenzenquotienten: Wir geben diese hier für eine Funktion $F : \mathbb{R} \to \mathbb{R}$ an. Für den beim Newton-Verfahren benötigten mehrdimensionalen Fall wird auf jeden Eintrag der Jacobi-Matrix, d. h. jede partielle Ableitung

$$\frac{\partial f_i}{\partial y_j}(y), \quad i, j = 1, \ldots, n, \qquad y = (y_1, \ldots, y_n),$$

einer der folgenden Differenzenquotienten angewendet.

Definition 7.11 (Differenzenquotienten) Sei $D \subset \mathbb{R}$ offen, $F : D \to \mathbb{R}$, $x \in D$ und $h > 0$. Dann definieren wir folgende *Differenzenquotienten:*

$$\textit{vorwärts genommener erster Ordnung:} \quad D_h^+ F(x) := \frac{F(x+h) - F(x)}{h},$$

$$\textit{rückwärts genommener erster Ordnung:} \quad D_h^- F(x) := \frac{F(x) - F(x-h)}{h},$$

$$\textit{zentraler erster Ordnung:} \quad D_h F(x) := \frac{F(x+h) - F(x-h)}{2h}.$$

Es gelten folgende Genauigkeitsaussagen.

Satz 7.12 *Ist F wie oben und in $[x, x+h] \subset D$ bzw. $[x-h, x] \subset D$ zweimal stetig differenzierbar, dann gilt*

$$D_h^+ F(x) - F'(x), \, D_h^- F(x) - F'(x) \in \mathcal{O}(h), \quad h \to 0.$$

Ist F in $[x - h, x + h] \subset D$ dreimal stetig differenzierbar, dann gilt

$$D_h F(x) - F'(x) \in \mathcal{O}(h^2), \quad h \to 0.$$

Übung 7.13 Beweisen Sie diese Aussagen.

Die Konvergenzaussage des Satzes 7.8 geht bei der Finiten-Differenzen-Approximation teilweise verloren:

Satz 7.14 (Newton-Verfahren bei inexakter Jacobi-Matrix) *Seien die Voraussetzungen des Satzes 7.8(a) erfüllt und B_k eine Approximation von $f'(y_k)$ mit dem vorwärtsgenommenen Differenzenquotienten mit Schrittweite h_k. Dann existieren $\delta, h > 0$ so, dass für $h_k \leq h$ die Newton-Iterierten für einen Startwert $y_0 \in B_\delta(y^*)$ linear gegen die Nullstelle y^* konvergieren. Gilt $h_k \to 0$, dann ist die Konvergenz superlinear. Gilt $h_k \leq c\|y_k - y^*\|$, dann ist die Konvergenz quadratisch.*

Beweis Siehe [20, Theorem 5.4.1].   □

Aufwand

In jedem Schritt des Newton-Verfahrens ist die Lösung eines linearen Gleichungssystems der Größe n und je eine Auswertung der Funktion und der Ableitung, d. h. der Jacobi-Matrix $f'(y_k) \in \mathbb{R}^{n \times n}$, nötig.

Übung 7.15 Wieviele Funktionsauswertungen werden in einem Newton-Schritt benötigt, wenn die Ableitung durch die o. g. Differenzenquotienten approximiert wird?

Eine sehr simple Vereinfachungsmöglichkeit zur Reduzierung des Aufwands ist ein Update der Jacobi-Matrix nicht in jedem, sondern nur alle $j > 1$ Newton-Schritte.

7.3 Pseudo-Zeitschrittverfahren

Eine alternative, in der Klimaforschung oft benutzte Möglichkeit, stationäre Lösungen zu berechnen, ist das sog. Pseudo-Zeitschrittverfahren. Das bedeutet, dass eine numerische Zeitintegration, z. B. mit dem Euler-Verfahren, durchgeführt wird, solange bis ein stationärer Zustand erreicht ist. Wir geben hier die grundlegende Vorgehensweise am Beispiel eines Einschrittverfahrens an. Die mathematische Rechtfertigung für die Vorgehensweise liefert der Banach'sche Fixpunktsatz 3.25. Dann wenden wir das Verfahren auf das Energiebilanz- und das Rahmstorf-Boxmodell an.

Algorithmus 7.16 (Pseudo-Zeitschrittverfahren)
Input:

- Funktion f, rechte Seite der Differentialgleichung
- Verfahrensfunktion Φ des Zeitintegrationsverfahrens
- Startwert $y_0 \in \mathbb{R}^n$,
- Abbruchkriterium K z. B. als Funktion,
- Abbruchschranke $\varepsilon > 0$

Algorithmus:

1. Setze $k = 0$
2. Solange $K(y_k, y_{k-1}) > \varepsilon$:
   (a) Berechne $y_{k+1} = y_k + h_k \Phi(t_k, y_k, h_k)$
   (b) $k = k + 1$.

Output: Approximation y_k einer stationären Lösung von $y' = f(y)$.

Als Abbruchbedingung können die Varianten (7.3) wie beim Newton-Verfahren benutzt werden oder auch $\|\Phi(t_k, y_k, h_k)\| < \varepsilon$. Die Iteration

$$y_{k+1} = y_k + h_k \Phi(t_k, y_k, h_k) \; =: \; G_k(y_k) \tag{7.5}$$

im Algorithmus kann als Fixpunktiteration für die Funktionen

$$G_k : \mathbb{R}^n \to \mathbb{R}^n$$

interpretiert werden.

Wenn die Schrittweiten h_k nicht konstant sind oder die Differentialgleichung nicht autonom ist (also die Verfahrensfunktion explizit von t_k abhängt) hängt auch die Iterationsfunktion von k ab. Nur im Fall einer autonomen Differentialgleichung und konstanter Schrittweite ist sie in jedem Zeitschritt gleich. Wir beschränken uns daher zunächst auf den Fall einer konstanten Schrittweite $h_k = h$ für alle $k \in \mathbb{N}$.

Übung 7.17 Implementieren Sie das Pseudo-Zeitschrittverfahren und vergleichen Sie mit den Ergebnissen aus Übung 7.7, s. Abb. 7.2.

Konvergenznachweis mit Kontraktionsbedingung

Über die Konvergenz einer solchen Iteration und die Existenz eines Fixpunktes (der Iterationsfunktion G, nicht der rechten Seite f der Differentialgleichung) macht der Banach'sche Fixpunktsatz 3.25 eine Aussage. Der Satz benutzt die Kontraktionseigenschaft

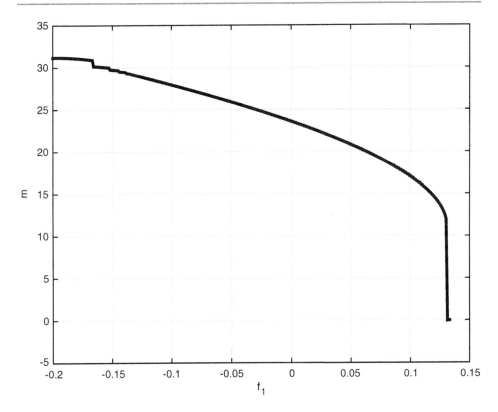

Abb. 7.2 Stationäre Werte des skalierten Volumenstroms m, berechnet mit dem Pseudo-Zeitschrittverfahren, für verschiedene Werte von f_1

(Definition 3.24) der Iterationsfunktion, die – auf die Iterationsfunktion G angewandt – lautet:

$$\exists L < 1: \quad \|G(y) - G(\tilde{y})\| \leq L\|y - \tilde{y}\| \quad \forall y, \tilde{y} \in D.$$

Verwendung eines Einschrittverfahrens

Beim expliziten Einschrittverfahren mit konstanter Schrittweite und für eine autonome Gleichung ergibt sich für zwei beliebige $\tilde{y}, y \in \mathbb{R}^n$

$$\|G(y) - G(\tilde{y})\| = \|y - \tilde{y} + h(\Phi(y) - \Phi(\tilde{y}))\|.$$

Hier haben wir kurz $\Phi(y)$ für $\Phi(t, y, h)$ geschrieben. Selbst wenn die Verfahrensfunktion Lipschitz-stetig ist, also

$$\|\Phi(y) - \Phi(\tilde{y})\| \leq L\|y - \tilde{y}\|, \quad L > 0,$$

gilt, reicht das nicht unbedingt aus. Vor allem führt die einfache Anwendung der Drei-ecksungleichung

$$\|y - \tilde{y} + h(\Phi(y) - \Phi(\tilde{y}))\| \leq \|y - \tilde{y}\| + h\|(\Phi(y) - \Phi(\tilde{y}))\| \leq (1 + hL)\|y - \tilde{y}\|$$

nicht weiter, auch wenn h noch so klein gewählt wird.

Wir betrachten als einfachstes Beispiel noch einmal das linearisierte Energiebilanzmo-dell aus Übung 4.14 also eine skalare Differentialgleichung.

Beispiel 7.18 (Euler-Verfahren, linearisiertes Energiebilanzmodell) Die Differentialglei-chung lautet:

$$y' = -cy, \quad c > 0.$$

Damit erhalten wir beim expliziten Euler-Verfahren:

$$G(y) = y - hcy = (1 - hc)y.$$

Die Iterationsfunktion ist also kontrahierend für $|1 - hc| < 1$, d. h. für $h < 2/c$. Für diese Gleichung konvergiert ein Pseudo-Zeitschrittverfahren mit dem expliziten Euler-Verfahren also nur für diese Schrittweiten. Da im Beispiel $c \approx 10^{-7}$ sehr klein war, kann h groß gewählt werden.

Bei der Wahl der Abbruchbedingung im Algorithmus sollte folgende Anmerkung be-achtet werden:

Anmerkung 7.19 Aus der Gültigkeit einer Abbruchbedingung $\|y_k - y_{k-1}\| < \varepsilon$ folgt noch nicht die Cauchy-Folgen-Eigenschaft, die im Beweis des Banach'schen Fixpunkt-satzes 3.25 benötigt wird. Die Folge $(y_k)_k$ kann also trotzdem divergieren. Betrachte z. B. eine Folge mit $\|y_k - y_{k-1}\| = \frac{1}{k}$.

In der Praxis ist nicht immer jeder Iterationsschritt für sich kontrahierend. Es reicht jedoch aus, wenn eine feste Anzahl von Schritten zusammengenommen die Kontraktions-eigenschaft hat:

Übung 7.20 Zeigen Sie: Ist $G^s := G \circ \cdots \circ G$, d. h. s Iterationsschritte hintereinander ausgeführt, eine Kontraktion, so hat auch G einen Fixpunkt, nämlich denselben wie G^s.

Diese Aussage ist nicht mehr gültig, wenn $G = G_k$, also abhängig vom Iterationsschritt ist. Dann folgt aus der Kontraktivität nur die Existenz einer periodischen Lösung

$$y^* = G_s \circ \cdots \circ G_1(y^*).$$

Kontraktionsbedingung über Jacobi-Matrix

Nur bei einfachen Gleichungen kann die lokale Lipschitz-Stetigkeit direkt mit der Definition nachgewiesen werden. Bei nichtlinearen Systemen ist dies sehr schwierig. Daher erweist sich Lemma 3.39 als nützlich.

Wir berechnen daher die Jacobi-Matrix der Iterationsfunktion G, zunächst für konstantes h. Es gilt

$$G'(y) = I + h\Phi'(y),$$

wieder mit der Voraussetzung, dass Φ nur von y abhängt und nicht von h und t. Beim expliziten Euler gilt also

$$G'(y) = I + hf'(y).$$

Dieses Verfahren lässt sich für das Rahmstorf-Boxmodell benutzen. Um die Konvergenz z. B. bei der Verwendung des expliziten Euler-Verfahrens zu untersuchen, wird die oben berechnete Jacobi-Matrix in ihrer Norm abgeschätzt. Hier werden jedoch alle Gleichungen benötigt, d. h. die Variablen T_4, S_4 können nicht eliminiert werden.

Übung 7.21 Berechnen Sie die Jacobi-Matrix der rechten Seite f, wenn das Boxmodell als $y' = f(y)$ geschrieben wird.

Die Wahl der Matrixnorm ist beliebig, es kann also eine gewählt werden, bei der eine Abschätzung relativ leicht fällt. Mit der obigen Übung gilt:

Beispiel 7.22 Beim Boxmodell lautet die erste Zeile der Jacobi-Matrix mit der Bezeichnung $A_1 := (a_{1j})_{j=1}^n \in \mathbb{R}^n$ für $A = (a_{ij})_{i,j=1}^n \in \mathbb{R}^{n \times n}$:

$$(f'(y))_1 = \left(\frac{k\alpha(T_4 - T_1) - M}{V_1} - \lambda_1, -\frac{k\alpha(T_4 - T_1)}{V_1}, 0, \frac{M}{V_1}, \right.$$
$$\left. 0, -\frac{k\beta(T_4 - T_1)}{V_1}, \frac{k\beta(T_4 - T_1)}{V_1}, 0, 0 \right).$$

Damit gilt für $G(y) = I + hf'(y)$:

$$\|(G'(y))_1\|_\infty = \left| 1 + h\left(\frac{k\alpha(T_4 - T_1) - M}{V_1} - \lambda_1 \right) \right| + h\frac{k(2\beta + \alpha)|T_4 - T_1| + M}{V_1}.$$

Ist $\lambda V_1 \leq k\alpha(T_4 - T_1) - M$, dann gilt

$$\|(G'(y))_1\|_\infty = 1 + h\left(\frac{|k\alpha(T_4 - T_1) - M|}{V_1} - \lambda_1 \right) + h\frac{k(2\beta + \alpha)|T_4 - T_1| + M}{V_1}$$

Gilt zusätzlich $k\alpha(T_4 - T_1) > M$, also auch $T_4 > T_1$, dann ist

$$\|(G'(y))_1\|_\infty = 1 + h\left(\frac{k\alpha(T_4 - T_1) - M}{V_1} - \lambda_1\right) + h\frac{k(2\beta + \alpha)(T_4 - T_1) + M}{V_1}$$
$$= 1 + h\left(\frac{2k(\beta + \alpha)(T_4 - T_1)}{V_1} - \lambda_1\right).$$

Es wird deutlich, wie komplex die Rechnungen bereits bei diesem Modell werden. Für diese Konstellation ist es immerhin möglich, dass die Kontraktionsbedingung erfüllt ist, wenn λ_1, verglichen mit den anderen Parametern und insbesondere den Zustandsgrößen T_1, T_4 und M, die „richtige" Größe hat. Die anderen Fälle wurden hier noch nicht untersucht. Wie in Abb. 7.3 zu erkennen (und an Hand der Abschätzungen zu vermuten) ist, ist die Kontraktionsbedingung jedoch nicht für alle Werte der Parameter und Zustände erfüllt.

Da die Matrixnorm beliebig ist, ist es nicht unbedingt notwendig, sie angeben zu können. Es reicht aus, dass eine Matrixnorm existiert, deren Wert für die Jacobi-Matrix der Iterationsfunktion kleiner eins ist. Hilfreich ist folgende Aussage, bei der die Eigenwerte der Jacobi-Matrix $G'(y)$ untersucht werden.

Lemma 7.23 *Zu jeder Matrix A und jedem $\varepsilon > 0$ existiert eine Vektornorm, so dass für die entsprechende Grenzennorm gilt*

$$\|A\|_V \le \varrho(A) + \varepsilon.$$

Für die Definition des Spektralradius ϱ vgl. Definition 3.36.

Beweis [24, Satz 6.9.2].   □

Damit reicht es zum Nachweis der Kontraktionseigenschaft, die Eigenwerte der Jacobi-Matrix der Iterationsfunktion abzuschätzen.

Numerische Approximation der Kontraktionskonstante

Wenn man die Lipschitz-Konstante L nicht analytisch für alle $y, \tilde{y} \in D$ berechnen kann (was meist der Fall ist), kann man sie im Laufe der Iteration approximieren, nämlich durch

$$L_k := \frac{\|y_{k+1} - y_k\|}{\|y_k - y_{k-1}\|} = \frac{\|G(y_k) - G(y_{k-1})\|}{\|y_k - y_{k-1}\|}. \tag{7.6}$$

Dies funktioniert auch, wenn die Iterationsfunktion von k abhängt, also für G_k statt G, z. B. wenn eine variable Schrittweite im Pseudo-Zeitschrittverfahren verwendet wird. Das oben definierte L_k ist gewissermaßen die Kontraktionszahl im k-ten Schritt. Selbst wenn $L_k < 1$ für alle k ist, ist die Voraussetzung des Banach'schen Satzes nicht erfüllt, da die Kontraktivität nur für die Iterierten y_k, aber nicht unbedingt für alle $y, \tilde{y} \in D$ gilt.

Trotzdem konvergieren Iterationen oft, ohne dass die Voraussetzungen des Banach'schen Fixpunktsatzes 3.25, erfüllt sind:

Übung 7.24 Verallgemeinern Sie die Aussage des Banach'schen Fixpunktsatzes 3.25 auf den Fall, dass für die Iterierten nur

$$\|y_{k+1} - y_k\| \le L_k \|y_k - y_{k-1}\| \quad \text{mit } L_k \le L < 1 \quad \forall k \in \mathbb{N}$$

erfüllt ist. Welche Aussagen bleiben erhalten?

Wenn die Bedingung $L_k \le L < 1$ nicht erfüllt ist, kann das Verfahren trotzdem abbrechen: Gilt nämlich

$$L_k > 0 \text{ für alle } k \in \mathbb{N} \quad \text{und} \quad \lim_{k \to \infty} (L_k \cdots L_1) = 0, \tag{7.7}$$

so folgt wegen

$$L_k \cdots L_1 = \frac{\|y_{k+1} - y_k\|}{\|y_k - y_{k-1}\|} \frac{\|y_k - y_{k-1}\|}{\|y_{k-1} - y_{k-2}\|} \cdots \frac{\|y_3 - y_2\|}{\|y_2 - y_1\|} \frac{\|y_2 - y_1\|}{\|y_1 - y_0\|} = \frac{\|y_{k+1} - y_k\|}{\|y_1 - y_0\|},$$

dass

$$\lim_{k \to \infty} \frac{\|y_{k+1} - y_k\|}{\|y_1 - y_0\|} = 0$$

und damit auch

$$\lim_{k \to \infty} \|y_{k+1} - y_k\| = 0.$$

Also bricht das Verfahren ab, wenn $\|y_{k+1} - y_k\| < \varepsilon$ als Abbruchbedingung gewählt wird, was aber (vgl. Anmerkung 7.19) noch keine Konvergenz der Iterierten bedeutet. Die Bedingung (7.7) kann auch erfüllt sein, wenn einzelne $L_k > 1$ sind. Eine (geometrische) Mittelung über alle bisherigen Schritte ist

$$\bar{L}_k := \sqrt[k]{L_k \cdots L_1} = \sqrt[k]{\frac{\|y_{k+1} - y_k\|}{\|y_1 - y_0\|}}. \tag{7.8}$$

Übung 7.25 Geben Sie für das Rahmstorf-Boxmodell die Werte L_k aus (7.6) (vgl. Abb. 7.3) und $\bar{L}_k$ aus (7.8) in jeder Iteration aus.

Beispiel 7.26 Das Pseudo-Zeitschrittverfahren wird in Abschn. 9.3, auf ein weiteres Modell, die Lorenz-Gleichungen, angewendet.

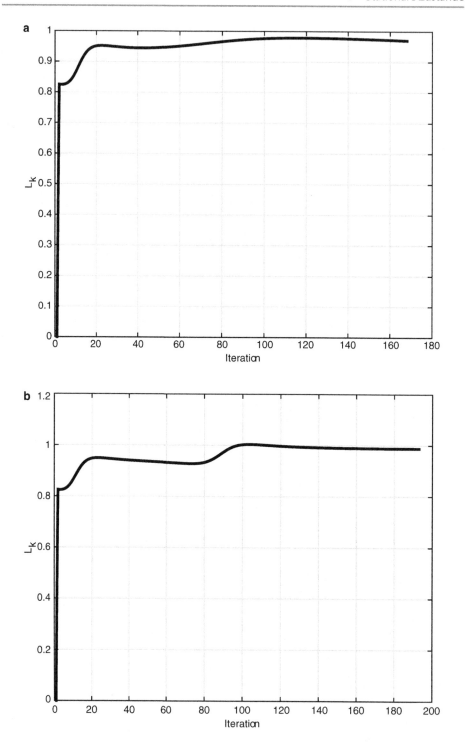

Abb. 7.3 Kontraktionszahl L_k beim Pseudo-Zeitschrittverfahren für das Boxmodell, **a** für $f_1 = -0{,}1$, **b** für $f_1 = 0{,}1$

Konvergenz bei Quasi-Kontraktion

In vielen Anwendungen ist die Kontraktionsbedingung des Banach'schen Fixpunktsatzes ($L < 1$) nicht erfüllt, dennoch liegt Konvergenz des Pseudo-Zeitschrittverfahrens vor. Eine Verallgemeinerung des Satzes verlangt nur die sog. *Quasi-Kontraktivität*:

Definition 7.27 (Quasi-Kontraktion) Eine Funktion $G : \mathbb{R}^n \supset D \to D$ heißt *Quasi-Kontraktion* auf D, wenn für ein $L < 1$ gilt:

$$\|G(y) - G(\tilde{y})\| \leq L \max\left\{\|y - \tilde{y}\|, \|y - G(y)\|, \|\tilde{y} - G(\tilde{y})\|,\right.$$
$$\left.\|y - G(\tilde{y})\|, \|\tilde{y} - G(y)\|\right\} \qquad \forall y, \tilde{y} \in D. \qquad (7.9)$$

Der Satz liefert eine zum Banach'schen Satz analoge Aussage:

Satz 7.28 (Konvergenz bei Quasi-Kontraktion) *Die Aussagen von Satz 3.25 bleiben gültig, wenn* $G : D \to D$ *eine quasi-kontrahierende Abbildung ist.*

Beweis Siehe [25, Satz 1]. □

Auch die Quasi-Kontraktivität kann numerisch während der Iteration getestet werden: Für $y = y_k, \tilde{y} = y_{k-1}$ ist $G(y) = y_{k+1}, G(\tilde{y}) = y_k, y = G(\tilde{y})$ und (7.9) ergibt:

$$\|y_{k+1} - y_k\| \leq L \max\{\|y_k - y_{k-1}\|, \|y_{k+1} - y_k\|, \|y_{k+1} - y_{k-1}\|\}. \qquad (7.10)$$

Ist nun für ein $L < 1$

$$\|y_{k+1} - y_k\| \leq L \max\{\|y_k - y_{k-1}\|, \|y_{k+1} - y_{k-1}\|\}, \qquad (7.11)$$

also

$$\|y_{k+1} - y_k\| < \max\{\|y_k - y_{k-1}\|\|y_{k+1} - y_{k-1}\|\},$$

dann folgt (7.10) aus (7.11). Damit ist

$$L_k := \frac{\|y_{k+1} - y_k\|}{\max\{\|y_k - y_{k-1}\|, \|y_{k+1} - y_{k-1}\|\}} \qquad (7.12)$$

das Analogon zu (7.6).

Übung 7.29 Geben Sie für das Rahmstorf-Boxmodell die Werte L_k aus (7.12) in jeder Iteration aus, vgl. Abb. 7.4.

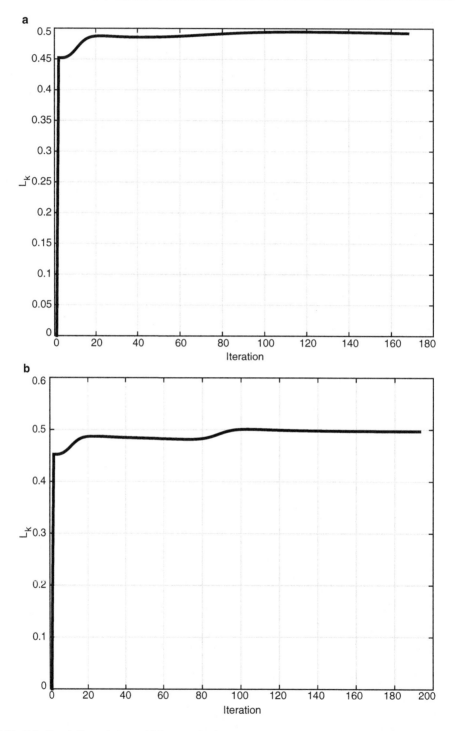

Abb. 7.4 Quasi-Kontraktionszahl L_k aus (7.12) beim Pseudo-Zeitschrittverfahren für das Boxmodell, **a** für $f_1 = -0,1$, **b** für $f_1 = 0,1$

7.4 Reduktion der Modellgleichungen beim Rahmstorf-Boxmodell

In vielen Fällen sind nicht alle Zustandsgrößen, sondern nur bestimmte, daraus abgeleitete, diagnostische Größen von Interesse. So kann es sein, dass ebenfalls nur die stationären Zustände dieser diagnostischen Größen berechnet werden sollen. In einigen Fällen ist es so möglich, das System erheblich in seiner Dimension zu reduzieren. Im Idealfall können dann stationäre Zustände analytisch berechnet werden, oder spezielle numerische Methoden zu ihrer Berechnung sind anwendbar.

Eine analytische oder vergleichsweise einfache numerische Berechnung stationärer Lösungen ist möglich, wenn sich das Problem auf eine skalare Gleichung reduzieren lässt. Im Rahmstorf-Boxmodell ist das der Fall, wenn nur der stationäre Wert des Volumenstroms M berechnet werden soll. Wir nehmen daher das Boxmodell als Beispiel, um die Vorgehensweise darzustellen und numerische Verfahren zu präsentieren.

Ist es möglich, M im Rahmstorf-Modell zu berechnen, ohne die zugehörigen stationären Werte der Temperaturen und Salinitäten selbst zu kennen? Der Vorteil wäre, dass sich eine skalare Gleichung ergäbe, die sehr viel einfacher und schneller gelöst werden könnte als das stationäre System für die T_i und S_i. Die folgenden Überlegungen zeigen, dass dies möglich ist. Die Lösung von Übung 7.4 ergibt die Gleichung

$$0 = \frac{M}{V_1}\tilde{S}_1 + S_0\frac{F_1}{V_1} \quad \text{mit } \tilde{S}_1 = S_2 - S_1$$

und damit

$$\tilde{S}_1 M = -S_0 F_1.$$

Multiplizieren wir die Darstellung des Volumenstroms (6.2) mit M und benutzen die eben erhaltene Beziehung, so ergibt sich

$$M^2 + k(\beta S_0 F_1 + \alpha(T_2 - T_1)M) = 0. \tag{7.13}$$

Gelingt es jetzt noch, die Differenz $T_2 - T_1$ nur durch M und Modellparameter, aber ohne explizite Verwendung der zeitabhängigen Größen $T_i, \tilde{S}_i$ auszudrücken, dann erhalten wir eine skalare Gleichung für das stationäre M. Aus den stationären Varianten von (6.3) bis (6.5) erhalten wir ein lineares Gleichungssystem für T_1, T_2, T_3, wenn wir die Abhängigkeit des Volumenstroms M von $T_1, T_2, \tilde{S}_1$ nicht beachten. Damit kann man die T_i und insbesondere die Differenz $T_2 - T_1$, die in (7.13) auftritt, nur durch M und die Modellparameter ausdrücken. Dies ist in der folgenden Übung formuliert.

Übung 7.30 Zeigen Sie: Für die stationären Werte von T_1, T_2 gilt:

$$T_2 - T_1 = \frac{M\left(l_1 l_2(T_2^* - T_1^*) + l_1 l_3(T_3^* - T_1^*)\right) + l_1 l_2 l_3(T_2^* - T_1^*)}{(M + l_1)(M + l_2)(M + l_3) - M^3}$$

mit $l_i := \lambda_i V_i, i = 1, 2, 3.$

Wird diese Beziehung in Gleichung (7.13) eingesetzt, so ergibt sich

$$M^2 + k \left(\beta S_0 F_1 + \alpha \frac{p(M)}{q(M)} \right) = 0 \tag{7.14}$$

mit $p, q \in \Pi_2$, da sich der Term M^3 im Nenner aufhebt. Dabei sind

$$p(M) = a_2 M^2 + a_1 M, \quad a_1, a_2 \in \mathbb{R},$$

$$q(M) = \sum_{i=1}^{3} l_i M^2 + (l_1 l_2 + l_1 l_3 + l_2 l_3) M + \prod_{i=1}^{3} l_i.$$

Wird (7.14) näher untersucht, so kann folgende Aussage bewiesen werden:

Übung 7.31 Zeigen Sie: Für $\lambda_i > 0, i = 1, 2, 3$ und alle $F_1 \in \mathbb{R}$ hat das Polynom q in der Darstellung (7.14) keine positiven Nullstellen.

Damit kann (7.14) äquivalent als Polynom vierten Grades in M geschrieben werden, indem mit $q(M) \neq 0$ multipliziert wird:

$$q(M) M^2 + k \left(\beta S_0 F_1 q(M) + \alpha p(M) \right) = 0. \tag{7.15}$$

Mögliche Werte für den stationären Volumenstrom M sind also die Nullstellen eines Polynom vierten Grades, wobei aber nur reelle und nicht negative Werte in Frage kommen.

Für Polynome vierten Grades gibt es einen analytische Lösungsformel, die sich jedoch aus einem bestimmten Grund nicht gut eignet:

Übung 7.32 Recherchieren Sie nach einer expliziten Lösungsformel für die Nullstellen eines Polynoms vierten Grades. Warum ist diese Methode für unsere Zwecke nicht besonders geeignet?

Ziel ist es, für gegebene Werte des Frischwasserflusses F_1 die zugehörigen stationären Werte von M zu bestimmen. Gleichung (7.14) kann jedoch schon einen Eindruck der Beziehung zwischen diesen beiden Größen ergeben, wenn darin umgekehrt F_1 als Funktion von M angesehen wird, nämlich als

$$F_1(M) = -\frac{1}{k \beta S_0} \left(M^2 + k \alpha \frac{p(M)}{q(M)} \right). \tag{7.16}$$

Es ist zu erkennen, dass sich die Darstellung des Frischwasserflusses F_1 in Abhängigkeit von M aus einer Parabel mit negativem Vorzeichen und einem Term $p(M)/q(M)$ zusammensetzt. Dieser zweite Term ist, als Quotient zweier Polynome zweiten Grades (s. o.) und da der Nenner keine positiven reellen Nullstellen hat, beschränkt. Es folgt ebenfalls $F_1(0) = 0$.

Übung 7.33 Führen Sie eine Kurvendiskussion für die Funktion F_1 in (7.16) durch und skizzieren Sie sie.

7.5 Berechnung der Nullstellen einer skalaren Gleichung

Als numerisches Lösungsverfahren kann wieder das Newton-Verfahren angewendet werden. Die Ableitung ist für ein Polynom einfach anzugeben. Das Verfahren liefert nur eine Nullstelle, zur Berechnung aller muss es mehrfach von verschiedenen Werten aus gestartet werden.

Einfacher und hier ausreichend ist das folgende Verfahren, die Bisektion:

Algorithmus 7.34 (Bisektion)
Input:

- Stetige Funktion F, von der eine Nullstelle berechnet werden soll.
- Intervall $[a_0, b_0]$, in dem genau eine Nullstelle liegt.
- Genauigkeit $\varepsilon > 0$, mit der die Nullstelle berechnet werden soll.

Algorithmus:

1. $k = 0$
2. Solange $b_k - a_k > \varepsilon$:
   (a) $x_k := \frac{1}{2}(a_k + b_k)$
   (b) Wenn $F(a_k)F(x_k) < 0 : a_{k+1} = a_k, b_{k+1} = x_k$
       Sonst: $a_{k+1} = x_k, b_{k+1} = b_k$.
   (a) $k = k + 1$

Output: Nullstelle x_k.

Das Verfahren funktioniert nur, wenn im Intervall $[a, b]$ genau eine Nullstelle liegt. Es muss daher für das Rahmstorf-Boxmodell die positiven reellen Zahlen in kleinen Schritten abgesucht werden, um alle Nullstellen zu finden. Das macht das Verfahren unpraktisch.

Berechnung über Eigenwerte

Eine weitere Alternative ist die Berechnung der Nullstellen über die sog. Begleitmatrix: Die Idee dabei ist, eine Matrix A aufzustellen, deren charakteristisches Polynom $\det(A - \lambda I)$ genau das vorliegende Polynom ist, dessen Nullstellen gesucht sind. Da die Dimension der Matrix gleich dem Grad des Polynoms ist, handelt es sich zumeist um eine Matrix geringer Dimension. Die entscheidende Frage ist, wie diese Matrix gewählt einfach werden kann.

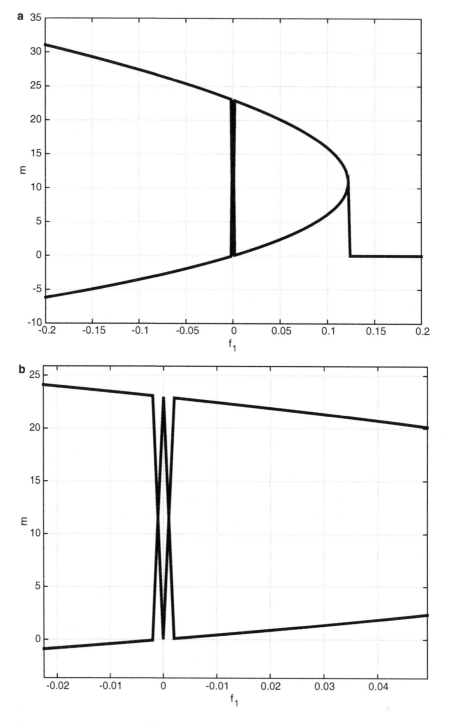

Abb. 7.5 Stationäre Zustände beim Rahmstorf-Boxmodell, berechnet über die Eigenwerte der Begleitmatrix. **b** Ein Zoom, der zeigt, dass sich für $f_1 = 0$ die Reihenfolge der Eigenwerte ändert. Gezeigt sind nur die reellen Eigenwerte

Beispiel 7.35 Das charakteristische Polynom der Matrix

$$A = \begin{pmatrix} 0 & 1 & 0 \\ 0 & 0 & 1 \\ -c_0 & -c_1 & -c_2 \end{pmatrix}$$

kann mit dem Laplace'schen Entwicklungssatz zu

$$\det(A - \lambda I) = -c_0 \det \begin{pmatrix} 1 & 0 \\ -\lambda & 1 \end{pmatrix} + c_1 \det \begin{pmatrix} -\lambda & 0 \\ 0 & 1 \end{pmatrix} - (c_2 + \lambda) \det \begin{pmatrix} -\lambda & 1 \\ 0 & -\lambda \end{pmatrix}$$

$$= -c_0 - c_1 \lambda - c_2 \lambda^2 - \lambda^3 =: q(\lambda)$$

berechnet werden. Die Nullstellen von

$$p(\lambda) = \sum_{i=0}^{3} a_i \lambda^i$$

sind daher gleich der Nullstellen von q und $-q$, und entsprechen damit den Eigenwerten von A, wenn $c_i = a_i/a_3$, $i = 0, 1, 2$ gesetzt wird.

Diese Idee kann für beliebige Dimension n angewendet werden:

Übung 7.36 Verallgemeinern Sie die obige Idee für ein Polynom $p \in \Pi_n$.

Beispiel 7.37 MATLAB[1] und OCTAVE implementieren diesen Algorithmus in der Funktion `roots`. (Die Koeffizienten sind dort umgekehrt nummeriert!)

Beispiel 7.38 Beim Rahmstorf-Boxmodell wird die Methode auf das Polynom aus (7.15) angewendet.

Übung 7.39 Wenden Sie die Funktion `roots` für das Boxmodell an und erzeugen Sie einen entsprechenden Plot, vgl. Abb. 7.5.

---

[1] MATLAB ist ein eingetragenes Warenzeichen von The MathWorks Inc.

Ein Boxmodell des globalen Kohlenstoffkreislaufs 8

Hier wird ein weiteres Boxmodell vorgestellt, das den globalen Kohlenstoffkreislauf modelliert. Verglichen mit dem Rahmstorf-Modell ist es linear und damit wesentlich einfacher. Es gibt die Möglichkeit, Aussagen über die Theorie linearer Differentialgleichungssysteme mit konstanten Koeffizienten vorzustellen und anzuwenden.

Das hier vorgestellte Modell wurde von G. W. Griffiths, A. J. McHugh und W. E. Schiesser in der hier benutzten Version in [26] vorgestellt. Dokumentation [27] und Implementierung sind vom dritten Autor erhältlich.

Das Modell beschreibt die globalen CO_2-Flüsse und benutzt dazu sieben räumliche Boxen oder Kompartments. In diesen Kompartments wird die örtliche Verteilung des CO_2 vernachlässigt, was natürlich eine grobe, für Boxmodelle eben charakteristische Idealisierung darstellt. Das zeitabhängige Verhalten der Konzentrationen in den sieben Boxen wird modelliert, und so ergibt sich ein gewöhnliches Differentialgleichungssysteme. Mit einem Quell- oder Forcingterm können CO_2-Emissionen in das Modell eingebracht und so seine Reaktion auf verschiedene globale Erwärmungsszenarien simuliert werden. Es ist ebenfalls leicht möglich, über Parametervariationen der Kopplungsterme zwischen den einzelnen Kompartments Sensitivitätsstudien durchzuführen. Die sieben Boxen des Modells sind, vgl. Abb. 8.1:

- Unterer Bereich der Atmosphäre (Engl.: *lower atmosphere*): la
- Oberer Bereich der Atmosphäre (Engl.: *upper atmosphere*): ua
- Kurzlebige Lebewesen (Biota, Engl.: *short-lived biota*): sb
- Langlebige Lebewesen (Biota, Engl.: *long-lived biota*): lb
- Obere Schicht des Ozeans (Engl.: *upper layer*): ul
- Untere Schicht des Ozeans (Engl.: *deeper layer*): dl
- Marine Biosphäre (Engl.: *marine biota*: mb.

Der CO_2-Gehalt in diesen Kompartments wird hier jeweils mit y_j mit $j \in \{1, \ldots, 7\} \triangleq \{la, ua, sb, lb, ul, dl, mb\}$ bezeichnet. (Im Originalmodell wird c statt y für die Zustands-

© Springer-Verlag Berlin Heidelberg 2015
T. Slawig, *Klimamodelle und Klimasimulationen*, Springer-Lehrbuch Masterclass,
DOI 10.1007/978-3-662-47064-0_8

Abb. 8.1 Boxen bzw. Kompartments des globalen CO_2-Modells mit Interaktionen und Forcing/Inputterm

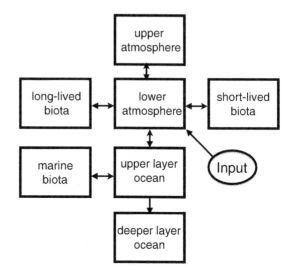

oder Modellvariablen verwendet.) Die Kompartments sind wie in Abb. 8.1 miteinander gekoppelt. Der zusätzliche Forcingterm beeinflusst die untere Schicht der Atmosphäre, also die Gleichung für $y_1 \mathrel{\hat{=}} y_{la}$.

Es wird ein Anfangswertproblem in der Standardform (3.2) für ein System mit den sieben Zustandsvariablen $y = (y_i)_{i=1}^{7}$ betrachtet. Ziel des Modells ist die Berechnung der Abweichung des CO_2-Gehalts vom vorindustriellen Zustand, der für $t_0 = 1850$ angenommen wird. Die Zeitskala im Modell ist bereits in Jahren formuliert. Anschließend erfolgt eine Umformulierung mit

- einer Verschiebung der Zeitskala $\tilde{t} = t - t_0 = t - 1850$
- eine Verschiebung und Skalierung (analog zur Vorgehensweise in den Abschn. 4.1 und 4.2) der Werte der Zustandsvariablen

$$\tilde{y}_i(\tilde{t}) := \frac{y_i(t_0 + \tilde{t}) - y_i(t_0)}{y_i(t_0)}. \tag{8.1}$$

Es gilt

$$\tilde{y}_i'(\tilde{t}) = \frac{d\tilde{y}_i}{d\tilde{t}}(\tilde{t}) = \frac{1}{y_i(t_0)} \frac{dy_i}{dt}(t) = \frac{1}{y_i(t_0)} y_i'(t). \tag{8.2}$$

Die Kopplungen zwischen den Kompartments oder Boxen werden als lineare Reaktionsterme der Form

$$\tilde{y}_i'(t) = \sum_{j \neq i} a_{ij} (\tilde{y}_j(t) - \tilde{y}_i(t))$$

angenommen. Nicht in jeder Gleichung sind alle Kopplungsterme ungleich Null. Welche Reaktionen stattfinden bzw. welche Boxen miteinander verbunden sind, ergibt sich aus ihrer Definition und Anordnung, wie in Abb. 8.1 dargestellt. Dabei sind in den Reaktions-koeffizienten a_{ij} bereits die Skalierungen aus (8.1) bzw. (8.2) eingegangen. Sie werden durch

$$a_{ij} = \frac{1}{\theta_{ij}}, \quad i, j = 1, \ldots, 7, j \neq i, \quad \text{wenn } \theta_{ij} \neq 0,$$

als das Inverse der mittleren Aufenthaltsdauer oder Mischungszeit θ_{ij} des CO_2, das aus Box i in Box j gelangt, beschrieben, sofern überhaupt ein Transfer stattfindet. Der Wert θ_{ij} beschreibt die Zeit (in Jahren), die das CO_2 in Kompartment j benötigt, um sich mit dem in Kompartment i zu mischen. Einige der in [27] verwendeten Werte

$$\begin{aligned}
&\theta_{12} = 5, \quad \theta_{13} = 1, \quad \theta_{14} = 100, \quad \theta_{15} = 30, \quad \theta_{21} = 5, \quad \theta_{31} = 1, \\
&\theta_{41} = 100, \quad \theta_{51} = 30, \quad \theta_{56} = 100, \quad \theta_{57} = 10, \quad \theta_{65} = 1000, \quad \theta_{75} = 10.
\end{aligned} \quad (8.3)$$

werden dort wie folgt motiviert:

- $\theta_{13} = 1$ (Jahr) für den Transfer von der unteren Atmosphäre in die kurzlebige Vege-tation, die hier hauptsächlich als landwirtschaftlich genutzte Pflanzen (mit jährlicher Ernte) angesehen werden.
- $\theta_{14} = 100$ (Jahre) für den Transfer von der unteren Atmosphäre in die langlebige Vegetation, die hauptsächlich aus Bäumen besteht mit einer Lebensdauer im Bereich von 100 Jahren.
- $\theta_{65} = 1000$ für den Transfer der oberen in die tiefere Schicht des Ozeans, was die Annahme widerspiegelt, dass CO_2 1000 Jahre in dieser unteren Schicht verbleibt.

Aus Gründen der Stoffbilanz (wenn keine Quellen vorliegen) gilt

$$\sum_{j=1}^{7} a_{ij} = 0, \quad \text{also} \quad a_{ii} = -\sum_{j \neq i} a_{ij}, \quad i = 1, \ldots, 7. \quad (8.4)$$

Allgemeiner definieren wir:

Definition 8.1 Ein System von Differentialgleichungen (3.1) mit $f : I \times D \subset \mathbb{R}^n \to \mathbb{R}^n$ heißt *masse- (oder stoff-) erhaltend in I*, wenn gilt:

$$\sum_{i=1}^{n} f_i(t, y(t)) = 0 \quad \forall t \in I.$$

Damit ergibt sich für die transformierten und skalierten Zustandsvariablen, die wir hier wieder ohne Tilde schreiben, ein Anfangswertproblem der Form

$$y'(t) = A y(t) + b(t), \quad t \geq 0, \quad y(0) = 0.$$

Die Matrix A hat die Gestalt

$$
A = \begin{array}{c}
\\ la \\ ua \\ sb \\ lb \\ ul \\ dl \\ mb
\end{array}
\begin{array}{c}
\begin{array}{ccccccc} la & ua & sb & lb & ul & dl & mb \end{array} \\
\left(\begin{array}{ccccccc}
a_{11} & a_{12} & a_{13} & a_{14} & a_{15} & 0 & 0 \\
a_{21} & a_{22} & 0 & 0 & 0 & 0 & 0 \\
a_{31} & 0 & a_{33} & 0 & 0 & 0 & 0 \\
a_{41} & 0 & 0 & a_{44} & 0 & 0 & 0 \\
a_{51} & 0 & 0 & 0 & a_{55} & a_{56} & a_{57} \\
0 & 0 & 0 & 0 & a_{65} & a_{66} & 0 \\
0 & 0 & 0 & 0 & a_{75} & 0 & a_{77}
\end{array}\right)
\end{array}.
$$

Übung 8.2 Begründen Sie: Wegen der Massenerhaltung muss die Matrix singulär sein.

Der Forcingterm $b(t)$ fügt dem System Stoff (hier CO_2) hinzu. Er wirkt nur in der ersten Gleichung und wird daher als

$$
b(t) = (b_1(t), 0, \ldots, 0)^\top
$$

geschrieben, z. B. mit (wie in [27] vorgeschlagen):

$$
b_1(t) = c_1 \exp(r_1(t)), \quad c_1, r_1 > 0.
$$

Dabei ist $c_1 = 4{,}4 \times 10^{-3}$ ppm als Referenzwert für 2007. Für r_1 wird einmal die Konstante $r_{1b} = 0{,}01$ und als andere Beispiele ein Ansatz

$$
r_1(t) = r_{1b} + r_{1c} \frac{t - 2010}{2100 - 2010}
$$

mit $r_{1c} \in \{0{,}005, 0{,}0025, -0{,}01\}$, d. h. verschiedene Steigerungen und eine Reduktion vorgeschlagen. In [27] wird die Ozeanchemie noch weiter untersucht, worauf wir hier verzichten.

8.1   Lösungsstruktur linearer Differentialgleichungssysteme

Wir beweisen einige allgemeine Resultate für lineare Systeme mit eventuell zeitabhängigen Koeffizienten, d. h. Anfangswertprobleme der Form

$$
y'(t) = A(t)y(t) + b(t), \ t \in I, \tag{8.5}
$$

$$
y(t_0) = y_0 \tag{8.6}
$$

mit stetigen Funktionen $A : I \to \mathbb{R}^{n \times n}$ (bzw. $\mathbb{C}^{n \times n}$) und $b : I \to \mathbb{R}^n$ (bzw. $\mathbb{C}^n$) sowie I, t_0 wie in Definition 3.2. Die folgende Aussage ist für Überlegungen im nächsten Abschnitt nützlich. Dort wird sie auch für komplexe Systeme benötigt. Sie betrachtet des Lösungsraum des sog. *homogenen Systems*, d. h. für $b = 0$.

Lemma 8.3 *Die reellen (bzw. komplexen) Lösungen des homogenen Differentialglei-chungssystems (8.5), $b = 0$, bilden einen n-dimensionalen Vektorraum über $\mathbb{R}$ (bzw. $\mathbb{C}$). Die Abbildung $y_0 \mapsto y(t)$ vom Anfangswert auf die Lösung von (8.5),(8.6) ist linear und bijektiv.*

Beweis Nach Satz 3.28 und Anmerkung 3.38 ist die Lösung von (8.5),(8.6) eindeutig. Damit ist $y_0 \mapsto y(t)$ wohldefiniert. Sei $y_0 = \mu a + \xi b, \mu, \xi \in \mathbb{R}$ (bzw. $\mathbb{C}$), $a, b \in \mathbb{R}^n$ (bzw. $\mathbb{C}^n$) und y die zugehörige Lösung. Weiter seien y_a, y_b Lösungen mit den Anfangswerten $y_0 = a$ bzw. $y_0 = b$. Dann gilt wegen der Linearität der Gleichung

$$y(t) = \mu y_a(t) + \xi y_b(t), \quad t \in I,$$

also ist $y_0 \mapsto y(t)$ linear, und die Dimension des Lösungsraumes ist n. Daher ist die Abbildung $y_0 \mapsto y(t)$ bijektiv. $\quad\square$

Diese Aussage motiviert die folgende Bezeichnung, die sich auf die Gesamtheit der Lösungen der Differentialgleichung (8.5) bezieht.

Definition 8.4 ((Lösungs-)Fundamentalsystem) Eine Basis $(y_i)_{i=1}^n$ mit $y_i : I \to \mathbb{R}^n$ (bzw. $\mathbb{C}^n$), $i = 1, \ldots, n$, des Lösungsraumes des homogenen Systems (8.5), $b = 0$, heißt *Fundamentalsystem* und wird, spaltenweise angeordnet, als $Y := (y_i)_{i=1}^n$ geschrieben.

Ein Fundamentalsystem erfüllt die Gleichung

$$Y'(t) = A(t)Y(t), \quad t \in I. \tag{8.7}$$

Ist Y das Fundamentalsystem mit $Y(t_0) = I$, dann hat das Anfangswertproblem für die homogene Gleichung die Lösungsgestalt

$$y(t) = Y(t)y_0. \tag{8.8}$$

Wir betrachten nun inhomogene Gleichungen.

Lemma 8.5 *Sei Y ein Fundamentalsystem der Gleichung (8.5), $b = 0$. Jede Lösung y der inhomogenen Gleichung ($b \neq 0$) hat die Form $y(t) = Y(t)c + \hat{y}(t)$ mit $c \in \mathbb{R}^n$ und einer beliebigen Lösung $\hat{y}$ der inhomogenen Gleichung.*

Beweis Sind $y, \hat{y}$ zwei beliebige Lösungen der inhomogenen Gleichung, dann löst $y - \hat{y}$ die homogene Gleichung, lässt sich also als Linearkombination der Elemente des Fundamentalsystems, d. h. als $y(t) - \hat{y}(t) = Y(t)c$ schreiben. $\quad\square$

Analog erhalten wir:

Korollar 8.6 *Die Lösung des Anfangswertproblems (8.5),(8.6) ergibt sich als Summe der Lösung der homogenen Gleichung und Anfangswert y_0 und einer Lösung der inhomogenen Gleichung mit Anfangswert $y_0 = 0$.*

Mit dem Fundamentalsystem lässt sich dies wie folgt ausdrücken.

Lemma 8.7 *Sei Y das Fundamentalsystem der Gleichung* (8.5) *mit* $b = 0$, *das* $Y(t_0) = I$ *erfüllt. Dann ist die Lösung des Anfangswertproblems der inhomogenen Gleichung*

$$y(t) = Y(t)y_0 + \int_{t_0}^{t} Y(t)Y(s)^{-1}b(s)ds, \quad t \in I.$$

Beweis Mit Korollar 8.6 und (8.8) ist $\bar{y}(t) = Y(t)y_0$ Lösung des Anfangswertproblems der homogenen Gleichung. Außerdem erfüllt

$$\hat{y}(t) := Y(t) \int_{t_0}^{t} Y(s)^{-1}b(s)ds$$

die Anfangsbedingung $\hat{y}(t_0) = 0$. Für die Ableitung des unbestimmten Integrals (vgl. [13, §19 Satz 1]) gilt

$$\frac{\mathrm{d}}{\mathrm{d}t}\left(\int_{t_0}^{t} Y(s)^{-1}b(s)ds\right) = Y(t)^{-1}b(t), \quad t \in I.$$

Damit ist $\hat{y}$ wegen (8.7) und

$$\hat{y}'(t) = Y'(t) \int_{t_0}^{t} Y(s)^{-1}b(s)ds + Y(t)Y(t)^{-1}b(t)$$

$$= AY(t) \int_{t_0}^{t} Y(s)^{-1}b(s)ds + b(t) = A\hat{y}(t) + b(t)$$

eine Lösung der inhomogenen Gleichung. $\square$

8.2 Lineare Differentialgleichungssysteme mit konstanten Koeffizienten

Wir betrachten jetzt (8.5) mit konstanter (zuerst wieder komplexer) Koeffizientenmatrix $A \in \mathbb{C}^{n \times n}$ und, da die Gleichung dann autonom ist, $t_0 = 0$:

$$y'(t) = Ay(t), \quad t \geq 0. \tag{8.9}$$

Ein Fundamentalsystem kann mit Hilfe der Matrix-Exponentialfunktion ähnlich zum eindimensionalen Fall (Lösung: $y(t) = ce^{\lambda t}$) angegeben werden. Für die Definition benötigen wir die folgende Eigenschaft für Matrixnormen:

Definition 8.8 (Submultiplikative Matrixnorm) Eine Matrixnorm $\|\cdot\|$ auf dem $\mathbb{R}^{n\times n}$ heißt *submultiplikativ*, wenn gilt:

$$\|AB\| \le \|A\|\|B\| \quad \forall A, B \in \mathbb{R}^{n\times n}.$$

Übung 8.9 Welche der in Lemma 3.37 angegebenen Matrixnormen sind submultiplikativ?

Nun kann die Matrix-Exponentialfunktion definiert und ihre Eigenschaften gezeigt werden:

Lemma 8.10 (Matrix-Exponentialfunktion) *Für $A \in \mathbb{C}^{n\times n}$ konvergiert*

$$e^A := \sum_{l=0}^{\infty} \frac{A^l}{l!}$$

absolut. Für alle $t \in \mathbb{R}$ ist die Funktion $t \mapsto e^{At}$ differenzierbar mit

$$\frac{\mathrm{d}}{\mathrm{d}t} e^{At} = A e^{At}.$$

Damit ist e^{At} ein Fundamentalsystem von (8.9).

Beweis Da für eine beliebige submultiplikative Matrixnorm

$$\left\| \frac{A^l}{l!} \right\| \le \frac{\|A\|^l}{l!}$$

gilt, folgt die Konvergenz analog zur Exponentialfunktion mit skalarem Argument. Der Konvergenzradius der Reihe e^{At} ist ∞, daher kann sie überall gliedweise differenziert werden (vgl. [13, §21 Satz 5]):

$$\frac{\mathrm{d}}{\mathrm{d}t} e^{At} = \sum_{l=0}^{\infty} l \frac{t^{l-1} A^l}{l!} = \sum_{l=1}^{\infty} l \frac{t^{l-1} A^l}{l!} = \sum_{l=1}^{\infty} \frac{t^{l-1} A^l}{(l-1)!} = \sum_{l=0}^{\infty} \frac{t^l A^{l+1}}{l!} = A e^{At}.$$

Die Eigenschaft des Fundamentalsystem folgt aus Definition 8.4. $\square$

Wir benötigen später die Funktionalgleichung der Exponentialfunktion (analog zu der für reelle Argumente):

Übung 8.11 Zeigen Sie: Für $A, B \in \mathbb{C}^{n\times n}$ mit $AB = BA$ gilt $e^{A+B} = e^A e^B$.

Wegen $e^{At}|_{t=0} = I$ gilt für die Lösung eines Anfangswertproblems, vgl. (8.8):

Korollar 8.12 *Die Lösung von* (8.9) *mit* $y(0) = y_0$ *ist* $y(t) = e^{At} y_0, t \geq 0$.

Je nach den Eigenschaften von $A \in \mathbb{R}^{n \times n}$, speziell ihrer Eigenwerte, haben Fundamentalsysteme für (8.9) unterschiedliche Form. Wir betrachten für Klimamodelle nur reelle Matrizen und interessieren uns auch nur für reelle Fundamentalsysteme. Zur Darstellung des Fundamentalsystems e^{At} benutzen wir die Jordan'schen Normalform:

Lemma 8.13 (Jordan'sche Normalform) *Zu* $A \in \mathbb{R}^{n \times n}$ *existieren eine reguläre Matrix* $S \in \mathbb{C}^{n \times n}$ *und eine Blockdiagonalmatrix*

$$J = \mathrm{diag}(J_1, \ldots, J_m) \in \mathbb{C}^{n \times n} \quad \text{mit } m \in \{1, \ldots, n\}, \tag{8.10}$$

so dass

$$A = SJS^{-1} \tag{8.11}$$

gilt. Jedes J_k *ist bidiagonal von der Form*

$$J_k = \begin{pmatrix} \lambda_k & 1 & 0 & 0 \\ 0 & \ddots & \ddots & 0 \\ \vdots & \ddots & \ddots & 1 \\ 0 & \cdots & 0 & \lambda_k \end{pmatrix} = \lambda_k I_{n_k} + N_k \in \mathbb{C}^{n_k \times n_k}, \quad n_k \geq 1, \ k = 1, \ldots, m.$$

Dabei bezeichnet I_{n_k} *die Einheitsmatrix der Größe* n_k. *Die Eigenwerte von* A *sind entsprechend nummeriert, d. h. zu jedem Block* J_k *gehört der Eigenwert* λ_k. *Die Matrizen* N_k *sind nilpotent mit* $N_k^{n_k} = 0$. *Ein Eigenwert mit identischer algebraischer und geometrischer Vielfachheit hat so viele Blöcke* J_k *mit* $n_k = 1$, *wie seiner Vielfachheit entspricht. Ein Eigenwert, dessen algebraische und geometrische Vielfachheit sich unterscheiden, hat so viele Blöcke* J_k *mit* $n_k > 1$, *wie seiner geometrischen Vielfachheit entspricht.*

Beweis Siehe [28, 4.6.7].   □

Nach Lemma 8.10 ist e^{At} ein Fundamentalsystem, das aber auch für $A \in \mathbb{R}^{n \times n}$ wegen möglicherweise auftretender komplexer Eigenwerte komplex sein kann. Wegen $A^l = \left(SJS^{-1}\right)^l = SJ^l S^{-1}, l \in \mathbb{N}$, und daher

$$e^{At} = Se^{Jt}S^{-1},$$

bestimmen wir zunächst die Exponentialfunktion der Jordan-Matrix J:

Lemma 8.14 *Seien A, J, S wie in Lemma 8.13. Dann ist*

$$e^{Jt} = \text{diag}\left((\exp(J_k t))_{k=1}^m\right) \qquad (8.12)$$

mit

$$\exp(J_k t) = \exp(\lambda_k t)\begin{pmatrix} 1 & p_{k1}(t) & \cdots & p_{k,n_k-1}(t) \\ 0 & 1 & & \vdots \\ \vdots & \ddots & \ddots & p_{k1}(t) \\ 0 & \cdots & 0 & 1 \end{pmatrix} \in \mathbb{R}^{n_k \times n_k}, \quad p_{kl} \in \Pi_l. \quad (8.13)$$

Beweis Die Matrix e^{Jt} ist eine Blockdiagonalmatrix mit

$$e^{Jt} = \text{diag}\left((\exp(J_k t))_{k=1}^m\right).$$

Mit Übung 8.11 und $\exp(\lambda_k t I_{n_k}) = I_{n_k} \exp(\lambda_k t)$ ist

$$\exp(J_k t) = \exp(\lambda_k t I_{n_k})\exp(N_k t) = \exp(\lambda_k t)\exp(N_k t).$$

Da N_k nilpotent ist, gilt

$$\exp(N_k t) = \sum_{l=0}^\infty \frac{N_k^l t^l}{l!} = \sum_{l=0}^{n_k-1} \frac{N_k^l t^l}{l!} = \sum_{l=0}^{n_k-1} N_k^l \tilde{p}_{kl}(t) \quad \text{mit } \tilde{p}_{kl} \in \Pi_l, \ \tilde{p}_{kl}(0) = 1.$$

Die Darstellung (8.13) folgt durch Berechnen der Matrixpotenzen N_k^l und der Struktur von N_k. □

Damit und wegen der Regularität von S ergeben sich folgende Darstellungen komplexer Fundamentalsysteme:

Satz 8.15 *Mit A, S, J wie in Lemma 8.13 sind e^{Jt}, Se^{Jt} und $e^{At} = Se^{Jt}S^{-1}$ komplexe Fundamentalsysteme von (8.9).*

Bei komplexen Eigenwerten (die immer als paarweise zueinander konjugiert komplexe Werte auftreten) ergibt sich folgende allgemeine Darstellung eines reellen Fundamentalsystems:

Satz 8.16 *Seien A, S, J wie in Lemma 8.13, $S_k \in \mathbb{C}^{n \times n_k}$ die zum Eigenwert λ_k gehörende Teilmatrix von S mit den Spalten $s_{kl} \in \mathbb{C}^n, l = 1, \ldots, n_k, p_{kl} \in \Pi_l, l = 1, \ldots, n_k - 1$ wie in (8.13) und $p_{k0} := 1$. Dann bilden die folgenden Funktionen ein reelles Fundamentalsystem von (8.9):*

- *Für reelle Eigenwerte $\lambda_k, k \in \{1, \ldots, m\}, j = 1, \ldots, n_k$:*

$$y_{kj}(t) = \sum_{l=1}^j p_{k,j-l}(t)s_{kl}\exp(\lambda_k t). \qquad (8.14)$$

- *Für zueinander konjugiert komplexe Eigenwertpaare* $\lambda_{k+1} = \bar{\lambda}_k, k \in \{1, \ldots, m\}, j = 1, \ldots, n_k$:

$$y_{kj}(t) = \sum_{l=1}^{j} p_{k,j-l}(t) \left(\operatorname{Re} s_{kl} \cos(\operatorname{Im} \lambda_k t) - \operatorname{Im} s_{kl} \sin(\operatorname{Im} \lambda_k t)\right) \exp(\operatorname{Re} \lambda_k t),$$

$$(8.15)$$

$$y_{k+1,j}(t) = \sum_{l=1}^{j} p_{k,j-l}(t) \left(\operatorname{Re} s_{kl} \sin(\operatorname{Im} \lambda_k t) + \operatorname{Im} s_{kl} \cos(\operatorname{Im} \lambda_k t)\right) \exp(\operatorname{Re} \lambda_k t).$$

Beweis Die Spalten s_{kl} von $S_k \in \mathbb{C}^{n \times n_k}$ sind die zu λ_k gehörenden Eigen- und (für $n_k > 1$) Hauptvektoren. Es gilt

$$Se^{Jt} = (S_1, \ldots, S_m) \operatorname{diag}\left((\exp(J_k t))_{k=1}^{m}\right) \qquad (8.16)$$
$$= (S_1 \exp(J_1 t), \ldots, S_m \exp(J_m t))$$

mit $S_k \exp(J_k t) \in \mathbb{C}^{n \times n_k}, k = 1, \ldots, m$. Für die j-te Spalte von $S_k \exp(J_k t)$ ergibt sich aus (8.13):

$$(S_k \exp(J_k t))_j = \sum_{l=1}^{j} s_{kl} \, p_{i,j-l}(t) \exp(\lambda_k t) =: z_{kj}(t), \quad j = 1, \ldots, n_k. \qquad (8.17)$$

Diese Funktionen bilden für $k = 1, \ldots, m$ das komplexe Fundamentalsystem Se^{Jt}, s. (8.16), und sind für $\lambda_k \in \mathbb{R}$ als $y_{kj} = z_{kj}$ auch Teile des reellen Fundamentalsystems.

Sei $\operatorname{Im} \lambda_k \neq 0$ und $\lambda_k, \lambda_{k+1} = \bar{\lambda}_k$ zueinander konjugiert komplexe Eigenwerte. Es gilt dann $s_{k+1,l} = \bar{s}_{kl}, l = 1, \ldots, n_k$, da die Eigen- bzw. Hauptvektoren ebenfalls zueinander konjugiert komplex sind.

Für dieses k und jedes feste $j \in \{1, \ldots, n_k\}$ sind die Funktionen $z_{kj}, z_{k+1,j}$ aus (8.17) als Teil eines komplexen Fundamentalsystems linear unabhängig.

Die beiden Funktionen $y_{kj} := \operatorname{Re} z_{kj}, y_{k+1,j} := \operatorname{Im} z_{kj} : \mathbb{R} \to \mathbb{R}^n$, also

$$y_{kj}(t) = \sum_{l=1}^{j} p_{k,j-l}(t) \left(\operatorname{Re} s_{kl} \cos(\operatorname{Im} \lambda_k t) - \operatorname{Im} s_{kl} \sin(\operatorname{Im} \lambda_k t)\right) \exp(\operatorname{Re} \lambda_k t)$$

$$y_{k+1,j}(t) = \sum_{l=1}^{j} p_{k,j-l}(t) \left(\operatorname{Re} s_{kl} \sin(\operatorname{Im} \lambda_k t) + \operatorname{Im} s_{kl} \cos(\operatorname{Im} \lambda_k t)\right) \exp(\operatorname{Re} \lambda_k t)$$

sind, im reellen Vektorraum der reellen Lösungen, linear unabhängig voneinander und von den anderen auf gleiche Weise konstruierten Funktionen y_{kj}. $\qquad \square$

Anmerkung 8.17 Aus $y(t) = Y(t)c, c \in \mathbb{R}^n$ folgt mit $y(0) = Y(0)c$, dass $c = Y(0)^{-1} y_0$ ist. Also kann jede Lösung mit dem Fundamentalsystem oben als $y(t) = Y(t)Y(0)^{-1} y_0$ geschrieben werden und es gilt $e^{At} = Y(t)Y(0)^{-1}$.

Das Lorenz-Modell

Das Lorenz-Modell ist ein System aus drei nichtlinearen gewöhnlichen Differentialgleichungen. Im Vergleich etwa zum Rahmstorf-Boxmodell ist seine Herleitung schwieriger zu verstehen. Das Modell ist älter und unter dem Aspekt der Reduktion des Rechenaufwands entstanden. Es stellt ein einfaches Modell der Konvektionsströmung, d. h. der durch Temperaturunterschiede bewirkten Strömung in der Atmosphäre dar. Das Lorenz-Modell kann als Beginn der Chaostheorie angesehen werden. In der Klimaforschung ist das Modell nicht mehr relevant. Für unterschiedliche Werte der drei im Modell vorhandenen Parameter ergeben sich unterschiedliche Lösungstypen, wie etwa periodische Lösungen oder den bekannten Lorenz-Attraktor. Die Sensitivität der Lösung bezüglich von Anfangswerten und Parametern ist hoch, so dass an diesem Modell gut Verfahren höherer Konvergenzordnung getestet werden können. Für weitere Details s. [29–31].

Das Lorenz-Modell oder die Lorenz-Gleichungen sind nach Edward N. Lorenz benannt. Das Modell wurde von ihm 1963 in [29] publiziert. Es stellt ein einfaches Modell der Konvektionsströmung, d. h. der durch Temperaturunterschiede bewirkten Strömung in der Atmosphäre dar. Lorenz machte mit den damals vorhandenen bescheidenen Computerressourcen numerische Rechnungen, die bei einer kleinen Änderung der Anfangswerte große Änderungen der Modellgrößen bewirkten, was zu dem Ausdruck „Schmetterlingseffekt" führte. Das Modell enthält drei Parameter. Für bestimmte Werte dieser Parameter erhält man z. B. eine periodische Lösung, für andere den heute schon teilweise auch als Bildschirmschoner verwendeten Lorenz-*Attraktor*. Auf Grund der heutigen verfügbaren Rechenkapazitäten ist die im Lorenz-Modell durchgeführte Vereinfachung für Klimasimulationen nicht mehr nötig.

Die Modellgleichungen für die drei Zustandsvariablen $y := (X, Y, Z)$ lauten

$$y'(t) = f(y(t)) \quad \Longleftrightarrow \quad \begin{cases} X'(t) = \sigma(Y(t) - X(t)) \\ Y'(t) = (R - Z(t))X(t) - Y(t) \\ Z'(t) = X(t)Y(t) - BZ(t). \end{cases}$$

Dabei sind $\sigma, R, B > 0$ Modellparameter. Zusammen mit Anfangswerten erhält man ein Anfangswertproblem für ein dreidimensionales System gewöhnlicher, autonomer Differentialgleichungen erster Ordnung.

© Springer-Verlag Berlin Heidelberg 2015
T. Slawig, *Klimamodelle und Klimasimulationen*, Springer-Lehrbuch Masterclass,
DOI 10.1007/978-3-662-47064-0_9

9.1   Ein Einblick in die Modellierung

Die Modellierung des Lorenz-Modells basiert auf strömungsmechanischen Grundgleichungen, die wir erst später behandeln. Wir wollen das Modell trotzdem benutzen, beschreiben hier aber nur kurz die Idee der Modellierung.

Das Lorenz-Modell beschreibt die Strömung in der Atmosphäre, und zwar in einem zweidimensionalen vertikalen Schnitt und in dieser Ebene in einem Rechteck mit Seitenlängen H/a (in x_1-Richtung) und a. Zweidimensional heißt hier, dass angenommen wird, dass in Richtung der dritten Dimension keine Änderung stattfindet. Angenommen wird außerdem, dass am unteren Rand, d. h. am Boden, und am oberen Rand der betrachteten Luftschicht jeweils eine konstante Temperatur mit einer Differenz ΔT vorliegt. Die Temperaturdifferenz ΔT bewirkt – wie beim Boxmodell – eine sog. Konvektionsströmung: Es bilden sich Zellen, das sind in diesem zweidimensionalen Modellen kreis- oder ellipsenähnliche Formationen, auf denen die Luft zirkuliert.

Die relevanten Größen des Modells sind der Geschwindigkeitsvektor v mit seinen beiden Komponenten v_1 und v_2 sowie die Temperatur T. Diese Größen sind Funktionen von Ort $x = (x_1, x_2)$ und Zeit t.

Nun erfolgt ein in der zweidimensionalen Strömungsmechanik eine gewisse Zeit sehr populärer Ansatz: Es wird eine Funktion Ψ eingeführt, aus der die beiden Geschwindigkeitskomponenten wie folgt berechnet werden können:

$$v_1(x,t) = \frac{\partial \Psi}{\partial x_2}(x,t), \quad v_2(x,t) = -\frac{\partial \Psi}{\partial x_1}(x,t).$$

Mit dieser Setzung ist nur eine skalare Funktion Ψ zu bestimmen. Außerdem ist so die Massebilanz, eine wesentliche Erhaltungsgleichung in der Strömungsmechanik (vgl. Abschn. 16.1), automatisch erfüllt. In Zeiten geringerer Rechenleistung war dies eine wesentliche Reduzierung des Aufwands. Dieser Ansatz funktioniert so jedoch nur in zweidimensionalen Strömungen.

Die Funktion Ψ heißt *Stromfunktion*. Sie ist nicht nur ein Konstrukt zur einfachen Lösung der Gleichungen, sondern ihre Linien gleicher Funktionswerte hilfreich zum Verständnis der Strömung:

Definition 9.1 (Niveaumenge) Für $F : \mathbb{R}^n \supset D \to \mathbb{R}$ und $c \in \mathbb{R}$ heißt

$$\mathcal{N}(F, c) := \{x \in \mathbb{R}^n : F(x) = c\}$$

Niveaumenge von F zum Wert c.

Diese sog. *Stromlinien* sind nämlich stets tangential zum Geschwindigkeitsvektor v. Im stationären Fall $v = v(x)$ sind die Stromlinien gleich der Bahnlinien der Luftteilchen, die

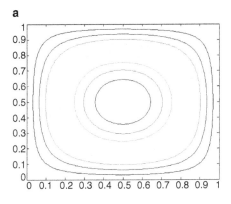 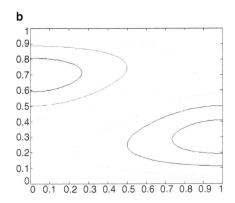

Abb. 9.1   Ansatzfunktionen beim Lorenz-Modell für $H = a = 1$, **a** für die Stromfunktion Ψ, **b** für die Temperaturabweichung θ

sich bewegen. Mit der Stromfunktion kann also schon die Strömung visualisiert werden, indem ihre Niveaulinien gezeichnet werden.

Um die Stromfunktion und die Temperatur zu bestimmen, werden zwei weitere Bilanzgleichungen, nämlich die Impulsbilanz (Newton's zweites Gesetz) und die Energiebilanz benutzt. Diese werden wir hier noch nicht behandeln. Insbesondere die Impulsbilanz ist nichtlinear und, da sie für die Stromfunktion formuliert werden muss, etwas kompliziert. Für die Temperatur wird wieder (analog zum nulldimensionalen Energiebilanzmodell) ein Ansatz gemacht, der nur die Änderung Θ zum Mittelwert betrachtet.

Lorenz machte nun den Ansatz

$$\Psi(x,t) = c_1 X(t) \sqrt{2} \sin\left(\frac{\pi a}{H} x_1\right) \sin\left(\frac{\pi}{H} x_2\right)$$

$$\Theta(x,t) = c_2 \left(Y(t) \sqrt{2} \cos\left(\frac{\pi a}{H} x_1\right) \sin\left(\frac{\pi}{H} x_2\right) - Z(t) \sin\left(\frac{2\pi}{H} x_2\right) \right).$$

Die Grundidee ist, die Zeitabhängigkeit nur in den Koeffizientenfunktionen X, Y, Z anzusetzen und für die Ortsabhängigkeit periodische Funktionen zu benutzen. Dabei sind c_1, c_2 Konstanten. Die sich aus den einzelnen ortsabhängigen Ansatzfunktionen ergebenden Stromlinien bzw. Niveaulinien der Temperaturabweichung sind in Abb. 9.1 zu erkennen.

Werden diese Darstellungen in die Impuls- und Energiebilanz eingesetzt, so ergeben sich bei weiterer Approximation die Lorenz-Gleichungen. Der Parameter B in den Lorenz-Gleichungen hängt damit z. B. nur von dem Seitenverhältnis a ab, σ ist die sog. *Prandtlzahl*, die das Verhältnis von Zähigkeit (der Luft) und der Wärmeleitfähigkeit (der Luft) bezeichnet. Der Wert R hängt selbst wieder von a, H, ΔT und Pr ab.

9.2 Existenz, Eindeutigkeit und Symmetrie

Einige Eigenschaften des Lorenz-Modells können sehr einfach gezeigt werden: Zum einen gilt folgende Symmetrieeigenschaft.

Übung 9.2 Es sei $(X(t), Y(t), Z(t)), t \geq 0$ eine Lösung des Lorenz-Modells. Zeigen Sie, dass auch $(-X(t), -Y(t), Z(t)), t \geq 0$ eine Lösung ist.

Ebenfalls gezeigt werden kann die Existenz und Eindeutigkeit der Lösung.

Übung 9.3 Wenden Sie den Satz von Picard-Lindelöf auf die Lorenz-Gleichungen an: Gibt es für beliebige Anfangswerte eine eindeutige Lösung?

Interessant sind auch Mengen, die eine Trajektorie nicht verlässt, wenn sie darin einmal angekommen ist.

Definition 9.4 (Invariante Menge) Für eine Differentialgleichung (3.1) mit f, I, D wie dort definiert und $t_0 \in I$, heißt $M \subset D$ *positiv invariant*, wenn aus $y_0 \in M$ folgt, dass auch $\{y(t) : t \in I, t \geq t_0, y(t_0) = y_0\} \subset M$ gilt.

Übung 9.5 Zeigen Sie: Die z-Achse ist eine invariante Menge.

9.3 Stationäre Zustände

Die Berechnung der stationären Punkte ist – wie beim Boxmodell deutlich wurde – bei einer nichtlinearen und vektorwertigen Funktion nicht trivial. Beim Lorenz-Modell können diese Punkte analytisch berechnet werden.

Übung 9.6 Zeigen Sie: Die stationären Punkte des Lorenz-Modells sind

$$y_1 = (0, 0, 0), \quad y_2 = \left(\sqrt{B(R-1)}, \sqrt{B(R-1)}, R-1\right) \quad \text{wenn } R > 1,$$
$$y_3 = \left(-\sqrt{B(R-1)}, -\sqrt{B(R-1)}, R-1\right) \quad \text{wenn } R > 1.$$

Numerische Berechnung

Die in Kap. 7 vorgestellten Methoden zur numerischen Berechnung von stationären Punkten können (z. B. zur Übung oder zum Test der numerischen Verfahren) auch beim Lorenz-Modell angewendet werden.

Für das Newton-Verfahren wird die Jacobi-Matrix von f benötigt. Sie lautet für die Lorenz-Gleichungen:

$$f'(y) = \begin{pmatrix} -\sigma & \sigma & 0 \\ R - Z & -1 & -X \\ Y & X & -B \end{pmatrix}. \tag{9.1}$$

Übung 9.7 Wenden Sie das Newton-Verfahren auf die Lorenz-Gleichungen an und versuchen Sie damit alle stationären Punkte zu berechnen.

Wir betrachten auch das Pseudo-Zeitschrittverfahren (Algorithmus 7.16) mit dem Euler-Verfahren. Für die Jacobi-Matrix der Iterationsfunktion gilt:

$$G'(y) = I + hf'(y) = \begin{pmatrix} 1 - h\sigma & h\sigma & 0 \\ h(R - Z) & 1 - h & -hX \\ hY & hX & 1 - hB \end{pmatrix}$$

Um die Kontraktionseigenschaft nachzuweisen, kann nach Lemma 3.39 eine Norm (vgl. Lemma 3.37) der Jacobi-Matrix betrachtet werden.

Betrachten wir für das Lorenz-Modell die Zeilensummennorm $\|\cdot\|_\infty$, so wird direkt deutlich, dass die Summe der Beträge der Elemente der ersten Zeile immer größer oder gleich 1 ist, so dass die Kontraktionseigenschaft mit dieser Norm nicht gezeigt werden kann, egal wie h gewählt wird.

Übung 9.8 Untersuchen Sie die Konvergenz des Pseudo-Zeitschrittverfahrens mit Hilfe der Spaltensummennorm der Jacobi-Matrix. Unter welchen Bedingungen an die Schrittweite h, die Parameter R, B, σ und für welche Bereiche von X, Y, Z liegt Konvergenz vor?

Bei den Lorenz-Gleichungen liefert Lemma 7.23 ein Ergebnis:

Übung 9.9 Berechnen Sie die Eigenwerte der Jacobi-Matrix von G an der Stelle $y = (0, 0, 0)$. Unter welcher Bedingung sind alle Eigenwerte echt kleiner Eins? Welche Konsequenz hat dies für das Pseudo-Zeitschrittverfahren?

Übung 9.10 Wenden Sie das Pseudo-Zeitschrittverfahren mit dem Euler-Verfahren für die Parameterwerte $(\sigma, R, B) = (20, 10, 8/3)$ an, s. Abb. 9.2 und 9.3. Können Sie durch

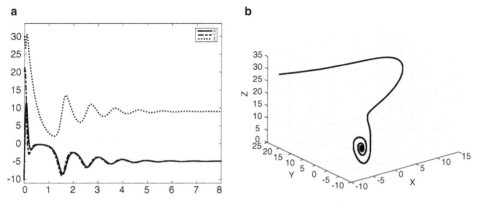

Abb. 9.2 Pseudo-Zeitschrittverfahren (Euler-Verfahren, $h = 10^{-4}$) mit den Parametern aus Übung 9.10, hier Konvergenz gegen y_3 aus Übung 9.6

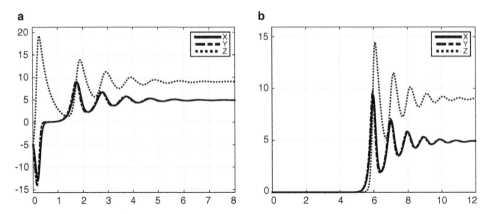

Abb. 9.3 Wie Abb. 9.2, hier Konvergenz gegen y_2 (**a**). **b** Start in $(10^{-16}, 10^{-16}, 0)$, also nur minimal von $y_1 = (0, 0, 0)$ entfernt

Variation der Startwerte alle drei stationären Punkte finden? Wie groß können bzw. wie klein müssen Sie h wählen?   .

Übung 9.11 Wiederholen Sie die Experimente aus Übung 9.10 mit $R < 1$.

9.4 Transiente Lösungen

Interessant sind beim Lorenz-Modell vor allem zeitabhängige, sog. *transiente* Lösungen. Je nach Wahl der Parameter ergeben sich verschiedene Typen:

- Eine periodische Lösung für $(\sigma, R, B) = (10, 100{,}5, 8/3)$ und Startwert $y_0 = (18{,}7, 29{,}9, 100)$, vgl. Abb. 9.4.
- Der Lorenz-Attraktor: $(\sigma, R, B) = (10, 28, 8/3)$, $y_0 = (1, 1, 0)$, Abb. 9.5.

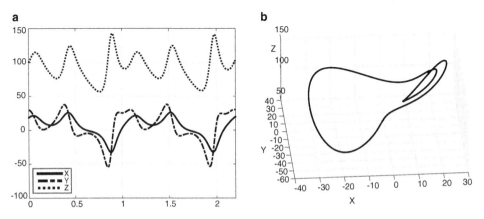

Abb. 9.4 Periodische Lösung der Lorenz-Gleichungen

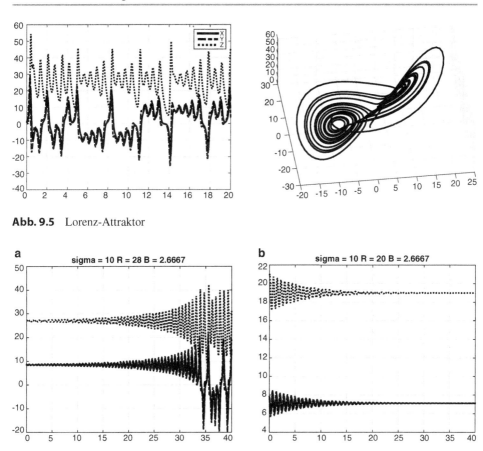

Abb. 9.5 Lorenz-Attraktor

Abb. 9.6 Störung (um 1 %) des stationären Punktes y_2 aus Übung 9.6, **a** für $(\sigma, R, B) = (10, 28, 8/3)$, **b** für $(\sigma, R, B) = (10, 20, 8/3)$, berechnet mit dem Euler-Verfahren mit $h = 10^{-4}$

Übung 9.12 Berechnen Sie mit dem Euler-Verfahren die beiden oben genannten Lösungen. Wie klein muss die Schrittweite gewählt werden, damit die Lösungsstruktur noch zu erkennen ist? Wie viele Schritte sind dazu jeweils notwendig? Was passiert bei leicht gestörtem Startwert bzw. leicht gestörten Parametern, was bei Start in unmittelbarer Nähe eines der in Übung 9.6 angegebenen stationären Punkte, vgl. Abb. 9.6?

Es stellt sich die Frage, ob das in den Abb. 9.3b und 9.6a zu sehende Verhalten eine Eigenschaft des Modells ist, die verwendete Schrittweite zu groß oder das Euler-Verfahren nicht geeignet ist. Den ersten Fall untersuchen wir im nächsten Kapitel.

Stabilität exakter Lösungen von Differentialgleichungen

10

Unter Stabilität einer Lösung und speziell eines stationären Punktes wird die Eigenschaft verstanden, bei kleinen Störungen ebenfalls nur kleine Änderungen in der Lösung zu zeigen bzw. sogar wieder in den stationären Punkt zurückzukehren. Befindet sich ein System im Gleichgewicht, so ist von elementarer Bedeutung, ob Störungen sich nachhaltig auswirken oder nach einiger Zeit abklingen und verschwinden. Die Anwendung und Bedeutung bei Klimamodellen ist offensichtlich. Daher ist wichtig, ob und wie das Stabilitätsverhalten von Gleichgewichtslösungen analytisch untersucht werden kann. Es geht hier um die exakte Lösung der Modellgleichungen, noch nicht um ihre numerische Approximation in einer Simulation. Bei einer Simulation können wiederum Instabilitäten des angewendeten numerischen Verfahrens auftreten. Es ist wichtig, beide Phänomene auseinanderhalten zu können. Die Stabilitätsuntersuchung der exakten Lösung ist jedoch – vor allem bei nichtlinearen Systemen – nicht einfach. In diesem Kapitel werden die Stabilitätsbegriffe definiert sowie analytische Aussagen angegeben.

Bei manchen Differentialgleichung bewirkt eine Störung einer stationären Lösung, dass die Lösung relativ schnell wieder in den stationären Zustand zurückkehrt, während dies in anderen Fällen nicht der Fall ist. Beim Lorenz-Modell wurden in Übung 9.6 die stationären Lösungen analytisch berechnet. In Abb. 9.6 war für eine dieser stationären Lösungen zu sehen, dass für zwei verschiedene Werte eines Parameters eine kleine Störung – zumindest in der numerischen Simulation – genau diese beiden unterschiedlichen Effekte hat.

Dieses Verhalten wird mathematisch als *Stabilität* bzw. *Instabilität* bezeichnet. Wir betrachten wieder ein Anfangswertproblem für eine Differentialgleichung in der Form (3.2). Wir benutzen folgende Definition:

Definition 10.1 Eine Lösung y von (3.2) heißt

1. *stabil*, wenn zu jedem $\varepsilon > 0$ ein $\delta > 0$ existiert, so dass für alle Lösungen y_δ von (3.2) mit gestörtem Anfangswert $y_{0,\delta}$, $\|y_0 - y_{0,\delta}\| \leq \delta$, gilt:

$$\|y(t) - y_\delta(t)\| \leq \varepsilon \quad \forall t \geq t_0.$$

© Springer-Verlag Berlin Heidelberg 2015
T. Slawig, *Klimamodelle und Klimasimulationen*, Springer-Lehrbuch Masterclass,
DOI 10.1007/978-3-662-47064-0_10

2. *asymptotisch stabil*, wenn ein $\delta > 0$ existiert, so dass für alle gestörte Lösungen y_δ wie in 1 gilt:

$$\lim_{t \to \infty} \|y(t) - y_\delta(t)\| = 0.$$

3. *instabil*, wenn sie nicht stabil ist.

Hat ein Anfangswertproblem keine eindeutige Lösung, so sind die Lösungen nach dieser Definition instabil:

Beispiel 10.2 Betrachte das Anfangswertproblem aus Übung 3.31:

$$y' = 2\sqrt{y}, \quad t \geq 0, \quad y(0) = 0.$$

Am Anfangspunkt $t = 0$, $y = 0$ ist die rechte Seite nicht Lipschitz-stetig. Die Funktionen $y \equiv 0$ und $\tilde{y}(t) = t^2$ sind Lösungen (es gibt noch mehr!). Sei $\varepsilon > 0$ beliebig gewählt. Dann gilt

$$\|y(t) - \tilde{y}(t)\| = t^2.$$

Für geeignet großes t wird diese Differenz also größer als jedes ε, egal wie δ gewählt wird, da beide Lösungen denselben Anfangswert $y_0 = \tilde{y}_0 = 0$ haben.

Betrachten wir nun ein eindeutig lösbares Problem mit einer Störung im Anfangswert und untersuchen, was die Stabilitätsdefinition aussagt:

Beispiel 10.3 Seien $y, \tilde{y}$ wie im letzten Beispiel. Das Anfangswertproblem (vgl. Übung 3.33) mit $y_0 = y_0 > 0$ hat jetzt die eindeutige Lösung

$$y(t) = (t + \sqrt{y_0})^2, \quad t \geq 0.$$

Die im Anfangswert gestörte Lösung mit $y(0) = y_0 + \delta$, $|\delta| < y_0$ ist

$$y_\delta(t) = (t + \sqrt{y_0 + \delta})^2, \quad t \geq 0,$$

und ebenfalls eindeutig. Für die Differenz gilt

$$|y(t) - y_\delta(t)| = \left|t^2 + 2t\sqrt{y_0} + y_0 - \left(t^2 + 2t(\sqrt{y_0} + \delta) + y_0 + \delta\right)\right| = (2t + 1)|\delta|.$$

Sei $\varepsilon > 0$. Es existiert kein $\delta > 0$, für das dieser Term durch ε beschränkt werden kann, da er für $t \to \infty$ unbeschränkt ist. Die Lösung y ist nicht stabil.

Im folgenden Beispiel liegt (sogar asymptotische) Stabilität vor:

Beispiel 10.4 Das Anfangswertproblem

$$y' = -ay + 1, \quad t \geq 0, \quad y(0) = y_0. \tag{10.1}$$

hat für $y_0 = 1/a$ die Konstante $y \equiv y_0$ als Lösung. Da hier die rechte Seite f der Gleichung affin-linear und damit global Lipschitz-stetig ist, ist dies auch die einzige Lösung. Eine Störung δ im Anfangswert

$$y_{0\delta} = \frac{1}{a} + \delta,$$

liefert (Anwendung von Lemma 8.7) die exakte Lösung

$$y_\delta(t) = \frac{1}{a} + \delta e^{-at}, \quad t \geq 0.$$

Der durch die Störung hinzugekommene Term klingt exponentiell ab, desto schneller, je größer a ist. Für t beliebiges $\varepsilon > 0$ gilt

$$|y(t) - y_\delta(t)| = |\delta| e^{-at} \leq |\delta| \leq \varepsilon, \tag{10.2}$$

wenn $\delta = \varepsilon$ gewhlt wird. Die Lösung $y \equiv 1/a$ ist also stabil, und da (10.2) mit $t \to \infty$ gegen Null geht, sogar exponentiell stabil.

Diese Beispiele benutzten die Kenntnis der exakten Lösungen zum Nachweis der (In-) Stabilität. Da explizites Lösen für die meisten Differentialgleichungen nicht möglich ist, sind Aussagen interessant, bei denen diese Kenntnis nicht nötig ist. Der wesentliche Unterschied ist dabei, ob das betrachtete Problem linear oder nichtlinear ist.

10.1 Lineare Systeme

Bei linearen Systemen mit konstanten Koeffizienten beruht die Stabilitätsunterschung auf der Lösungstheorie, wie sie in Abschn. 8.2 dargestellt wurde, und damit auf den Eigenwerten der Systemmatrix. Ein lineares Differentialgleichungssystem hat die Form

$$y'(t) = Ay(t) + b(t), \quad t \in I, \tag{10.3}$$

mit $A : I \to \mathbb{R}^{n \times n}, b : I \to \mathbb{R}^n$.

Zur Untersuchung der Stabilität kann sich auf die Nulllösung $\bar{y} = 0$ der homogenen Gleichung ($b = 0$) beschränkt werden, denn es gilt: Sind $y, \bar{y}$ zwei Lösungen von (10.3), so ist $y - \bar{y}$ Lösung der homogenen Gleichung

$$y'(t) = A(t)y(t), \quad t \in I. \tag{10.4}$$

Die Untersuchung der Stabilität einer Lösung $\bar{y}$ der inhomogenen Gleichung ist, sozusagen geschrieben als

$$\|y - \bar{y}\| = \|(y - \bar{y}) - 0\|$$

in den obigen Definitionen der Stabilität, äquivalent zur Untersuchung der Stabilität der Nulllösung der homogenen Gleichung.

Systeme mit konstanten Koeffizienten

Hat A konstante Koeffizienten, so kann jede Störung y der Nulllösung mit Hilfe des reellen Fundamentalsystems aus Satz 8.16 dargestellt werden. Zur Abschätzung dessen zeitabhängiger Terme wird folgende Aussage benutzt:

Übung 10.5 Zeigen Sie: Für $\lambda, \mu \in \mathbb{R}, \lambda < \mu$ und jedes Polynom p beliebigen Grades existiert $c > 0$ mit

$$\left| p(t)e^{\lambda t} \right| \leq ce^{\mu t} \quad \forall t \geq 0. \tag{10.5}$$

Damit lässt sich eine Abschätzung für das reelle Fundamentalsystem herleiten:

Lemma 10.6 *Gilt* Re $\lambda_k < \mu$ *für alle Eigenwerte, dann erfüllt das reelle Fundamentalsystem Y aus Satz 8.16 die Abschätzung*

$$\|Y(t)\| \leq ce^{\mu t} \quad \forall t \geq 0$$

mit einer beliebigen Matrixnorm und $c > 0$. Ist diese Matrixnorm verträglich mit einer Vektornorm, dann gilt für diese

$$\|Y(t)z\| \leq ce^{\mu t}\|z\| \quad \forall t \geq 0, z \in \mathbb{R}^n.$$

Gilt Re $\lambda_k \leq 0$ *für alle Eigenwerte und ist die algebraische Vielfachheit $n_k = 1$ für alle mit* Re $\lambda_k = 0$, *dann ist Y zumindest noch beschränkt, d. h. es gilt*

$$\|Y(t)z\| \leq c\|z\| \quad \forall t \geq 0, z \in \mathbb{R}^n.$$

Die gleichen Aussagen gelten, mit einem anderen c, auch für das Fundamentalsystem $e^{At} = Y(t)Y(0)^{-1}$.

Beweis Nach Satz 8.16 hat jede Komponente der Vektoren in Y die Form

$$g(t)p(t)\exp(\text{Re }\lambda_k t), \quad p \in \Pi_{n_k-1}, \tag{10.6}$$

wobei g nur bei komplexen Eigenwerten auftritt und sich aus trigonometrischen Funktionen und Vorfaktoren, die aus den Eigen- oder Hauptvektoren stammen, zusammensetzt. Die Funktion g ist also beschränkt. Daher folgt mit Übung 10.5 die Abschätzung für jede Komponente von $Y(t)$ und mit einer beliebigen Matrixnorm die erste Abschätzung. Die zweite folgt aus der Verträglichkeit der Normen. Die dritte Abschätzung folgt ebenfalls aus (10.6), da für die rein imaginären Eigenwerte p dort ein Polynom nullten Grades ist. Die Aussagen für e^{At} folgen aus Anmerkung 8.17. □

Der sich ergebende Stabilitätssatz für lineare Systeme lautet:

Satz 10.7 (Stabilität linearer Systeme) *Sei* $A \in \mathbb{R}^{n \times n}$ *mit Eigenwerten* $\lambda_k, k = 1, \ldots, m$ *wie in Lemma 8.13. Die Nulllösung von (10.4) ist*

1. *asymptotisch stabil, wenn* $\max_k \operatorname{Re} \lambda_k < 0$,
2. *instabil, wenn* $\max_k \operatorname{Re} \lambda_k > 0$,
3. *stabil, aber nicht asymptotisch stabil, wenn* $\max_k \operatorname{Re} \lambda_k = 0$ *und die Eigenwerte mit* $\operatorname{Re} \lambda_k = 0$ *algebraische Vielfachheit 1 haben.*

Beweis 1. und 3. folgen direkt aus Lemma 10.6. Zu 2: Für einen Eigenwert mit $\operatorname{Re} \lambda_k > 0$ werden die zugehörigen Komponenten (10.6) des Fundamentalsystems für $t \to \infty$ unbeschränkt: Es gilt $|p(t)| \exp(\operatorname{Re} \lambda_k t) \to \infty$ für $t \to \infty$. Die bei komplexem λ_k auftretenden trigonometrischen Terme oszillieren, sie streben aber nicht gegen Null, daher wird ihr Produkt mit den Termen $p(t) \exp(\operatorname{Re} \lambda_k t)$ für $t \to \infty$ unbeschränkt. Damit ist die Nulllösung instabil. $\square$

Die Eigenwerte des CO_2-Boxmodells können numerisch berechnet werden:

Übung 10.8 Zeigen Sie: Für die in (8.3) angegebenen Parameter ist die Nulllösung des homogenen CO_2-Boxmodells asymptotisch stabil.

10.2 Nichtlineare Systeme

Es gibt mehrere Ansätze zur Untersuchung der Stabilität nichtlinearer Systeme. Wir betrachten hier nur die Methode, die auf der Linearisierung beruht. Andere Methoden, wie etwa die von Lyapunov (vgl. z.B. [32, V §30]), werden hier nicht behandelt, da sie schwer anwendbar sind. Wir trennen die rechte Seite der Systeme in einen linearen und einen nichtlinearen Teil, schreiben also

$$y' = Ay + b(t, y), \quad t \in I, \tag{10.7}$$

wobei $A \in \mathbb{R}^{n \times n}$ konstante Koeffizienten hat und $b : I \times \mathbb{R}^n \to \mathbb{R}^n$ nichtlinear ist. Der Einfachheit wählen wir $t_0 = 0$. Für Systeme dieser Art kann die obige Aussage für lineare System zum Teil übertragen werden. Wir schreiben zunächst die Lösung ähnlich wie in Lemma 8.7:

Lemma 10.9 *Die Lösung von (10.7) mit Anfangswert* $y(0) = y_0$ *ist*

$$y(t) = e^{At} y_0 + \int_{t_0}^{t} e^{A(t-s)} b(s, y(s)) \mathrm{d}s, \quad t \in I. \tag{10.8}$$

Beweis Der Beweis ist analog zu Lemma 8.7 und folgt mit der Tatsache, dass e^{At} Fundamentalsystem ist, s. Lemma 8.10.   □

Nun erhalten wir diese Aussage:

Satz 10.10 *Sei* $b : I \times B_r(0)$ *stetig mit*

$$\lim_{\|z\| \to 0} \frac{\|b(t,z)\|}{\|z\|} = 0 \quad \text{gleichmäßig } \forall t \geq 0, \tag{10.9}$$

d. h. für jedes $\varepsilon > 0$ *existiert ein (von t unabhängiges)* $r > 0$, *so dass*

$$\frac{\|b(t,z)\|}{\|z\|} < \varepsilon \quad \forall z \in B_r(0) \subset \mathbb{R}^n, t \geq 0$$

(insbesondere also $b(0,0) = 0$). *Dann sind Aussagen 1 und 2 von Satz 10.7 gültig, Aussage 3 jedoch nicht.*

Beweis Siehe [32, §29, Satz VIII].   □

Anmerkung 10.11 Das Resultat des letzten Satzes kann mit der Jacobi-Matrix $A = f'(y^*)$ an einer stationären Lösung y^* verwendet werden. Ist f dort bezüglich y total differenzierbar, so gilt gerade (10.9), vgl. z. B. [11, §6].

10.3 Stabilität beim Lorenz-Modell

Das Lorenz-Modell steht oft als Beispiel für chaotisches Verhalten oder den sog. „Schmetterlingseffekt". Damit ist gemeint, dass kleine Störungen große Auswirkungen haben können, was gerade das oben definierte Stabilitätskonzept ist. Das war eine der Entdeckungen von Lorenz mit diesen Gleichungen: Er hatte einen Modelllauf wiederholt, aber bei den Anfangswerten einige Nachkommastellen weggelassen und festgestellt, dass sich die Lösungen nach einiger Zeit deutlich unterschieden.

Mit den obigen Resultaten kann jetzt geklärt werden, wie das Stabilitätsverhalten der *exakten* stationären Lösungen ist, vgl. die Abb. 9.3 und 9.6. Es kann ja auch sein, dass sich ein „Schmetterlingseffekt" zeigt, weil das verwendete numerische Verfahren ungeeignet ist.

Beispiel 10.12 Die Eigenwerte von $f'(y)$ im stationären Punkt $y_1 = (0,0,0)$ aus Übung 9.6 sind

$$\lambda_1 = -B, \quad \lambda_{2,3} = -\frac{1+\sigma}{2} \pm \sqrt{\frac{(1+\sigma)^2}{4} - \sigma(1-R)}.$$

Die Parameter beim Lorenz-Modell sind alle nicht negativ, also gilt immer $\lambda_1 < 0$. Ist der Term unter der Wurzel negativ, so sind λ_2, λ_3 komplex mit negativem Realteil. Ist der Term unter der Wurzel positiv, dann gilt $\lambda_3 < 0$, aber $\lambda_2 < 0$ nur dann, wenn $R < 1$ ist. Andernfalls ist $\lambda_2 > 0$.

Also ist y_1 für $R < 1$ asymptotisch stabil. Die Rechnungen aus Übung 9.11 sollten also bei Anfangswerten in der Nähe von $y_1 = (0,0,0)$ zeigen, dass die gestörten Lösungen wieder in den Nullpunkt zurücklaufen. Wenn nicht, liegt es an dem benutzten Verfahren oder der Schrittweite. Bereits bei $R = 0{,}99$ zeigt sich ein entsprechendes Verhalten, auch bei $R = 1$, obwohl der Stabilitätssatz 10.10 hier keine Aussage macht.

Für $R > 1$ ist y_1 instabil, denn der Eigenwert λ_2 wird positiv. Dies bestätigt das Verhalten in Übung 9.10 und Abb. 9.3. Eine Verkleinerung der Schrittweite und auch ein anderes numerisches Verfahren wird also nichts bewirken. Im nächsten Kapitel kann dies getestet werden, da dort entsprechende Verfahren vorgestellt werden.

Beispiel 10.13 Für den zweiten stationären Punkt

$$y_2 = (\sqrt{B(R-1)}, \sqrt{B(R-1)}, R-1)$$

zeigte Abb. 9.6 entscheidende Unterschiede bei der Simulation mit leicht gestörtem y_2 als Anfangswert, abhängig vom Parameter R, dort als Beispiel zwischen $R = 20$ (stabiles Verhalten) und $R = 28$ (instabiles Verhalten). Die Jacobi-Matrix lautet hier

$$f'(y_2) = \begin{pmatrix} -\sigma & \sigma & 0 \\ 1 & -1 & -\sqrt{B(R-1)} \\ \sqrt{B(R-1)} & \sqrt{B(R-1)} & -B \end{pmatrix},$$

und für die Eigenwerte λ gilt

$$0 = \det \begin{pmatrix} -\sigma - \lambda & \sigma & 0 \\ 1 & -1-\lambda & -\sqrt{B(R-1)} \\ \sqrt{B(R-1)} & \sqrt{B(R-1)} & -B-\lambda \end{pmatrix}$$

$$= -(\sigma+\lambda)(1+\lambda)(B+\lambda) - \sigma B(R-1) - (\sigma+\lambda)B(R-1) + \sigma(B+\lambda)$$

$$= -(\sigma+\lambda)(1+\lambda)(B+\lambda) - (2\sigma+\lambda)B(R-1) + \sigma(B+\lambda).$$

Für den dritten stationären Punkt y_3 ergeben sich dieselben Eigenwerte, da sich nur die X-und Y-Werte im Vorzeichen unterscheiden und diese Terme in der Determinante nur quadratisch bzw. als Produkt auftauchen.

Ein Versuch der expliziten Berechnung der Nullstellen führt hier nicht weiter, es empfiehlt sich eine numerische Berechnung der Eigenwerte.

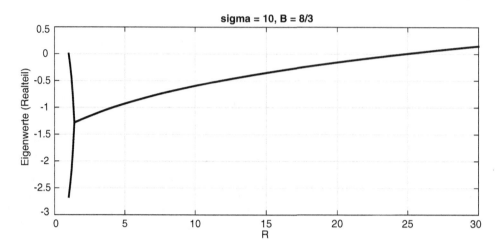

Abb. 10.1 Realteil zweier Eigenwerte von $f'(y)$ im zweiten und dritten stationären Punkt, s. Übung 10.14. Der dritte Eigenwert hat für alle gezeigten Parameterwerte einen negativen Realteil

Übung 10.14 Berechnen Sie numerisch die Eigenwerte der Jacobi-Matrix $f'(y_2)$ für $B = 8/3, \sigma = 10$ und ein Intervall für R und stellen Sie sie grafisch dar, vgl. Abb. 10.1.

Es ist zu erkennen, dass für $B = 8/3, \sigma = 10$ nur für Werte von $R \leq 25$ alle Eigenwerte negativen Realteil haben. Das heißt, dass die beiden stationären Punkte y_2, y_3 nur dann stabil sind. Dies passt zu Abb. 9.6.

Verfahren höherer Ordnung für Anfangswertprobleme

11

In diesem Kapitel werden Möglichkeiten zur numerischen Lösung von Anfangswertproblemen vorgestellt, die über die in Kap. 5 vorgestellten in Bezug auf Approximationsgüte und Effizienz hinausgehen. Dies sind im wesentlichen explizite Runge-Kutta-Verfahren. Weiterhin beschreiben wir prinzipiell die Methode der Schrittweitensteuerung zur adaptiven Wahl der Zeitschrittweite bei solchen Verfahren. In globalen Klimamodellen werden diese Verfahren in der Praxis kaum eingesetzt, jedoch ist z. B. bei der Berechnung von transienten Lösungen des Lorenz-Modells erkennbar, wie sie sinnvoll benutzt werden können.

In vielen Fällen gibt es keine stationären Lösungen, sondern nur transiente, also zeitlich veränderliche oder periodische. Was kann getan werden, um solche Lösungen effizient zu berechnen? Bisher kennen wir nur das Euler- und das verbesserte Euler-Verfahren. Außerdem haben wir zwar eine variable Schrittweite h_k in den Einschrittverfahren zugelassen, aber keine Methode angegeben, wie sie geschickt oder sogar optimal gewählt werden kann. Darum geht es in diesem Abschnitt. Die Verfahren, die hier vorgestellt werden, sind natürlich auch beim Pseudo-Zeitschrittverfahren wichtig, um Iterationsschritte bei der Berechnung eines stationären Punktes zu sparen.

Wir betrachten hier zunächst Verfahren höherer Ordnung und dann eine Methode zur adaptiven Schrittweitenwahl. Schließlich lernen wir exemplarisch Bibliotheksroutinen kennen, in denen diese implementiert sind.

11.1 Konstruktion von Verfahren höherer Ordnung

Bisher haben wir nur (in Abschn. 5.4) zwei Varianten des Euler-Verfahrens erster bzw. zweiter Ordnung kennengelernt. Sollen Zeitschritte eingespart werden, um Aufwand und auch Rundungsfehler zu reduzieren, so können Verfahren höherer Ordnung verwendet werden. Die Idee dabei basiert auf der Feststellung, dass – von t_k zu t_{k+1} gehend – ja nicht nur wie beim einfachen Euler-Verfahren die Steigung in t_k, sondern eigentlich eine gemittelte Steigung über das Intervall $[t_k, t_{k+1}]$ benötigt wird. Dies folgt direkt aus dem

© Springer-Verlag Berlin Heidelberg 2015   129
T. Slawig, *Klimamodelle und Klimasimulationen*, Springer-Lehrbuch Masterclass,
DOI 10.1007/978-3-662-47064-0_11

Hauptsatz der Differential- und Integralrechnung:

$$y(t_{k+1}) = y(t_k) + \int_{t_k}^{t_{k+1}} f(t, y(t))\, dt. \tag{11.1}$$

Diese gemittelte Steigung der Lösung wird nun nicht durch $f(t_k, y_k)$ wie beim Euler-Verfahren approximiert, sondern durch Kombinationen von mehreren Steigungen im Intervall $[t_k, t_{k+1}]$. Dies entspricht einer numerischen Approximation des Integrals auf der rechten Seite mit einer geeignet gewählten numeirschen Integrations- oder *Quadratur*formel, vgl. [22, Kapitel 3] oder andere Numerikbücher für Beispiele. Die in $[t_k, t_{k+1}]$ nicht vorhandenen Werte der Näherungslösung lassen sich durch Zwischenberechnungen, z. B. mit dem Euler-Verfahren, beschaffen. Anders ausgedrückt: Für das Integral in (11.1) wird eine andere numerische Integrationsformel angewendet.

Beispiel 11.1 Ein Beispiel ist das bereits in Übung 5.9 vorgestellte verbesserte Euler-Verfahren: Bei dem Betrachten einer Skizze liegt die Idee nahe, die Steigung im Mittelpunkt $t_k + h_k/2$ des Intervalls $[t_k, t_k + h_k]$ zu benutzen, um den nächsten Punkt der Näherungslösung zu konstruieren. Da im Punkt $t_k + h_k/2$ noch kein Näherungswert vorliegt, wird dieser mit dem Euler-Verfahren approximiert. Damit ergibt sich genau das verbesserte Euler-Verfahrens aus (5.2) (oder auch *Verfahren von Collatz*):

$$y_{k+1} = y_k + h_k f\left(t_k + \frac{h_k}{2}, y_k + \frac{h_k}{2} f(t_k, y_k)\right), \quad k = 0, 1, \dots$$

Manchmal wird das Verfahren auch wie folgt mit „gebrochenen" Zeitschritten (engl: *fractional steps*) geschrieben:

$$y_{k+1/2} = y_k + \frac{h_k}{2} f(t_k, y_k), \qquad t_{k+1/2} = t_k + \frac{h_k}{2}$$

$$y_{k+1} = y_k + h_k f(t_{k+1/2}, y_{k+1/2}), \qquad t_{k+1} = t_{k+1/2} + \frac{h_k}{2}, \quad k = 0, 1, \dots$$

Übung 11.2 Welcher Quadraturformel entspricht dieses Verfahren?

Bedingungen für ein Verfahren zweiter Ordnung

Die oben für das verbesserte Euler-Verfahren benutzte Idee, Zwischenwerte zu berechnen und damit die Steigung an der Stelle t_k genauer zu approximieren, kann wie folgt verallgemeinert werden. Eine Taylor-Entwicklung für eine allgemeine Verfahrensfunktion mit vier Parametern $\alpha, \beta, \gamma_1, \gamma_2$ ergibt:

$$\Phi(t, y, h) := \gamma_1 f(t, y) + \gamma_2 f(t + \alpha h, y + \beta h f(t, y))$$

$$= (\gamma_1 + \gamma_2) f(t, y) + \gamma_2 \alpha h \frac{\partial f}{\partial t}(t, y) + \gamma_2 \beta h \frac{\partial f}{\partial y}(t, y) f(t, y) + \mathcal{O}(h^2).$$

Mit der Kettenregel und wegen $y(t) = f(t, y(t))$ gilt

$$y''(t) = \frac{d}{dt} f(t, y(t)) = \frac{\partial f}{\partial t}(t, y(t)) + \frac{\partial f}{\partial y}(t, y(t)) f(t, y(t)).$$

Eine Taylor-Entwicklung von y liefert damit

$$\frac{y(t+h) - y(t)}{h} = y'(t) + \frac{h}{2} y''(t) + \mathcal{O}(h^2)$$

$$= f(t, y(t)) + \frac{h}{2} \left(\frac{\partial f}{\partial t}(t, y(t)) + \frac{\partial f}{\partial y}(t, y(t)) f(t, y(t)) \right) + \mathcal{O}(h^2).$$

Ein Koeffizientenvergleich ergibt ein Verfahren zweiter Ordnung, wenn bestimmte Bedingungen für die Parameter $\alpha, \beta, \gamma_1, \gamma_2$ erfüllt sind.

Übung 11.3 Wie lauten diese? Leiten Sie das Verfahren zweiter Ordnung her, das sich für $\gamma_1 = 1/2$ ergibt.

11.2 Allgemeine explizite Runge-Kutta-Verfahren

Runge-Kutta-Verfahren sind Verallgemeinerungen des oben vorgeführten Prinzips. Damit werden Verfahren höherer Genauigkeit konstruiert. Der Nachweis wird analog mit Taylor-Entwicklungen geführt, ist aber bei höheren Ableitungen naturgemäß komplizierter. Das „klassische" Runge-Kutta-Verfahren (s. u.) ist von vierter Ordnung. Der Begriff *Runge-Kutta-Verfahren* wird für die gesamte Klasse von Verfahren benutzt.

Allgemein wird von *Stufen* eines Runge-Kutta-Verfahrens gesprochen für jeden eingeführten Zwischenschritt bzw. Zeitpunkt im Intervall $[t_k, t_{k+1}]$, der zur Approximation der mittleren Steigung in diesem Intervall benutzt wird.

Die allgemeine Form eines m-stufigen expliziten Verfahrens lautet

$$\Phi(t, y, h) = \sum_{l=1}^{m} \gamma_l k_l, \quad k_l = f\left(t + \alpha_l h, y + h \sum_{j=1}^{l-1} \beta_{lj} k_j \right), \quad l = 1, \dots, m.$$

Die Koeffizienten $\alpha_i, \beta_i, \gamma_i$ werden in einer sog. *Butcher-Tabelle* angeordnet:

$$
\begin{array}{c|cccc}
\alpha_1 & & & & \\
\alpha_2 & \beta_{21} & & & \\
\vdots & \vdots & \ddots & & \\
\alpha_m & \beta_{m1} & \cdots & \beta_{m,m-1} & \\
\hline
& \gamma_1 & \cdots & \gamma_{m-1} & \gamma_m
\end{array}
\tag{11.2}
$$

Beispiel 11.4 Beispiele sind das Euler-Verfahren ($m = 1$), das verbesserte Euler-Verfahren ($m = 2$) und das klassische Runge-Kutta-Verfahren ($m = 4$) mit den Butcher-Tabellen (von links nach rechts):

$$
\begin{array}{c|c}
0 & \\
\hline
 & 1
\end{array}
\qquad
\begin{array}{c|cc}
0 & \\
\frac{1}{2} & \frac{1}{2} \\
\hline
 & 0 & 1
\end{array}
\qquad
\begin{array}{c|cccc}
0 & \\
\frac{1}{2} & \frac{1}{2} \\
\frac{1}{2} & 0 & \frac{1}{2} \\
1 & 0 & 0 & 1 \\
\hline
 & \frac{1}{6} & \frac{1}{3} & \frac{1}{3} & \frac{1}{6}
\end{array}
$$

Konsistenz ergibt sich unter einer Bedingung an die Koeffizienten. Es gilt:

Übung 11.5 Zeigen Sie: Unter der Bedingung

$$
\sum_{i=1}^{m} \gamma_i = 1
$$

ist ein m-stufiges explizites Runge-Kutta-Verfahren konsistent. Gilt zusätzlich

$$
\sum_{j=1}^{i-1} \beta_{ij} = \alpha_i,\ i = 1,\dots,m, \quad \sum_{i=1}^{m} \gamma_i \alpha_i = \frac{1}{2},
$$

dann hat das Verfahren mindestens die Konsistenzordnung $p = 2$.

Mit der Stufe steigt die Konsistenz- und damit die Konvergenzordnung bei Stabilität. Es kann gezeigt werden, dass folgende Tabelle gilt, s. [33, 4.3.7]:

Stufe m	1	2	3	4	5	6	7	8	9	> 9
Ordnung p	1	2	3	4	4	5	6	6	7	$< m - 2$

11.3 Schrittweitensteuerung

Bei einem Einschrittverfahren ist die Schrittweite der Parameter, der sowohl (bei gewählter Stufe des Verfahrens) die Genauigkeit als auch den Aufwand und den Einfluss von Rundungsfehlern bestimmt. Daher ist es am sinnvollsten, genau so große bzw. kleine Schritte zu machen, wie für die gewünschte Genauigkeit erforderlich sind, aber keine größeren. Diesem Ziel dient eine Schrittweitensteuerung. Mit Hilfe von Schätzern für den im aktuellen Schritt zu erwartenden Fehler wird die Schrittweite während des Verfahrens automatisch angepasst. Diese Methoden sind in modernen Bibliotheksroutinen eingebaut.

Allerdings werden sie in der Klimasimulation nur wenig eingesetzt. Wir stellen sie hier der Vollständigkeit halber vor.

Zu einer Schrittweitensteuerung gibt es zwei Möglichkeiten,

- sog. eingebettete Verfahren
- und die Methode der Halbierung der Schrittweite.

Eingebettete Verfahren

Eingebettete Verfahren bestehen aus einem Paar von Verfahren unterschiedlicher Fehlerordnungen (z. B. $p = 2, 3$). Für das Verfahren höherer Ordnung werden möglichst viele der bereits für dasjenige niedrigerer Ordnung berechneten Werte wieder verwendet und nur wenige oder keine zusätzlich neu berechnet. Das Verfahren der Ordnung p wird so in das Verfahren der Ordnung $p + 1$ *eingebettet*. Mit den beiden Approximationslösungen kann der Fehler geschätzt und damit eine optimale Schrittweite gefunden werden. Die Darstellung hier folgt im Wesentlichen [15, Abschnitt 11.5].

Die Schätzung des lokalen Fehlers basiert auf folgender Idee: Für zwei Verfahren der Ordnungen p und $p + 1$ mit den Verfahrensfunktionen Φ_p, Φ_{p+1} gilt jeweils für die Abschneidefehler:

$$\tau_p(t, y, h) = \frac{y(t + h) - y(t)}{h} - \Phi_p(t, y(t), h) = \mathcal{O}(h^p)$$

$$\tau_{p+1}(t, y, h) = \frac{y(t + h) - y(t)}{h} - \Phi_{p+1}(t, y(t), h) = \mathcal{O}(h^{p+1})$$

(für die exakte Lösung y) und daher

$$\tau_p(t, y, h) = \tau_{p+1}(t, y, h) + \Phi_{p+1}(t, y(t), h) - \Phi_p(t, y(t), h)$$
$$\approx \Phi_{p+1}(t, y(t), h) - \Phi_p(t, y(t), h) = \mathcal{O}(h^p),$$

da der Fehler höherer Ordnung für kleines h vernachlässigt werden kann.

Im Algorithmus werden in jedem Zeitschritt die Werte der beiden Verfahrensfunktionen (hier im k-ten Zeitschritt) berechnet. Ist nun

$$\tau(h) := \|\Phi_{p+1}(t_k, y_k, h) - \Phi_p(t_k, y_k, h)\| \leq \varepsilon \tag{11.3}$$

für die gewünschte lokale Genauigkeitsschranke ε, dann wird die aktuelle Schrittweite h akzeptiert, ansonsten verkleinert und der Schritt wiederholt. Ist $\tau(h)$ umgekehrt kleiner als ε, so wird die Näherung akzeptiert und für den nächsten Schritt h vergrößert. Da $\tau(h) \approx \tau_p(t, y, h) \in \mathcal{O}(h^p)$ ist, gilt

$$\tau(h) = C h^p,$$

mit einer unbekannten Konstanten C. Dann ist

$$h_{neu} = h \sqrt[p]{\varepsilon/\tau}$$

eine sinnvolle Wahl. Der (Teil-)Algorithmus der Schrittweitensteuerung im k-ten Zeitschritt lautet dann wie in der Formulierung aus [15, Alg. 11.10]:

Algorithmus 11.6 (Schrittweitensteuerung)

1. Berechne $\Phi_p := \Phi_p(t_k, y_k, h)$
2. Berechne $\Phi_{p+1} := \Phi_{p+1}(t_k, y_k, h)$
3. Berechne $\tau = \| \Phi_{p+1} - \Phi_p \|$
4. Wenn $\tau \leq \varepsilon$:
   (a) $t_{k+1} := t_k + h$
   (b) $y_{k+1} := y_k + h\Phi_p$
   (c) $k := k + 1$
5. Wenn $\tau \leq \varepsilon/2$: $h := h \sqrt[p]{\varepsilon/\tau}$
   Sonst: $h := h \sqrt[p]{\varepsilon/\tau}$ und gehe zurück zu 1.

Die Schranke ε kann noch mit einem Faktor $\nu := (1 + \|y_k\|)$ versehen werden, der eine Skalierung vornimmt und dafür sorgt, dass der Wert auch bei $y_k \approx 0$ sinnvoll bleibt.

Beispiel 11.7 Das Runge-Kutta-Verfahren RK2(3) mit Ordnungen $p = 2, (p + 1 = 3)$ hat die Butcher-Tabelle:

0			
1	1		
$\frac{1}{2}$	$\frac{1}{4}$	$\frac{1}{4}$	
$p = 2$	$\frac{1}{2}$	$\frac{1}{2}$	
$p = 3$	$\frac{1}{6}$	$\frac{1}{6}$	$\frac{2}{3}$

Ähnliche Verfahren sind das von *Runge-Kutta-Fehlberg* und das von *Dormand und Prince*, beide mit $p = 4(5)$, s. [15, Beispiel 11.12].

Berechnung mit zwei verschiedenen Schrittweiten

Eine andere Möglichkeit der Schrittweitensteuerung besteht in der Anwendung zweier Schrittweiten (z. B. h und $h/2$) bei einem Verfahren derselben Ordnung. Damit kann der Fehler geschätzt und eine Schrittweite bestimmt werden, s. [24, Abschnitt 7.2.5].

Beispiel 11.8 In MATLAB[1] gibt es mit `ode23` und `ode45` die oben beschriebenen eingebetteten Verfahren der Ordnungen $p = 2(3)$ und $p = 4(5)$.

Beispiel 11.9 OCTAVE ist eine freie Alternative zu MATLAB mit ähnlicher Syntax und Funktionalität. Hier steht die Funktion `lsode` zur Verfügung, die die gleichnamige Bibliothek verwendet.

Beispiel 11.10 Eine Bibliothek, die direkt in Programmiersprachen wie FORTRAN, C oder C++ aufgerufen werden kann, ist z. B. ODEPACK in FORTRAN. Auch die in OCTAVE verwendete Bibliothek LSODE ist als Quellcode erhältlich.

Übung 11.11 Verwenden Sie Bibliotheksroutinen zur Lösung der Anfangswerte des Energiebilanz-, der beiden Box- oder des Lorenz-Modells. Vergleichen Sie die Anzahl der benötigten Schritte mit denen für das Euler-Verfahren bei verschiedenen Genauigkeiten.

---

[1] MATLAB ist ein eingetragenes Warenzeichen von The MathWorks, Inc.

Transportmodelle

12

Transportmodelle und -gleichungen oder Konvektions-Diffusionsgleichungen werden in diesem Buch benutzt, um wichtige Konzepte der Modellierung, Diskretisierung und Lösung räumlich und zeitlich verteilter Klimamodelle zu verdeutlichen. Die Modellierung basiert auf dem grundlegenden Prinzip einer Erhaltungsgleichung. Fast alle wesentlichen Techniken und Problematiken können an dieser Modellklasse erklärt werden. Transportmodelle bieten im Vergleich zu beispielsweise strömungsmechanischen Gleichungen einen vergleichsweise einfachen Einstieg. Auf den hier und in den folgenden Kapiteln (die sich als Beispiel auf die Transportgleichungen beziehen) präsentierten Inhalten kann später aufgebaut werden.

Transportmodelle beschreiben die Verteilung der Konzentration eines Stoffes in einem bewegten flüssigen oder gasförmigen Medium. Als Beispiel kann ein in einen Fluss oder in die Atmosphäre eingeleiteter Schadstoff dienen oder auch ein Nährstoff im Ozean. Transportgleichungen sind daher in der Klimaforschung von großer Bedeutung, z. B. um die Bewegung und Verteilung von sog. *Spurenstoffen (Tracern)* in der Atmosphäre oder im Ozean zu modellieren und zu simulieren.

Zustandsgröße ist die Konzentration $y(x, t)$ des Stoffes zur Zeit t am Ort $x = (x_1, x_2, x_3)$ in einem Gebiet $\Omega \subset \mathbb{R}^3$. Die Konzentration hat die Einheit des Stoffes pro Volumeneinheit (also z. B. mmol m^{-3} oder, etwa für den Salzgehalt, m^{-3}).

Für einen solchen Stoff kann folgendes *Erhaltungsprinzip* formuliert werden: Die zeitliche Änderung der Stoffmenge in einem raumfesten Gebiet wird durch vier Prozesse bestimmt:

1. *Advektion*, das ist der Transport über den Rand des Gebietes in das Gebiet hinein oder aus ihm heraus
2. *Diffusion* über den Rand des Gebietes
3. *Reaktionen* oder Prozesse chemischer oder biologischer Art (z. B. radioaktiver Zerfall, Reaktionen mehrerer Stoffe miteinander, Nahrungsaufnahme, Absterben)
4. *Quellen und Senken*, also Hinzufügen oder Entnehmen des Stoffes.

© Springer-Verlag Berlin Heidelberg 2015
T. Slawig, *Klimamodelle und Klimasimulationen*, Springer-Lehrbuch Masterclass,
DOI 10.1007/978-3-662-47064-0_12

Wir formulieren das Erhaltungsprinzip nun mathematisch und leiten Gleichungen daraus ab. Dabei schreiben wir die zugehörigen Terme zunächst in einer auf das Gebiet bezogenen sog. *integralen Form* und anschließend in einer punktweisen, *differentiellen Form*.

Das betrachtete Gebiet Ω kann eine beliebige, auch krummlinig berandete Form haben. Den Rand bezeichnen wir mit $\partial\Omega$. Wir benötigen für bestimmte mathematische Aussagen eine exakte, aber etwas technische Definition der Regularität des Randes, die in der folgenden Definition gegeben wird. Sie sagt aus, dass der Rand des Gebietes stückweise als Graph einer Funktion dargestellt werden kann.

Definition 12.1 (Regularität eines Gebietes bzw. seines Randes) Sei $\Omega \subset \mathbb{R}^3$ offen und $\partial\Omega$ sein Rand. Dann heißt $\partial\Omega$ *regulär von der Klasse* $C^{0,1}$ (bzw. C^k für $k \in \mathbb{N}$), wenn für alle $x \in \partial\Omega$ eine Umgebung U and orthogonale Koordinaten $(s_1, s_2, s') =: (s, s')$ existieren, so dass gilt:

1. U ist ein Quader in diesen Koordinaten, also
$$U = [-c_1, c_1] \times [-c_2, c_2] \times [-c', c'] \text{ mit } c_1, c_2, c' > 0.$$

2. Es existiert eine Funktion $\varphi \in C^{0,1}(I)$ (bzw. $C^k(I)$) mit
$$|\varphi(s)| \le \frac{c'}{2} \quad \forall s \in I := \{s \in \mathbb{R}^2 : |s_i| < c_i, i = 1, 2\},$$
$$\Omega \cap U = \{(s, s') \in U : s' < \varphi(s)\},$$
$$\partial\Omega \cap U = \{(s, s') \in U : s' = \varphi(s)\}.$$

Für den zu $x \in \partial\Omega$ gehörigen Wert des Parametervektors $s \in I$ der lokalen Parametrisierung φ des Randes wird $s(x)$ geschrieben, d. h. es gilt $x = (s(x), \varphi(s(x)))$. Ein Gebiet ist von der Klasse C^∞, wenn es von C^k mit $k \in \mathbb{N}$ beliebig ist.

Bedingung 2 sagt aus, dass der Rand lokal als Graph von φ geschrieben werden kann, und dass das Gebiet lokal auf einer Seite dieses Graphen liegt.

Die Transformation vom lokalen Koordinatensystem $(s, s') = (s_1, s_2, s')$ in das ursprüngliche System $x = (x_1, x_2, x_3)$ kann durch eine Matrix S_φ, die

$$S_\varphi \begin{pmatrix} s_1 \\ s_2 \\ s' \end{pmatrix} = \begin{pmatrix} x_1 \\ x_2 \\ x_3 \end{pmatrix} \quad \text{bzw.} \quad S_\varphi \begin{pmatrix} s(x) \\ \varphi(s(x)) \end{pmatrix} = x \tag{12.1}$$

erfüllt, dargestellt werden. Es gibt also für jeden Punkt $x \in \partial\Omega$ ein $S_\varphi \in \mathbb{R}^{3\times3}$, das (12.1) erüllt.

Die Begriffe *Regularität eines Gebietes* und *Regularität des Randes* (eines Gebietes) werden synonym verwendet. Kurz wird von einem C^k-Gebiet gesprochen, ein $C^{0,1}$-Gebiet heißt auch *Lipschitz-Gebiet*.

Übung 12.2 Zeigen Sie, dass ein Kreis im $\mathbb{R}^2$ ein reguläres Gebiet der Klasse C^∞ ist. Übertragen Sie dazu die Definition auf den zweidimensionalen Fall.

12.1 Modellierung

Wir modellieren jetzt der Reihe nach alle vier oben genannten Effekte oder Prozesse, die in die Erhaltungsgleichung eingehen und eine zeitliche Änderung der Stoffkonzentration bewirken können. Dazu betrachten wir ein *zeitlich festes* Gebiet Ω. Die Stoffmenge des gesamten in Ω enthaltenen Stoffes beschreiben wir als

$$M_\Omega(t) := \int_\Omega y(x,t)\mathrm{d}x$$

mit der Konzentration $y(x,t)$ des Stoffes am Ort $x \in \Omega$ zur Zeit t. Die zeitliche Änderung der Stoffmenge in Ω erhalten wir damit als

$$M_\Omega'(t) = \frac{\mathrm{d}}{\mathrm{d}t} M_\Omega(t) = \frac{\mathrm{d}}{\mathrm{d}t} \int_\Omega y(x,t)\mathrm{d}x.$$

Da wir Ω als zeitlich fest angenommen haben, hängen die Punkte $x \in \Omega$, über die integriert wird, nicht von t ab. Im Folgenden schreiben wir

$$M_\Omega'(t) = M_{\text{Adv}}(t) + M_{\text{Diff}}(t) + M_{\text{Quell}}(t) + M_{\text{Reak}}(t) \tag{12.2}$$

mit vier, den o. g. Prozessen entsprechenden Termen. Die Einheit von $M_\Omega'(t)$ ist Stoffmenge pro Zeiteinheit. Die Konzentration y wird dabei in Stoffmenge (z. B. in mmol oder auch in Masseeinheiten wie kg) pro Volumeneinheit in m^3 angegeben. Da wir hier keine Festlegung der Mengeneinheit vornehmen, benutzen wir für die Einheit der Konzentration das Symbol $[y]$. Also gilt

$$[M_\Omega'(t)] = [y]\,\frac{\mathrm{m}^3}{\mathrm{s}}.$$

Advektion

Advektion ist der Transport des Stoffes durch die Strömung über den Rand des betrachteten Gebietes Ω. Dieser Transport hängt von der als gegeben betrachteten Geschwindigkeit $v = (v_1, v_2, v_3)$ (oft wird auch $(v_1, v_2, v_3) = (u, v, w)$ geschrieben) ab. Es spielt hier nur der Teil des Geschwindigkeitsvektors eine Rolle, der senkrecht (normal) zum Rand des Gebiets steht, der tangentiale Geschwindigkeitsanteil hat keinen Einfluss. Ist der Rand z. B. eine ebene Fläche, so sorgt eine tangentiale Geschwindigkeit parallel zu dieser Wand klarerweise für keine Stoffmengenänderung im Gebiet. Um nur diesen senkrechten Anteil der Geschwindigkeit zu beschreiben, wird folgende Definition verwendet.

Definition 12.3 (Tangential- und Normalenvektoren) Sei $\Omega \subset \mathbb{R}^3$ ein Gebiet mit C^1-Rand $\partial\Omega$. Sei $x \in \partial\Omega$ mit der lokalen Parametrisierung $x = (s, \varphi(s))$, $s = s(x) \in I$ und

S_φ die Transformationsmatrix vom Koordinatensystem (x_1, x_2, x_3) in das lokale Koordinatensystem (s, s'). Dann heißen die Vektoren

$$t_1(x) = S_\varphi \begin{pmatrix} 1 \\ 0 \\ \dfrac{\partial \varphi}{\partial s_1}(s) \end{pmatrix}, \quad t_2(x) = S_\varphi \begin{pmatrix} 0 \\ 1 \\ \dfrac{\partial \varphi}{\partial s_2}(s) \end{pmatrix}$$

Tangentialvektoren in x an $\partial\Omega$. Der Vektor $n = n(x) \in \mathbb{R}^2$ mit

$$n(x) \cdot t_1(x) = n(x) \cdot t_2(x) = 0, \quad \det\big(t_1(x),\, t_2(x),\, n(x) \big) > 0, \quad \|n(x)\|_2 = 1$$

heißt *äußerer (Einheits-)Normalenvektor* in x an $\partial\Omega$. Dabei bezeichnet

$$v \cdot w := \sum_{i=1}^{3} v_i w_i, \quad v = (v_i)_{i=1}^{3},\ w = (w_i)_{i=1}^{3} \in \mathbb{R}^3$$

das Euklidische Skalarprodukt im $\mathbb{R}^3$.

Durch die Normierung ist der Wert des Skalarproduktes $v \cdot n$ der Anteil des Geschwindigkeitsvektors, der aus dem Gebiet heraus zeigt. Ist in einem Punkt $v \cdot n > 0$, so hat der Geschwindigkeitsvektor einen Anteil in Richtung des äußeren Normalenvektors, d. h. ein Anteil von v zeigt aus dem Gebiet heraus, und es wird in diesem Punkt Stoff nach außen transportiert. Ist $v \cdot n < 0$, so wird in diesem Punkt Stoff in das Gebiet hinein transportiert.

Die Stoffmenge, die durch die Strömung über den Rand in das Gebiet hinein oder aus dem Gebiet hinaus transportiert wird, ist damit durch

$$M_{\text{Adv}}(t) := - \int_{\partial\Omega} y(x,t) v(x,t) \cdot n(x) \mathrm{d}s(x) \tag{12.3}$$

gegeben. Das negative Vorzeichen ist in der Richtung des Vektors n (nämlich nach außen) begründet. Die Einheit des Terms ergibt sich wie folgt: Da die Einheit der Geschwindigkeit Länge pro Zeit ist, ergibt sich durch die Multiplikation mit der Fläche (Einheit: Länge zum Quadrat) wieder die richtige Einheit Stoffmenge pro Zeit.

Diffusion

Diffusion entsteht, wenn in zwei benachbarten Bereichen des Gebietes unterschiedlich hohe Konzentrationen vorliegen. Die Konzentration gleicht sich dann mit der Zeit in beiden Bereichen aus. Man kann das auch mit zufällig zwischen beiden Bereichen „überspringenden" Stoffmolekülen erklären. Je höher die Konzentration, desto mehr Teilchen „springen", d. h. es entsteht ein Konzentrationsfluss vom Bereich mit höherer Konzentration zu dem mit niedrigerer Konzentration.

Eine Änderung der Stoffmenge durch Diffusion in dem betrachteten Gebiet Ω entsteht, wenn am Rand $\partial\Omega$ der Gradient der Konzentration, also

$$\nabla y(x,t) := \operatorname{grad} y(x,t) := \left(\frac{\partial y}{\partial x_i}(x,t)\right)_{i=1}^3,$$

einen Anteil senkrecht, d. h. normal zum Rand hat. Wenn auf dem Rand ein von Null verschiedener Gradient der Konzentration vorliegt und dieser in das Gebiet Ω hinein gerichtet ist, dann ist die Konzentration in Ω größer als außen, und die Konzentration im Gebiet nimmt mit der Zeit ab. Ein einwärts gerichteter Gradient bedeutet $\nabla y(x) \cdot n(x) < 0$. Die Gesamtänderung der Stoffmenge in Ω ergibt sich durch Integration über den gesamten Rand. Damit ergibt sich folgender Diffusionsterm:

$$M_{\mathrm{Diff}}(t) := \int_{\partial\Omega} \kappa(x)\nabla y(x,t)\cdot n(x)\mathrm{d}s(x). \tag{12.4}$$

Der Koeffizient κ ist der positive, vom Stoff und ggfs. auch von Ort und Zeit abhängige Diffusionskoeffizient. Wenn κ räumlich konstant ist, kann der Diffusionskoeffizienten hier vor das Integral geschrieben werden. Im Fall $\kappa = \kappa(y)$ wird dieser Term und später die gesamt Bilanzgleichung nichtlinear (bezüglich der Zustandsvariable y). Die Einheit von κ ist Länge zum Quadrat pro Zeiteinheit, was wieder zur richtigen Einheit

$$[M_{\mathrm{Diff}}(t)] = [\kappa]\frac{[y]}{[x_i]}[n][\mathrm{d}s] = \frac{\mathrm{m}^2}{\mathrm{s}}\frac{[y]}{\mathrm{m}}\cdot 1 \cdot \mathrm{m}^2 = \frac{[y]\,\mathrm{m}^3}{\mathrm{s}},$$

also Stoffmenge pro Zeit, führt.

Quellen und Senken

Gibt es Quellen des Stoffes innerhalb des Gebietes (zum Beispiel durch Einleiten eines Schadstoffes etc.) oder wird umgekehrt Stoff entfernt, so ergibt sich entsprechend ein Zusatzterm

$$M_{\mathrm{Quell}}(t) := \int_{\Omega} q(x,t)\mathrm{d}x.$$

Dabei ist $q(x,t)$ positiv für eine Quelle und negativ für eine Senke im Punkt x zum Zeitpunkt t. In dieser Formulierung hat der Quellterm q die Einheit Konzentration pro Zeit, also $[q] = [y]\,\mathrm{s}^{-1}$. Durch die räumliche Integration mit $\mathrm{d}x = \mathrm{d}x_1\mathrm{d}x_2\mathrm{d}x_3$ und daher $[\mathrm{d}x] = [\mathrm{d}x_i]^3 = \mathrm{m}^3$ ergibt sich

$$[M_{\mathrm{Quell}}(t)] = [y]\,\mathrm{m}^3\,\mathrm{s}^{-1}.$$

Reaktionsterme

Chemische Reaktionen oder biologische Prozesse passieren lokal, und die Reaktion an einem Punkt hängt normalerweise nicht mit der an anderen Punkten im Raum zusammen. Sie sind allerdings in der Regel abhängig von der bereits vorhandenen Menge oder Konzentration des Stoffes. Damit hat ein Reaktionsterm die Form

$$c(y) \quad \text{oder} \quad c(x, t, y(x, t)),$$

je nachdem ob die Reaktion nur von der Konzentration oder auch noch explizit von Raum und Zeit abhängt. Zum Beispiel können Reaktionen vom Lichteinfall (und damit von der Zeit und vom Ort, z. B. im Meer von der Tiefe und dem Lichteinfall) abhängen. Die Funktion c kann linear oder nichtlinear in y sein. Ein einfaches Beispiel ist der radioaktive Zerfall, der nach dem Gesetz

$$c(y) = -\lambda y, \quad \lambda > 0, \tag{12.5}$$

stattfindet. Dabei ist λ die Zerfallsrate. Die durch die Reaktion in Ω verursachte Änderung der Stoffkonzentration ist daher in der allgemeinen Form

$$M_{\text{Reak}}(t) = \int_{\Omega} c(x, t, y(x, t)) \mathrm{d}x.$$

Der Reaktionsterm $c(y)$ hat hier ebenfalls die Einheit Konzentration pro Zeit $[y]\,\mathrm{s}^{-1}$. Durch die räumliche Integration ergibt sich

$$[M_{\text{Reak}}(t)] = [y]\,\mathrm{m}^3\,\mathrm{s}^{-1}.$$

12.2 Die Transportgleichung in integraler Form

Insgesamt lautet die Bilanzgleichung (12.2) damit wie folgt. Wir sprechen hier von einer *integralen Form*, im Gegensatz zu der unten hergeleiteten Form, in der die Integrale eliminiert werden.

$$M'_{\Omega}(t) = \frac{\mathrm{d}}{\mathrm{d}t} \int_{\Omega} y(x, t) \mathrm{d}x \tag{12.6}$$

$$= \underbrace{- \int_{\partial\Omega} y(x, t) v(x, t) \cdot n(x) \mathrm{d}s(x)}_{\text{Advektion}}$$

$$+ \underbrace{\int_{\partial\Omega} \kappa(x, t) \nabla y(x, t) \cdot n(x) \mathrm{d}s(x)}_{\text{Diffusion}} + \underbrace{\int_{\Omega} (c(x, t, y(x, t)) + q(x, t)) \mathrm{d}x}_{\text{Reaktionen + Quellen}}.$$

Zur konkreten Berechnung der Konzentration in Ω eignet sich diese Formulierung noch nicht, sie muss diskretisiert werden, was wir im nächsten Kapitel beschreiben. Zumächst soll aber noch eine zweite Form hergeleitet werden.

In der obigen Form treten Rand- und Volumenintegrale auf. Eine Zusammenfassung zu einem Integral ist so nicht möglich. An dieser Stelle kann aber direkt ein Diskretisierungs-verfahren, die Finite-Volumen-Methode, angesetzt werden. Diese Methode beruht gerade auf der integralen Form und der Beschreibung der Bilanz durch Flüsse über den Rand von gewählten diskreten Kontrollvolumina. Wir beschreiben diese Methode in Abschn. 13.1.

Transformation in Volumenintegrale

In der integralen Form (12.6) können mit dem Gauß'schen Integralsatz die beiden Ran-dintegrale zu Volumenintegralen umgewandelt werden. Damit ergibt sich eine alternative integrale Form, die anschließend einfach in eine differentielle Form, d. h. in eine Differen-tialgleichung umgewandelt werden kann.

Wir nehmen für den Gauß'schen Satz jetzt an, dass Ω beschränkt ist und der Rand $\partial\Omega$ glatt genug ist, vgl. Definition 12.1. Der Gauß'sche Satz gibt nun die Formel an, mit der ein Oberflächen- oder Randintegral in ein Volumenintegral transformiert werden kann. Es tritt folgende Größe auf:

Definition 12.4 (Divergenz) Sei $D \subset \mathbb{R}^d$ offen und $F : D \to \mathbb{R}^d$ in alle Koordinaten-richtungen partiell differenzierbar. Dann heißt

$$\operatorname{div} F(x) := \nabla \cdot F(x) := \sum_{i=1}^{d} \frac{\partial F_i}{\partial x_i}(x) \in \mathbb{R}$$

Divergenz von F.

Der Gauß'sche Satz lautet nun:

Satz 12.5 (Gauß'scher Integralsatz) *Sei $D \subset \mathbb{R}^d$ offen, $F : D \to \mathbb{R}^d$ stetig differen-zierbar und $\Omega \subset D$ kompakt mit C^1-Rand. Dann gilt*

$$\int_{\Omega} \operatorname{div} F(x)\mathrm{d}x = \int_{\partial\Omega} F(x) \cdot n(x)\mathrm{d}s(x).$$

Beweis [12, §15 Satz 3].   □

Wir setzen in der Transportgleichung (12.6) für festes t

$$F(x) = -y(x,t)v(x,t) + \kappa(x,t)\nabla y(x,t)$$

und erhalten mit dem Gauß'schen Satz

$$\int_{\Omega} F(x) \cdot n(x) \mathrm{d}s(x) = \int_{\partial \Omega} (-y(x,t)v(x,t) + \kappa(x,t)\nabla y(x,t)) \cdot n(x) \mathrm{d}s(x)$$

$$= \int_{\Omega} \mathrm{div}\,(-y(x,t)v(x,t) + \kappa(x)\nabla y(x,t))\,\mathrm{d}x.$$

Um auch auf der linken Seite der Gleichung das Integral einer Funktion und nicht seine zeitliche Ableitung zu erhalten, setzen wir voraus, dass wir Integration und zeitliche Differentiation vertauschen können, dass also gilt

$$M'_{\Omega}(t) = \frac{\mathrm{d}}{\mathrm{d}t} M_{\Omega}(t) = \int_{\Omega} \frac{\partial y}{\partial t}(x,t) \mathrm{d}x. \tag{12.7}$$

Die Voraussetzungen dafür liefert folgender Satz aus der Analysis:

Satz 12.6 (Differenzierbarkeit parameterabhängiger Integrale) *Sei $\Omega \subset \mathbb{R}^d$, $I \subset \mathbb{R}$ ein Intervall und $F : \Omega \times I \to \mathbb{R}$. Es gelte:*

- *Die Funktion $t \mapsto F(x,t)$ ist für jedes $x \in \Omega$ auf I differenzierbar.*
- *Die Funktion $x \mapsto F(x,t)$ ist für jedes $t \in I$ über Ω integrierbar.*
- *Es gibt eine integrierbare Funktion $\bar{F} : \Omega \to \mathbb{R}^+ \cup \{\infty\}$ mit*

$$\left| \frac{\partial F}{\partial t}(x,t) \right| \leq \bar{F}(x) \quad \forall (x,t) \in \Omega \times I.$$

Dann ist die Funktion $G : I \to \mathbb{R}$, definiert durch

$$G(t) = \int_{\Omega} F(x,t) \mathrm{d}x, \quad t \in I,$$

differenzierbar mit

$$G'(t) = \int_{\Omega} \frac{\partial F}{\partial t}(x,t) \mathrm{d}x, \quad t \in I.$$

Beweis [12, §11 Satz 2]. $\square$

Wir können also Zeitableitung und Integration in (12.7) vertauschen, wenn

- y für alle t über Ω integrierbar ist,
- die partielle Ableitung von y nach t in Ω existiert und nach oben durch eine integrierbare Funktion beschränkt ist.

Unter diesen Voraussetzungen ergibt sich eine zweite integrale Form der Transportgleichung:

$$\int_{\Omega} \frac{\partial}{\partial t} y(x,t) dx = -\int_{\Omega} \text{div}\big(y(x,t)v(x,t)\big) dx \tag{12.8}$$

$$+ \int_{\Omega} \text{div}\big(\kappa(x)\nabla y(x,t)\big) dx + \int_{\Omega} (c(y(x,t)) + q(x,t)) dx.$$

12.3 Die Transportgleichung in differentieller Form

Eine differentielle Form ist eine, bei der das Gebiet Ω, das ja – bis auf Glattheitseigenschaften – beliebig war, als differentiell oder infinitesimal klein oder „um einen Punkt x zusammengezogen" angesehen wird. So ergibt sich eine punktweise Transportgleichung mit Diffusion und Reaktionsterm oder *Advektions-Diffusions-Reaktionsgleichung*. Sie lautet

$$\frac{\partial y}{\partial t}(x,t) = -\text{div}\big(y(x,t)v(x,t)\big) + \text{div}\big(\kappa(x)\nabla y(x,t)\big) + c(x,t,y(x,t)) + q(x,t).$$

Ist κ unabhängig von x, so erhalten wir mit Benutzung des *Laplace-Operators*

$$\text{div}(\nabla F(x)) = \sum_{i=1}^{3} \frac{\partial}{\partial x_i}\left(\frac{\partial F}{\partial x_i}(x)\right) = \sum_{i=1}^{3} \frac{\partial^2 F}{\partial x_i^2}(x) =: \Delta F(x)$$

die Gleichung

$$\frac{\partial y}{\partial t}(x,t) = -\text{div}\left(v(x,t)y(t,x)\right) + \kappa(t)\Delta y(x,t) + c(x,t,y(x,t)) + q(x,t).$$

Der erste Term rechts vom Gleichheitszeichen kann mit der Definition der Divergenz und der Produktregel als

$$\text{div}\,(vy)(x,t) = \text{div}\,v(x,t)\,y(x,t) + v(x,t) \cdot \nabla y(x,t) \tag{12.9}$$

geschrieben werden. In vielen Fällen gilt für die Geschwindigkeit $\text{div}\,v(x,t) = 0$ in Ω für alle t. Dann vereinfacht sich diese Gleichung zu

$$\frac{\partial y}{\partial t}(x,t) = -v(x,t) \cdot \nabla y(x,t) + \text{div}\,(\kappa(x,t)\nabla y(x,t)) + c(x,t,y(x,t)) + q(x,t).$$
$$\tag{12.10}$$

und wie oben bei räumlich konstanter Diffusion.

Übung 12.7 Beweisen Sie die Produktregel (12.9).

Rand- und Anfangswerte

Obige Differentialgleichung wird – ergänzt durch Anfangs- und Randwerte – zu einem Anfangsrandwertproblem. Als Anfangswert wird eine Konzentration

$$y(x, t_0) = y_0(x), \quad x \in \Omega$$

vorgegeben. Bei den Randbedingungen gibt es folgende Bezeichnungen:

Definition 12.8 (Typen von Randbedingungen)   Für die Randbedingung bei einer Differentialgleichung für die Zustandsvariable $y = y(x)$, $x \in \Omega \subset \mathbb{R}^d$ definieren wir jeweils für $x \in \partial\Omega$:

$$\textit{Neumann-Randbedingungen:} \qquad \frac{\partial y}{\partial n}(x) := \nabla y(x) \cdot n(x) = g(x),$$

$$\textit{Dirichlet-Randbedingungen:} \qquad \qquad \qquad \qquad y(x) = g(x),$$

$$\textit{Robin- oder gemischte Randbedingungen:} \qquad \frac{\partial y}{\partial n}(x) + \alpha(x)y(x) = g(x).$$

mit vorgegebenen Funktionen $\alpha, g : \partial\Omega \to \mathbb{R}$.

Bei Transportgleichungen sind meist Neumann-Bedingungen sinnvoll, die Flüsse des Stoffes über den Rand des Gebietes definieren. Ist $g = 0$, so gibt es keinen Fluss über den Rand, was z. B. am Boden des Ozeans oder auch an der Wasseroberfläche sinnvoll sein kann. Dabei ist zu beachten:

Anmerkung 12.9 Bei einer stationären Transportgleichung ohne Reaktionsterm und mit Neumann-Bedingungen kann eine Lösung nur bis auf eine additive Konstante eindeutig bestimmt sein, da nur Ableitungen von y in der Gleichung und den Randbedingungen auftreten.

12.4   Stationäre schwache Lösungen

Theoretische Aussagen zu Existenz und Eindeutigkeit der Lösungen für die Transportgleichung basieren meist auf dem Konzept der schwachen Lösungen. Wir stellen dieses Konzept hier vor. Dabei beginnen wir mit der stationären Gleichung in der Form

$$\begin{aligned} -\mathrm{div}\,(\kappa\nabla y) + v \cdot \nabla y - cy &= q \quad \text{in } \Omega \subset \mathbb{R}^d, d \in \{1, 2, 3\} \\ \kappa\nabla y \cdot n &= g \quad \text{auf } \partial\Omega. \end{aligned} \tag{12.11}$$

wobei alle von y abhängigen Terme auf die linke Seite gebracht wurden. Wir haben hier eine Neumann-Randbedingung gewählt. Der Reaktionsterm ist als linear vorausgesetzt, damit die gesamte Gleichung linear bleibt. Alle Koeffizientenfunktionen und Daten v, κ, c, q können von x abhängen.

Mit schwacher Form der Gleichung ist gemeint, dass geringere räumliche Differenzierbarkeitseigenschaften (als die in der differentiellen Form oben mit den dort auftretenden zweiten Ableitungen) verlangt werden und die obige Gleichung in eine Integralgleichung umgeformt wird.

Die Vorgehensweise ist die folgende: Die Gleichung wird mit einer zunächst nicht spezifizierten Testfunktion $\phi = \phi(x)$ multipliziert und das Ergebnis über Ω integriert. Damit ergibt sich

$$-\int_\Omega \operatorname{div}(\kappa \nabla y)\phi \mathrm{d}x + \int_\Omega v \cdot \nabla y \phi \mathrm{d}x - \int_\Omega c y \phi \mathrm{d}x = \int_\Omega q \phi \mathrm{d}x \qquad (12.12)$$

Ziel bei der Herleitung der schwachen Formulierung ist es, die zweimalige Differenzierbarkeit von y, die für die Formulierung (12.12) nötig ist, abzuschwächen und eine Ableitung auf die Testfunktion ϕ zu verlagern. Dazu wird folgende Konsequenz des Gauß'schen Satzes verwendet:

Korollar 12.10 *Seien D, Ω wie in Satz 12.5 und κ, ϕ einmal und y zweimal stetig auf D differenzierbar. Dann gilt*

$$-\int_\Omega \operatorname{div}(\kappa \nabla y)\phi \mathrm{d}x = \int_\Omega \kappa \nabla y \cdot \nabla \phi \mathrm{d}x - \int_{\partial\Omega} \kappa \frac{\partial y}{\partial n} \phi \mathrm{d}s$$

Beweis Setze $F = \kappa \nabla y\, \phi$ in Satz 12.5. Es gilt mit der Produktregel

$$\operatorname{div}(\kappa \nabla y\, \phi) = \operatorname{div}(\kappa \nabla y)\phi + \kappa \nabla y \cdot \nabla \phi. \qquad (12.13)$$

$\square$

Übung 12.11 Weisen Sie die Identität (12.13) nach.

Die Anwendung dieses Korollars auf den ersten Term in (12.12) ergibt unter Benutzung der Randbedingung aus (12.11):

$$-\int_\Omega \operatorname{div}(\kappa \nabla y)\phi \mathrm{d}x = \int_\Omega \kappa \nabla y \cdot \nabla \phi \mathrm{d}x - \int_{\partial\Omega} g \phi \mathrm{d}s$$

und damit für die gesamte Gleichung (12.12):

$$\int_\Omega \kappa \nabla y \cdot \nabla \phi \mathrm{d}x + \int_\Omega v \cdot \nabla y \phi \mathrm{d}x - \int_\Omega c y \phi \mathrm{d}x = \int_\Omega q \phi \mathrm{d}x + \int_{\partial\Omega} g \phi \mathrm{d}s. \qquad (12.14)$$

Damit reicht nun einmalige Differenzierbarkeit aus. Da hier aber keine punktweise, sondern nur ein integrale Beziehung vorliegt, kann ein schwächerer Differenzierbarkeitsbegriff als der klassische verwendet werden.

Schwache Differenzierbarkeit

Wir verwenden die Notation der Multiindizes

$$\alpha \in \mathbb{N}^d, \quad |\alpha| := \sum_{i=1}^{d} \alpha_i$$

und für die partiellen Ableitungen die Bezeichnung

$$D^\alpha y(x) := \frac{\partial^{\alpha_1} y}{\partial x_1^{\alpha_1}} \cdots \frac{\partial^{\alpha_d} y}{\partial x_d^{\alpha_d}}(x).$$

Das Konzept der schwachen Ableitung ist wie folgt definiert:

Definition 12.12 Sei $\alpha \in \mathbb{N}^d$ ein Multiindex. Die Funktion $y \in L^1_{\text{loc}}(\Omega)$ heißt *schwach differenzierbar* (zum Multiindex α), wenn $w \in L^1_{\text{loc}}(\Omega)$ existiert mit

$$\int_\Omega y(x) D^\alpha \phi(x) \mathrm{d}x = (-1)^{|\alpha|} \int_\Omega w(x)\phi(x)\mathrm{d}x \quad \forall \phi \in C_0^\infty(\Omega).$$

Die Funktion $w := D^\alpha y$ heißt *schwache Ableitung* von y. Im eindimensionalen Fall wird ebenfalls die Bezeichnung y' verwendet.

Der Raum $L^1_{\text{loc}}(\Omega)$ ist der Raum der auf Ω lokal integrierbaren Funktionen, d. h. derjenigen Funktionen, die auf jeder kompaktem Teilmenge von Ω integrierbar sind, vgl. etwa [12, §5, S. 58]. Der Raum $C_0^\infty(\Omega)$ ist der Raum der unendlich oft in Ω (im klassischen Sinne) differenzierbaren Funktionen mit kompaktem Träger in Ω, vgl. [12, §10, S. 112].

Dass das Konzept der schwachen Ableitung wirklich weniger restriktiv ist als das der klassischen Differenzierbarkeit, ist hier zu erkennen:

Beispiel 12.13 Sei $\Omega = (-a, a)$ mit $a > 0$ beliebig. Die Betragsfunktion $y : \Omega \to \mathbb{R}$, $y(x) = |x|$ ist einmal schwach differenzierbar mit schwacher Ableitung

$$y'(x) = w(x) = \begin{cases} -1, & -a < x < 0, \\ 1, & 0 < x < a, \\ \text{beliebig}, & x = 0. \end{cases}$$

Es gilt für $\phi \in C_0^\infty(-a, a)$ mit partieller Integration (wobei die Randterme wegfallen):

$$
\begin{aligned}
\int_{-a}^{a} y(x)\phi'(x)\mathrm{d}x &= -\int_{-a}^{0} x\phi'(x)\mathrm{d}x + \int_{0}^{a} x\phi'(x)\mathrm{d}x \\
&= \int_{-a}^{0} \phi(x)\mathrm{d}x - \int_{0}^{a} \phi(x)\mathrm{d}x \\
&= -\int_{-a}^{0} (-1)\phi(x)\mathrm{d}x - \int_{0}^{a} 1\,\phi(x)\mathrm{d}x = -\int_{-a}^{a} w(x)\phi(x)\mathrm{d}x.
\end{aligned}
$$

Eine solche Funktion mit einem „Knick" ist im eindimensionalen Raum also schwach differenzierbar. Für eine Treppenfunktion ist das nicht der Fall:

Übung 12.14 Zeigen Sie, dass die Funktion y aus Beispiel 12.13 nicht zweimal schwach differenzierbar ist.

Jetzt wird deutlich, welche Voraussetzungen an die Funktionen y, ϕ und auch an die Daten q und g erfüllt sein müssen, damit diese Formulierung Sinn ergibt. Dazu definieren wir den folgenden Funktionenraum:

Definition 12.15 (Sobolevraum $H^1(\Omega)$) Der Raum aller über Ω quadratisch integrierbaren Funktionen mit über Ω quadratisch integrierbaren partiellen Ableitungen erster Ordnung heißt

$$
H^1(\Omega) := \{y \in L^2(\Omega) : D^\alpha y \in L^2(\Omega) \; \forall \alpha \in \mathbb{N}^d, |\alpha| = 1\}.
$$

Für die Definition der L^p-Räume verweisen wir auf [12, §12], für eine allgemeine Definition von Sobolevräumen auf [34, 1.27] oder [35, Abschnitt 2.2.3]. Offensichtlich ist für eine Funktion $y \in H^1(\Omega)$ der Gradient $\nabla y \in L^2(\Omega)^d$.

Lemma 12.16 *Der $H^1(\Omega)$ ist ein Hilbertraum mit dem Skalarprodukt*

$$
(y, w) := \int_{\Omega} \nabla y(x) \cdot \nabla w(x)\mathrm{d}x + \int_{\Omega} y(x)w(x)\mathrm{d}x.
$$

Beweis Siehe [34, 1.27]. □

Die natürliche Norm auf dem $H^1(\Omega)$ ist damit definiert als

$$\|y\|_{H^1(\Omega)} = \left(\|\nabla y\|^2_{L^2(\Omega)^d} + \|y\|^2_{L^2(\Omega)}\right)^{1/2}.$$

Dabei ist die Norm für den Produktraum $L^2(\Omega)^d$ als Euklidische Norm der $L^2(\Omega)$-Normen der Komponenten definiert.

Damit kann eine schwache Formulierung wie folgt angegeben werden:

Definition 12.17 Seien $\kappa \in L^\infty(\Omega), v \in L^\infty(\Omega)^d, q \in L^2(\Omega), g \in L^2(\partial\Omega)$. Eine Funktion $y \in H^1(\Omega)$ heißt *schwache Lösung von* (12.11), wenn gilt:

$$\int_\Omega \kappa \nabla y \cdot \nabla\phi \mathrm{d}x + \int_\Omega v \cdot \nabla y \phi \mathrm{d}x - \int_\Omega cy\phi \mathrm{d}x = \int_\Omega q\phi \mathrm{d}x + \int_{\partial\Omega} g\phi \mathrm{d}s \quad \forall \phi \in H^1(\Omega).$$

(12.15)

Diese Formulierung lässt sich wie folgt verallgemeinern. Wir führen dazu den Dualraum eines normierten Raumes Y ein:

Definition 12.18 (Dualraum, duale Paarung) Sei Y ein normierter Vektorraum. Dann heißt die Menge aller beschränkten linearen Funktionale

$$Y^* := \{l : Y \to \mathbb{R}, l \text{ ist linear und beschränkt}\}$$

Dualraum von Y. Mit der Norm

$$\|l\|_{Y^*} := \sup_{y \in Y} \frac{\langle l, y \rangle_{Y^*,Y}}{\|y\|_Y}$$

ist Y^* ein normierter Vektorraum. Die Anwendung von $l \in Y^*$ auf ein $y \in Y$ wird als *duale Paarung* bezeichnet und geschrieben als

$$\langle l, y \rangle_{Y^*,Y} := l(y), \quad y \in Y.$$

Wir definieren jetzt mit $Y = H^1(\Omega)$ eine Bilinearform $a : Y \times Y \to \mathbb{R}$ und ein lineares Funktional $l \in Y^* = H^1(\Omega)^*$ durch

$$a(y,\phi) := \int_\Omega \kappa \nabla y \cdot \nabla\phi \mathrm{d}x + \int_\Omega v \cdot \nabla y \phi \mathrm{d}x - \int_\Omega cy\phi \mathrm{d}x \qquad (12.16)$$

$$\langle l, \phi \rangle_{Y^*,Y} := \int_\Omega q\phi \mathrm{d}x + \int_{\partial\Omega} g\phi \mathrm{d}s. \qquad (12.17)$$

Damit lautet eine zu (12.15) äquivalente Formulierung: Finde $y \in Y$ mit

$$a(y,\phi) = \langle l, \phi \rangle_{Y^*,Y} \quad \forall \phi \in Y.$$

Existenz, Eindeutigkeit und stetige Abhängigkeit der Lösung

Für dieses Problem liefert der folgende Satz eine Existenz- und Eindeutigkeitsaussage sowie eine Abschätzung für die Lösung. Dazu müssen folgende Voraussetzungen erfüllt sein.

Definition 12.19 (Stetigkeit und Elliptizität einer Bilinearform) Sei Y ein normierter Vektorraum. Eine Bilinearform $a : Y \times Y \to \mathbb{R}$ heißt *stetig*, wenn eine von $y, \phi \in Y$ unabhängige Konstante $c_s > 0$ existiert mit

$$|a(y, \phi)| \leq c_s \|y\|_Y \|\phi\|_Y \quad \forall y, \phi \in Y.$$

Die Bilinearform heißt Y-*elliptisch*, wenn eine von $y \in Y$ unabhängige Konstante $c_e > 0$ existiert mit

$$a(y, y) \geq c_e \|y\|_Y^2 \quad \forall y \in Y.$$

Mit diesen Voraussetzungen erhalten wir folgendes Resultat:

Satz 12.20 (Lax-Milgram-Lemma) *Sei Y ein Hilbertraum und a eine stetige und Y-elliptische Bilinearform. Dann existiert zu jedem $l \in Y^*$ eine eindeutige Lösung der Gleichung*

$$a(y, \phi) = \langle l, \phi \rangle_{Y^*, Y} \quad \forall \phi \in Y,$$

für die gilt:

$$\|y\|_Y \leq \frac{1}{c_e} \|l\|_{Y^*}.$$

Beweis Siehe [34, 4.2]. Die Abschätzung folgt mit $\phi = y$ aus der Elliptizität:

$$c_e \|y\|_Y^2 \leq a(y, y) = \langle l, y \rangle_{Y^*, Y} \leq \|l\|_{Y^*} \|y\|_Y. \qquad \square$$

Für die schwache Formulierung (12.15) der Transportgleichung sind diese Voraussetzung erfüllt:

Lemma 12.21 *Die Bilinearform $a : H^1(\Omega) \times H^1(\Omega) \to \mathbb{R}$, definiert in (12.15), ist stetig.*

Beweis Es gilt mit einer relativ groben Abschätzung.

$$a(y,\phi) = \int_\Omega \kappa \nabla y \cdot \nabla \phi \mathrm{d}x + \int_\Omega v \cdot \nabla y \phi \mathrm{d}x - \int_\Omega c y \phi \mathrm{d}x$$

$$\leq \|\kappa\|_{L^\infty(\Omega)} \|\nabla y\|_{L^2(\Omega)^d} \|\nabla \phi\|_{L^2(\Omega)^d} + \|v\|_{L^\infty(\Omega)} \|\nabla y\|_{L^2(\Omega)^d} \|\phi\|_{L^2(\Omega)}$$

$$+ \|c\|_{L^\infty(\Omega)} \|y\|_{L^2(\Omega)} \|\phi\|_{L^2(\Omega)}$$

$$\leq \left(\|\kappa\|_{L^\infty(\Omega)} + \|v\|_{L^\infty(\Omega)} + \|c\|_{L^\infty(\Omega)} \right) \|y\|_{H^1(\Omega)} \|\phi\|_{H^1(\Omega)}. \qquad \square$$

Für den Nachweis, dass das Funktional l beschränkt ist, wird eine Abschätzung der Norm der Restriktion einer Funktion aus $H^1(\Omega)$ auf den Rand $\partial\Omega$ des Gebietes benötigt, d. h. die Beschränktheit des folgenden Operators:

Definition 12.22 (Spuroperator) Der Operator

$$\tau_{\partial\Omega} : H^1(\Omega) \to L^2(\partial\Omega) : \quad y \mapsto y|_{\partial\Omega} \qquad (12.18)$$

heißt *Spuroperator*.

Die Abschätzung lautet nun:

Lemma 12.23 (Spursatz) *Der Spuroperator* (12.18) *ist linear und beschränkt, d. h. es existiert* $c > 0$ *mit*

$$\|\tau_{\partial\Omega} y\|_{L^2(\partial\Omega)} \leq c_\tau \|y\|_{H^1(\Omega)} \quad \forall y \in H^1(\Omega).$$

Beweis Siehe [34, A 6.6] oder [36, Satze I.1.5,6], [37, 6.2.40,41]. $\qquad \square$

Das Bild des Spuroperators wird wie folgt bezeichnet:

Definition 12.24 Wir definieren

$$H^{1/2}(\partial\Omega) := \{ v \in L^2(\partial\Omega) : \exists y \in H^1(\Omega), \tau_{\partial\Omega} y = v \}$$

mit der Norm

$$\|v\|_{H^{1/2}(\partial\Omega)} := \min_{y \in H^1(\Omega)} \{ \|y\|_{H^1(\Omega)}, y \in H^1(\Omega), \tau_{\partial\Omega} y = v \}.$$

Räume H^s mit reellen Werten von s lassen sich auch anders definieren, vgl. [36]. Nun lässt sich die Beschränktheit des Funktionals l in (12.15) zeigen:

Lemma 12.25 *Das Funktional l, definiert in (12.17), ist in $H^1(\Omega)^*$ mit*

$$\|l\|_{H^1(\Omega)^*} \leq \max\{\|q\|_{L^2(\Omega)}, c_\tau \|g\|_{L^2(\partial\Omega)}\}.$$

Beweis Es gilt mit dem Spursatz, Lemma 12.23:

$$\langle l, \phi \rangle_{Y^*, Y} = \int_\Omega q\phi \mathrm{d}x + \int_{\partial\Omega} g\phi \mathrm{d}s \leq \|q\|_{L^2(\Omega)}\|\phi\|_{L^2(\Omega)} + \|g\|_{L^2(\partial\Omega)}\|\phi\|_{L^2(\partial\Omega)}$$

$$\leq \max\{\|q\|_{L^2(\Omega)}, c_\tau \|g\|_{L^2(\partial\Omega)}\}\|\phi\|_{H^1(\Omega)}. \qquad \square$$

Für die Transportgleichung gilt folgende Eigenschaft, die beim Nachweis der Elliptizität der Bilinearform a hilfreich ist.

Lemma 12.26 *Seien $y \in H^1(\Omega), v \in H^1(\Omega)^d$ mit $\operatorname{div} v = 0$ fast überall in Ω und $v \cdot n = 0$ fast überall auf $\partial\Omega$. Dann gilt*

$$\int_\Omega (v \cdot \nabla y) y \mathrm{d}x = 0.$$

Beweis Es gilt punktweise für $x \in \Omega$:

$$(v \cdot \nabla y)y = \sum_j v_j \frac{\partial y_i}{\partial x_j} y = \frac{1}{2} \sum_j v_j \frac{\partial (y^2)}{\partial x_j} = \frac{1}{2} v \cdot \nabla(y^2).$$

Für $F = vy^2$ gilt mit Produktregel und der Divergenzfreiheit von v:

$$\operatorname{div} F = \operatorname{div}\left(vy^2\right) = (\operatorname{div} v)\, y^2 + v \cdot \nabla(y^2) = v \cdot \nabla(y^2),$$

also $\frac{1}{2}\operatorname{div} F = (v \cdot \nabla y)y$ fast überall in Ω. Der Gauß'sche Satz 12.5 ergibt jetzt

$$\int_\Omega (v \cdot \nabla y) y \mathrm{d}x = \frac{1}{2} \int_\Omega \operatorname{div} F \mathrm{d}x = \frac{1}{2} \int_{\partial\Omega} F \cdot n \mathrm{d}s = \frac{1}{2} \int_{\partial\Omega} vy^2 \cdot n \mathrm{d}s$$

$$= \frac{1}{2} \int_{\partial\Omega} y^2 v \cdot n \mathrm{d}s = 0$$

wegen $v \cdot n = 0$ fast überall auf dem Rand. $\qquad \square$

Damit folgt nun die Elliptizität:

Lemma 12.27 *Es gelte*

$$\kappa_{min} := \text{essinf}\{\kappa(x) : x \in \Omega\} > 0$$
$$c_{min} := \text{essinf}\{-c(x) : x \in \Omega\} > 0$$

mit dem essentiellen Infimum

$$\text{essinf}\{F(x) : x \in \Omega\} := \sup\{\varepsilon \in \mathbb{R} : |\{F(x) < \varepsilon\}| = 0\}.$$

Dann ist die Bilinearform a elliptisch auf $H^1(\Omega)$ *mit*

$$c_e = \min\{\kappa_{min}, c_{min}\}.$$

Beweis Es gilt mit Lemma 12.26:

$$a(y, y) = \int_\Omega \kappa \nabla y \cdot \nabla y \mathrm{d}x + \int_\Omega (v \cdot \nabla y) y \mathrm{d}x - \int_\Omega c y^2 \mathrm{d}x$$
$$\geq \kappa_{min} \|\nabla y\|^2_{L^2(\Omega)^d} + c_{min} \|y\|^2_{L^2(\Omega)}$$
$$\geq \min\{\kappa_{min}, c_{min}\} \|y\|^2_{H^1(\Omega)}. \qquad \square$$

Damit lässt sich das Lax-Milgram-Lemma 12.20 anwenden. Es gilt:

Korollar 12.28 *Seien* $q \in L^2(\Omega), g \in L^2(\partial\Omega), v \in H^1(\Omega)^d \cap L^\infty(\Omega)^d$ *mit* $\text{div } v = 0$ *fast überall in* Ω *und* $v \cdot n = 0$ *fast überall auf* $\partial\Omega$ *sowie* $\kappa, c \in L^\infty(\Omega)$ *mit den Voraussetzungen aus Lemma 12.27. Dann existiert genau eine schwache Lösung* $y \in H^1(\Omega)$ *der Transportgleichung (12.15). Diese erfüllt*

$$\|y\|_{H^1(\Omega)} \leq \frac{\max\{\|q\|_{L^2(\Omega)}, c_\tau \|g\|_{L^2(\partial\Omega)}\}}{\min\{\kappa_{min}, c_{min}\}}.$$

Beweis Die Abschätzung folgt mit den Lemmas 12.25 und 12.27. $\qquad \square$

Der Nachweis der Existenz einer schwachen Lösung führt wie folgt auf die Existenz einer klassischen Lösung der ursprünglichen Transportgleichung (12.11): Sei eine schwache Lösung gegeben, die zusätzlich zweimal stetig differenzierbar ist, so dass alle Terme in (12.11) punktweise definiert sind. Dann kann die Anwendung der Green'schen Formel in (12.14) rückgängig gemacht und (12.12) zurück erhalten werden. Ein Test mit $\phi \in C_0^\infty(\Omega)$ liefert dann die punktweise Formulierung (12.11). Dabei wird [12, §10 Hilfssatz 1] benutzt.

Hier wurde nur ein Typ von Randbedingungen untersucht. Es ist an der Vorgehensweise zu erkennen, dass das Auftreten des Reaktionsterms und sein Vorzeichen wichtig sind für die Abschätzung der Elliptizität.

Für vorgegebene Werte der Konzentration auf dem Rand (Dirichlet-Randbedingungen) lässt sich ähnlich verfahren. Dann kann mit Hilfe des Spursatzes (Lemma 12.23) das Problem auf homogene Randwerte transformiert und eine Formulierung mit Hilfe des folgenden Raumes untersucht werden:

Definition 12.29 (Sobolevraum $H_0^1(\Omega)$) Wird definieren

$$H_0^1(\Omega) := \{y \in H^1(\Omega) : \tau_{\partial\Omega} \, y = 0\}.$$

Dieser Raum ist ein abgeschlossener Teilraum des $H^1(\Omega)$ und damit wieder ein Hilbertraum. Für den Nachweis der Elliptizität im Fall von Dirichlet-Randbedingungen wird folgende Aussage benutzt:

Lemma 12.30 (Poincaré-Ungleichung) *Sei $\Omega \subset \mathbb{R}^d$ beschränkt und offen $y \in H_0^1(\Omega)$. Dann existiert $c = c(\Omega)$ mit*

$$\|y\|_{L^2(\Omega)} \le c \|\nabla y\|_{L^2(\Omega)^d} .$$

Für $\Omega \subset [-s, s]^d$ mit $s > 0$ gilt $c(\Omega) = 1 + s$.

Beweis [38, II.1.5-7], [34, 4.7], für eine Verallgemeinerung: [35, Lemma 2.5]. □

Übung 12.31 Beweisen Sie die Poincaré-Ungleichung. Benutzen Sie den Hauptsatz der Differential- und Integralrechnung.

Übung 12.32 Leiten Sie die schwache Formulierung für die Transportgleichung mit Dirichlet-Randwerten her und untersuchen Sie Existenz und Eindeutigkeit der Lösung. Was muss der Reaktionsterm erfüllen?

12.5 Klassische Lösung eines reinen Diffusionsproblems

In diesem Abschnitt diskutieren wir die klassische Lösung der räumlich eindimensionalen reinen Diffusionsgleichung mit konstanter Diffusion, also

$$\frac{\partial y}{\partial t} - \kappa \frac{\partial^2 y}{\partial x^2} = 0 \quad \text{in } \Omega \times I \tag{12.19}$$

mit der Einfachheit halber $\Omega = (0, 1)$, dem Zeitintervall $I = [0, \infty)$ und homogenen Dirichlet-Randbedingungen.

Einerseits zeigen sich hier die Möglichkeiten und Grenzen einer direkten Lösungs-methode auf, andererseits gibt die explizite Darstellung der Lösung einen Eindruck vom zeitlichen Verhalten der Lösung. Bei der Wahl geeigneter Zeitdiskretisierungsverfahren wird dies nützlich sein.

Die Gleichung (12.19) kann mit dem sog. Produktansatz (auch Trennung der Variablen genannt), gelöst werden. Der Ansatz

$$y(x,t) = X(x)T(t), \quad x \in \Omega, t \in I,$$

mit $X : \Omega \to \mathbb{R}, T : I \to \mathbb{R}$ führt auf

$$T'(t)X(x) - \kappa T(t)X''(x) = 0.$$

Nach Division durch $X(t)T(t) \neq 0$ ergibt sich

$$\frac{T'(t)}{T(t)} = \kappa \frac{X''(x)}{X(x)} =: \mu \in \mathbb{R}.$$

Beide Brüche müssen konstant sein, da der rechte nicht von t und der linke nicht von x abhängt. Damit folgt

$$T'(t) = \mu T(t),$$

also

$$T(t) = c_1 e^{\mu t}, \quad c_1 \in \mathbb{R}.$$

Die Differentialgleichung für X lautet

$$X''(x) = \frac{\mu}{\kappa} X(x).$$

Die Lösung der Differentialgleichung für $\mu \geq 0$ lautet

$$X(x) = c_2 \exp\left(\sqrt{\mu/\kappa}\, x\right) + c_3, \quad c_2, c_3 \in \mathbb{R}, \tag{12.20}$$

doch damit ergibt sich für homogene Randbedingungen nur die Nulllösung (warum?). Bei Anfangswerten $y_0 \neq 0$ liefert (12.20) also keine brauchbare Lösung. Für $\mu < 0$ sind (für homogene Randbedingungen) die Funktionen

$$X_\mu(x) = -\sin\left(\sqrt{|\mu|/\kappa}\, x\right), \quad \sqrt{|\mu|/\kappa} \in \{j\pi : j \in \mathbb{N}\},$$

Lösungen. Umformuliert ergibt sich mit $\mu = -(j\pi)^2$:

$$T_j(t) = c_j \exp\left(-(j\pi)^2 \kappa t\right), \; c_j \in \mathbb{R}, \qquad X_j(x) = -\sin(j\pi x), \; j \in \mathbb{N}$$

bzw. (wenn das Vorzeichen mit in die Konstante c_j hineingenommen wird):

$$y_j(x,t) = c_j \exp\left(-(j\pi)^2 \kappa t\right) \sin(j\pi x), \quad c_j \in \mathbb{R}, j \in \mathbb{N}.$$

Da die Gleichung linear ist, ist jede Linearkombination

$$y(x,t) = \sum_{j\in\mathbb{N}} c_j \exp\left(-(j\pi)^2 \kappa t\right) \sin(j\pi x), \quad c_j \in \mathbb{R}, \tag{12.21}$$

wieder eine Lösung. Die Konstanten c_j werden aus der Anfangsbedingung

$$y(x,0) = \sum_{j\in\mathbb{N}} c_j \sin(j\pi x)$$

bestimmt. Die zentrale Beobachtung, die wir hier machen wollen, ist dass für $t \to \infty$ alle Lösungsanteile exponentiell abfallen. Insbesondere bedeutet das wegen der Linearität der Gleichung: Liegt eine stationäre Lösung vor und wird diese zu einem Zeitpunkt gestört, dann klingt die Störung mit der Zeit ab.

Übung 12.33 Was ändert sich, wenn inhomogene Dirichlet--Randbedingungen oder Neumann-Randbedingungen betrachtet werden?

Diskretisierung im Ort 13

Am Beispiel der Transportgleichungen werden in diesem Kapitel Methoden zur Ortsdiskretisierung vorgestellt. Zunächst wird die Methode der Finiten Volumen behandelt, die sich aus der integralen Form der Gleichungen ergibt. Wir beginnen dabei mit der räumlich eindimensionalen Variante, da daran das Prinzip am einfachsten zu verstehen ist. Die gewählte Darstellung kann auch unabhängig von der Modellierung im letzten Kapitel betrachtet werden. Es handelt sich praktisch um eine Modellierung direkt in diskreter Form, was bei Klimamodellen in vielen Fällen anzutreffen ist. Die Problematik der numerischen Instabilität bei konvektions- oder advektionsdominanten Problemen wird diskutiert, und darauf angepasste Diskretisierungsschemata werden vorgestellt. Anschließend beschreiben wir die Methode der Finiten Differenzen, die auf der differenziellen Form der Modellgleichungen basiert, ebenfalls in eindimensionaler Form. Wir gehen auf die Besonderheiten des mehrdimensionalen Falles ein, ohne diesen im Detail auszuarbeiten. Die beschriebenen Ortsdiskretisierungstechniken können auch für andere Gleichungen benutzt werden.

13.1 Die Finite-Volumen-Methode

Aus der integralen Form (12.6) der Transportgleichung kann in einer Raumdimension relativ einfach eine Ortsdiskretisierung abgeleitet werden. Es kann aber auch direkt eine diskrete Modellierung durchgeführt werden, was wir hier auch tun. So werden hier einige Inhalte aus dem letzten Kapitel wiederholt.

Eine eindimensionale Modellierung oder Formulierung kann begründet werden bzw. sinnvoll sein, wenn alle Prozesse und gegebenen Daten bezüglich zwei Koordinatenrichtungen als konstant angenommen werden (können).

Wir betrachten den Transport eines Stoffes (z. B. eines Nähr- oder Schadstoffes) in einem bewegten Medium (z. B. Wasser oder Luft) in einem Gebiet Ω, das zunächst noch eine Teilmenge des $\mathbb{R}^3$ ist. Die Geschwindigkeit des bewegten Mediums sei bekannt. Gesucht ist die Konzentration $y = y(x, t)$ des Stoffes in Stoffmenge pro Volumeneinheit am Punkt $x \in \Omega$ zur Zeit t.

© Springer-Verlag Berlin Heidelberg 2015
T. Slawig, *Klimamodelle und Klimasimulationen*, Springer-Lehrbuch Masterclass,
DOI 10.1007/978-3-662-47064-0_13

Als Voraussetzung für eine eindimensionale Modellierung nehmen wir an:

- Das betrachtete Gebiet Ω ist ein zeitlich fester Quader, der in einer, hier der x_1-Richtung durch ein Intervall $[a, b]$ gegeben ist. Die Seitenlängen in die anderen beiden Richtungen spielen keine Rolle, ihr Produkt und damit die Seitenfläche des Quaders in der x_2-x_3-Ebene sei A.
- Die Konzentration y hängt nur von der Koordinatenrichtung x_1 und der Zeit t ab und ist bezüglich der anderen beiden Ortsrichtungen x_2, x_3 konstant, d. h. es gilt: $y = y(x_1, t)$.
- Die Geschwindigkeit und alle anderen gegeben Daten haben nur eine Komponente in dieselbe Richtung, und diese verbleibende Komponente ist wieder nur eine Funktion von x_1 und t. Es gilt also $v = (v_1, 0, 0)$ mit $v_1 = v_1(x_1, t)$. Für die Geschwindigkeit wird darüber hinaus vorausgesetzt, dass sie konstant bezüglich x_1 ist. Dies resultiert aus der Massenerhaltung des bewegten Mediums, das wir hier als inkompressibel annehmen (vgl. Abschn. 16.3). Das ergibt dann

$$\operatorname{div} v(x_1, x_2, x_3, t) = 0$$

(vgl. Definition 12.4) und im eindimensionalen Fall

$$\frac{\partial v_1}{\partial x_1}(x_1, t) = 0.$$

Da so alle Abhängigkeiten von x_2, x_3 entfallen, schreiben wir kurz

$$x_1 =: x \quad \text{und} \quad v_1 =: v$$

für die eindimensionale Koordinate bzw. den verbleibenden Anteil der Geschwindigkeit. Es wird zu erkennen sein, dass sich die Seitenfläche A des betrachteten Quaders aus den Gleichungen herauskürzt.

Äquidistantes Ortsgitter

Wir unterteilen nun das Intervall $[a, b]$ der Einfachheit halber zunächst in äquidistante Teile. In Klimamodellen ist jedoch vor allem in der vertikalen Richtung ein Gitter mit unterschiedlichen Gitterweiten üblich. Die sich ergebenden Änderungen werden später diskutiert. Das äquidistante Ortsgitter wird wie folgt bezeichnet (vgl. Abb. 13.1):

$$x_i = a + ih, \quad i = 0, \ldots, N, \, h = \frac{b - a}{N}. \tag{13.1}$$

Dabei ist h die Länge einer Gitterzelle oder Gitterbox V_i, die in x-Richtung das Intervall $[x_{i-1}, x_i]$ ausmacht und in der durch die anderen beiden Koordinatenrichtungen aufgespannten Ebene die Fläche A hat. Eine solche Zelle V_i wird auch ein *finites Volumen*

Abb. 13.1 Nummerierung der Gitterpunkte, Boxen und Variablen in der eindimensionalen Finite-Volumen-Methode für die Transportgleichung

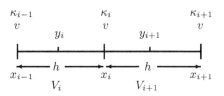

genannt, was dem Verfahren seinen Namen gibt. Es gibt N solcher Zellen mit den Indizes $i = 1, \ldots, N$, und es gilt

$$\overline{\Omega} = \bigcup_{i=1}^{N} V_i, \quad \text{int } V_i \cap \text{int } V_j = \emptyset, i \neq j. \tag{13.2}$$

Hier bezeichnet int $M := M \setminus \partial M$ das Innere einer Menge. Da wir integrale Beziehungen aufstellen, ist es nicht wichtig, ob die V_i als offene oder wie hier als abgeschlossene Mengen betrachtet werden.

Wir stellen nun eine Bilanz für die Stoffmenge in der Zelle V_i auf und betrachten die vier oben genannten Prozesse *Advektion, Diffusion, Quellen/Senken* und *Reaktionen*. Dazu nehmen wir an, dass die Werte der Konzentration y in der Gitterbox V_i bezüglich x konstant sind, oder anders ausgedrückt: Wir approximieren den Mittelwert der Konzentration in jeder Zelle. Diese Approximation bezeichnen wir mit

$$y_i(t) \approx y(x, t), \quad x \in V_i, \quad i = 1, \ldots, N.$$

Die Stoffmenge in einer Gitterbox

Die gesamte in Box V_i enthaltene Stoffmenge zur Zeit t ist gegeben durch

$$M_i(t) = \int_{V_i} y(x, t) \mathrm{d}x = A \int_{x_{i-1}}^{x_i} y(x, t) \mathrm{d}x \approx A h y_i(t).$$

Da wir Ω als zeitlich fest angenommen haben, hängt die Menge, über die integriert wird, nicht von t ab.

Die zeitliche Änderung der Stoffmenge in Ω erhalten wir – wenn wir die mathematischen Voraussetzungen für das Vertauschen von Integration und Differentiation (vgl. Satz 12.6) als gegeben annehmen – als

$$M_i'(t) = A \int_{x_{i-1}}^{x_i} \frac{\partial y}{\partial t}(x, t) \mathrm{d}x \approx A h y_i'(t).$$

Dabei ist y_i' die Zeitableitung der approximierten Lösung in Box V_i. Die Einheit von $M_i'(t)$ ist Stoffmenge pro Zeiteinheit, also $[M_i'(t)] = [y]\mathrm{s}^{-1}$, vgl. dazu die Begründung hinter Formel (12.2).

Advektion

Unter Advektion verstehen wir den durch die Geschwindigkeit $v = v(t)$ des Mediums bewirkten Transport von Stoff über den Rand des betrachteten Gebietes, hier also der Box V_i. Diesen Transport oder Fluss bezeichnen wir mit $M_{\mathrm{Adv},i}(t)$. Der Rand von V_i ist gegeben durch die beiden Seiten mit Fläche A an den Punkten $x = x_{i-1}$ und $x = x_i$. Es ergibt sich für die zur Zeit t über den Rand ein- und ausströmende Stoffmenge

$$M_{\mathrm{Adv},i}(t) = Av(t)\big(y(x_{i-1},t) - y(x_i,t)\big), \tag{13.3}$$

wobei benutzt wurde, dass v bezüglich des Ortes konstant ist. Ist $v(t) > 0$, so strömt über den linken Rand Stoff ein und über den rechten Rand hinaus. Durch Multiplikation mit der Fläche (Einheit: Länge zum Quadrat) ergibt sich für den Fluss die richtige Einheit Stoffmenge pro Zeit. Wir benötigen jetzt in (13.3) die Werte von y an den Rändern der Gitterbox. Da wir nur Werte innerhalb der Box haben, benutzen wir die Mittelwerte der Werte in den beiden angrenzenden Gitterboxen

$$y(x_{i-1},t) \approx \frac{y_{i-1}(t) + y_i(t)}{2}, \quad y(x_i,t) \approx \frac{y_i(t) + y_{i+1}(t)}{2}.$$

Damit wird (13.3) durch

$$M_{\mathrm{Adv},i}(t) \approx Av(t)\frac{y_{i-1}(t) - y_{i+1}(t)}{2} \tag{13.4}$$

approximiert. Diese Mittelwertbildung ist unabhängig vom Vorzeichen von v. Alternativ können wir auch in Abhängigkeit des Vorzeichens von v nur den Wert der Gitterbox nehmen, die der Strömungsrichtung entgegengesetzt ist. Auf diese sog. Upwind-Diskretisierungsvariante gehen wir später ein.

Der diskrete Advektionsterm (13.3) ergibt sich ebenfalls aus der integralen Form der Gleichung (12.6) wenn der dortige Advektionsterm

$$M_{\mathrm{Adv}}(t) = -\int_{\partial\Omega} y(x,t)v(x,t)\cdot n(x)ds(x)$$

diskretisiert wird: Das Skalarprodukt aus Geschwindigkeits- und Normalenvektor ist in diesem Fall nur auf den beiden Seitenflächen der quaderförmigen Box V_i, die senkrecht zur x-Koordinate ($x = x_{i-1}$ und $x = x_i$) sind, ungleich Null. Mit den beiden äußeren Einheitsnormalenvektoren

$$n(x_{i-1}) = (-1, 0, 0), \quad n(x_i) = (1, 0, 0) \tag{13.5}$$

an diese Seitenflächen folgt dann genau (13.3).

Diffusion

Diffusion ist der Prozess, der durch molekulare Bewegung einen Ausgleich zwischen benachbarten Bereichen unterschiedlicher Stoffkonzentration bewirkt, auch wenn das Medium, in dem sich der Stoff befindet, in Ruhe ist.

Diffusion kann über die Ableitung senkrecht zu den beiden Rändern, also in x-Richtung modelliert werden. Am linken Rand der Box V_i, also bei $x = x_{i-1}$, kann der Zuwachs der Stoffmenge in der Box über diesen Rand durch den Term

$$-A\,\kappa(x_{i-1}, t)\frac{\partial y}{\partial x}(x_{i-1}, t)$$

und am rechten Rand durch

$$A\,\kappa(x_i, t)\frac{\partial y}{\partial x}(x_i, t)$$

modelliert werden. Dabei ist κ ein positiver Parameter (der *Diffusionskoeffizient*), der vom Stoff, von Ort und Zeit und von der Konzentration y selbst abhängen kann. Im Fall $\kappa = \kappa(y)$ wird die Gleichung nichtlinear.

Zu beachten sind die richtigen Vorzeichen: Bei einer positiven Ableitung am linken Rand sind „mehr" Stoffmoleküle innerhalb von V_i als außerhalb, also diffundieren Moleküle nach außen, und die Stoffmenge in der Box verringert sich entsprechend, was durch das negative Vorzeichen ausgedrückt wird. Am rechten Rand ist es umgekehrt. Insgesamt ergibt sich für die durch Diffusion bewirkte zeitliche Änderung der Stoffmenge in V_i der Wert

$$M_{\text{Diff},i}(t) = A\left(\kappa(x_i, t)\frac{\partial y}{\partial x}(x_i, t) - \kappa(x_{i-1}, t)\frac{\partial y}{\partial x}(x_{i-1}, t)\right), \tag{13.6}$$

wobei hier der allgemeine Fall eines von Ort und Zeit abhängigen Diffusionskoeffizienten $\kappa = \kappa(x_1, t)$ angenommen wurde. Nur wenn κ räumlich konstant ist, kann man den Diffusionskoeffizienten hier ausklammern. Es ist zu erkennen, dass κ an den Rändern der Gitterboxen, d. h. als

$$\kappa_i(t) := \kappa(x_i, t), \quad i = 0, \ldots, N, \tag{13.7}$$

benötigt wird, vgl. Abb. 13.1. Außerdem benötigen wir auch Approximationen für die Ortsableitung von y an den Rändern der Gitterboxen. Da wir nur Werte innerhalb der Boxen haben, benutzen wir Differenzenquotienten (vgl. Definition 7.11):

$$\frac{\partial y}{\partial x}(x_{i-1}, t) \approx \frac{y_i(t) - y_{i-1}(t)}{h}, \quad \frac{\partial y}{\partial x}(x_i, t) \approx \frac{y_{i+1}(t) - y_i(t)}{h}.$$

Damit approximieren wir den Diffusionsanteil durch

$$M_{\text{Diff},i}(t) = A\left(\kappa_i(t)\frac{y_{i+1}(t) - y_i(t)}{h} - \kappa_{i-1}(t)\frac{y_i(t) - y_{i-1}(t)}{h}\right). \tag{13.8}$$

Für die Einheit ergibt sich mit $[\kappa] = \text{m}^2\,\text{s}^{-1}$:

$$\left[M_{\text{Diff},i}(t)\right] = [A][\kappa]\frac{[y]}{[x_1]} = \text{m}^2\frac{\text{m}^2}{\text{s}}\frac{[y]}{\text{m}} = \frac{[y]\,\text{m}^3}{\text{s}}.$$

Der diskrete Diffusionsterm (13.8) ergibt sich ebenfalls aus der integralen Form der Gleichung (12.6) wenn dort im Diffusionsterm

$$M_{\text{Diff}}(t) = \int_{\partial\Omega} \kappa(x)\nabla y(x, t) \cdot n(x)\,ds(x).$$

die Darstellung (13.5) der Normalenvektoren an den beiden Seitenflächen V_i und die Tatsache, dass der Gradient $\nabla y(x, t)$ in diesem Fall senkrecht zu diesen Flächen steht, benutzt wird.

Quellen und Senken

Quellen und Senken des Stoffes werden mit einer Funktion

$$q_i(t) \approx q(x, t), \quad x \in V_i,$$

die positiv für eine Quelle und negativ für eine Senke in der i-ten Box ist, angegeben. Der Quellterm ergibt sich dann zu

$$M_{\text{Quell},i}(t) = A\int_{V_i} q(x, t)\mathrm{d}x \approx Ahq_i(t).$$

Die Funktion $q_i(t)$ hat die Einheit $[q] = [y]\,\text{s}^{-1}$. Die Herleitung dieses Terms aus der integralen Form (12.6) der Transportgleichung ergibt sich sofort.

Reaktionsterme

Chemische oder biologische Reaktionen werden durch einen Term der Form

$$c_i(t, y_i(t)) \approx c(x, t, y(x, t)), \quad x \in V_i$$

modelliert. Die Funktion c kann linear oder nichtlinear in y sein. Ein einfaches Beispiel ist der radioaktive Zerfall, vgl. (12.5). Die durch die Reaktion in V_i verursachte Änderung der Stoffkonzentration ist daher

$$M_{\text{Reak},i}(t) = A \int_{V_i} c(x, t, y(x, t)) \mathrm{d}x \approx Ah c_i(t, y_i(t)).$$

Der Reaktionsterm $c_i(t, y_i(t))$ hat wieder die Einheit Konzentration pro Zeit $[y]\,\mathrm{s}^{-1}$. Auch hier ergibt sich die Herleitung dieses Terms aus der integralen Form (12.6) der Transportgleichung unmittelbar.

Die diskrete Gleichung

Alle vier Prozesse zusammengefasst ergeben folgende Bilanz:

$$M_i'(t) = M_{\text{Adv},i}(t) + M_{\text{Diff},i}(t) + M_{\text{Quell},i}(t) + M_{\text{Reak},i}(t).$$

Einsetzen der oben hergeleiteten Approximationen für diese Terme ergibt eine diskrete Gleichung, aus der der Faktor der Fläche A in x_2-x_3-Ebene herausgekürzt werden kann. Zusammengesetzt und durch h dividiert ergibt sich, wobei wir das Argument t der Übersicht wegen weglassen:

$$y_i' = v \frac{y_{i-1} - y_{i+1}}{2h} + \kappa_i \frac{y_{i+1} - y_i}{h^2} - \kappa_{i-1} \frac{y_i - y_{i-1}}{h^2} + c_i(y_i) + q_i, \quad i = 1, \dots, N,$$

$$(13.9)$$

und wenn die Unbekannten zusammengefasst werden:

$$y_i' = \left(\frac{\kappa_{i-1}}{h^2} + \frac{v}{2h} \right) y_{i-1} - \frac{\kappa_i + \kappa_{i-1}}{h^2} y_i + \left(\frac{\kappa_i}{h^2} - \frac{v}{2h} \right) y_{i+1} + c_i(y_i) + q_i,$$

$$(13.10)$$

Ist der Diffusionskoeffizient räumlich konstant, d. h. gilt $\kappa_i = \kappa$ für alle i, dann ergibt sich:

$$y_i' = \left(\frac{\kappa}{h^2} + \frac{v}{2h} \right) y_{i-1} - \frac{2\kappa}{h^2} y_i + \left(\frac{\kappa}{h^2} - \frac{v}{2h} \right) y_{i+1} + c_i(y_i) + q_i, \quad i = 1, \dots, N.$$

$$(13.11)$$

Randbedingungen

Die in (13.10) auftretenden Werte y_0, y_{N+1} beziehen sich auf Gitterboxen, die außerhalb des Rechengebietes liegen. Sie müssen daher direkt oder indirekt über Randbedingungen bestimmt werden. Dabei können an verschiedenen Teilen des Randes (im eindimensionalen Fall sind das die beiden Punkte $x = a, b$) verschiedene Bedingungen vorgegeben sein. Welche Randbedingungen sinnvoll sind, ergibt sich aus der modellierten Konfiguration. Wir unterscheiden folgende Fälle:

1. Vorgegebene Konzentration am Rand (Dirichlet-Randbedingung): Hier ist die Konzentration am Rand als

$$y_0(t) = y_a(t) \quad \text{bzw.} \quad y_{N+1}(t) = y_b(t) \tag{13.12}$$

gegeben, was in die Gleichung (13.10) für $i = 1$

$$y_1' = -\frac{\kappa_1 + \kappa_0}{h^2} y_1 + \left(\frac{\kappa_1}{h^2} - \frac{v}{2h}\right) y_2 + c_1(y_1) + q_1 + \underbrace{\left(\frac{\kappa_0}{h^2} + \frac{v}{2h}\right) y_a}_{= r_1} \tag{13.13}$$

bzw. $i = N$ (analog) eingesetzt wird. Diese Randbedingung ist für Transportgleichungen sinnvoll, wenn Messungen am Rand vorliegen und der Verlauf im Gebiet daraus rekonstruiert werden soll. Es gibt sich in der entsprechenden Gleichung ein zusätzlicher Randterm $r_1(t)$ bzw. $r_N(t)$. Die Koeffizienten der Unbekannten $(y_i)_{i=1}^N$ bleiben unverändert.

2. Vorgegebener Fluss über den Rand (Neumann-Randbedingung): Die Stoffflüsse über den Rand sind in der Gleichung (13.9) für $i = 1$ bzw. $i = N$ durch den jeweiligen Advektionsterm

$$v \frac{y_0(t) - y_2(t)}{2h} =: \bar{y}_a(t) \quad \text{bzw.} \quad v(t) \frac{y_{N-1}(t) - y_{N+1}(t)}{2h} =: \bar{y}_b(t) \tag{13.14}$$

gegeben, für den Randdaten $\bar{y}_a(t)$ bzw. $\bar{y}_b(t)$ eingesetzt werden können. Es ergibt sich z. B. für $x = b$, also $i = N$:

$$y_N' = \bar{y}_b + \kappa_N \frac{y_{N+1} - y_N}{h^2} - \kappa_{N-1} \frac{y_N - y_{N-1}}{h^2} + c_N(y_N) + q_N.$$

Zusätzlich treten die Werte y_0, y_{N+1} auch in den Diffusionstermen auf. Dort können dann entweder die Diffusionskoeffizienten an den Rändern, also $\kappa_0, \kappa_N = 0$ gesetzt werden (wenn angenommen wird, dass keine Diffusion über den Rand stattfindet). Oder die Unbekannten y_0 bzw. y_{N+1} werden mit (13.14) durch y_2, $\bar{y}_a$ bzw. y_{N-1}, $\bar{y}_b$ ausgedrückt. Wieder ergibt sich in Gleichung $i = 1$ oder $i = N$ ein zusätzlicher Randterm $r_1(t)$, $r_N(t)$, und auch die Koeffizienten einiger Unbekannten verändern sich.

3. Keine Konzentrationsänderung am Rand (homogene Neumann-Bedingung): Dies gibt
   z. B. einen Sinn, wenn an einem Rand eine Messung vorliegt (Fall 1) und das Gebiet als
   so groß angenommen wird, dass am anderen Rand die Konzentration konstant bleibt,
   weil der Stoff schon diffundiert ist.
   Dieser Spezialfall kann natürlich wie oben mit $\bar{y}_a = 0$ bzw. $\bar{y}_b = 0$ behandelt werden.
   Alternativ können die Werte y_0, y_{N+1} dazu benutzt werden, um am Rand des Gebietes
   ein räumlich konstantes Verhalten der Konzentration zu simulieren. Dann wird

$$y_0(t) = y_1(t) \ \text{oder/und} \ y_{N+1}(t) = y_N(t)$$

in (13.9) gesetzt, und es ergibt sich z. B. für $x = b, i = N$:

$$y_N' = \frac{v}{2h}(y_{N-1} - \underbrace{y_{N+1}}_{=y_N}) + \kappa_N \underbrace{\frac{y_{N+1} - y_N}{h^2}}_{=0} - \kappa_{N-1}\frac{y_N(t) - y_{N-1}}{h^2} + c_N(y_N) + q_N.$$

$$(13.15)$$

Im Diffusionsterm bedeutet das also praktisch $\kappa_N = 0$. Hier entsteht kein zusätzlicher
Randterm, aber wieder verändern sich die Koeffizienten der Unbekannten (hier der
von y_N).

Das diskrete System in Matrix-Vektor-Schreibweise

Der Advektions- und Diffusionsanteil kann – da sie linear sind – als Matrix-Vektor-
Produkt geschrieben werden. Mit den Vektorfunktionen

$$y(t) = (y_i(t))_{i=1}^N, \quad q(t) = (q_i(t))_{i=1}^N, \quad c(t, y(t)) = (c_i(t, y_i(t)))_{i=1}^N$$

gilt dann

$$y'(t) = (A_{\text{Adv}}(t) + A_{\text{Diff}}(t)) \, y(t) + c(t, y(t)) + q(t) + r(t). \qquad (13.16)$$

Die Matrizen $A_{\text{Adv}}(t)$ und $A_{\text{Diff}}(t)$ haben jeweils die Dimension $N \times N$, der Vektor $r(t) \in \mathbb{R}^N$ enthält eventuelle Randterme.

Für die oben aufgeführten verschiedenen Randbedingungen ergeben sich unterschiedliche Einträge in den Matrizen und im Vektor r. Wir geben zwei Beispiele an: Dabei
benutzen wir die Bezeichnung

$$\text{tridiag}_N(a, b, c) := \begin{pmatrix} b & c & & & \\ a & \ddots & \ddots & & \\ & \ddots & \ddots & c \\ & & a & b \end{pmatrix}, \quad a, b, c \in \mathbb{C} \qquad (13.17)$$

für eine Tridiagonalmatrix in $\mathbb{C}^{N \times N}$ mit konstanten Einträgen auf der Diagonalen und den Nebendiagonalen.

Beispiel 13.1 Für vorgegebene Konzentrationen (13.12) an beiden Rändern und konstante Diffusion ergeben sich die Matrizen:

$$A_{\mathrm{Adv}}(t) = \frac{v(t)}{2h} \mathrm{tridiag}_N(1, 0, -1), \qquad A_{\mathrm{Diff}}(t) = \frac{\kappa(t)}{h^2} \mathrm{tridiag}_N(1, -2, 1) \qquad (13.18)$$

und der Vektor

$$r(t) = \left(\left(\frac{\kappa(t)}{h^2} + \frac{v(t)}{2h} \right) y_a(t), 0, \ldots, 0, \left(\frac{\kappa(t)}{h^2} + \frac{v(t)}{2h} \right) y_b(t) \right) \in \mathbb{R}^N. \qquad (13.19)$$

Beispiel 13.2 Für eine gemischte Randbedingung mit vorgegebenem Wert der Konzentration in $x = a$ und keiner Stoffkonzentrationänderung in $x = b$ wirkt sich die zweite Bedingung auf die letzte Zeile der Advektionsmatrix aus, sie bestimmt sich aus (13.15). Es entsteht ein zusätzlicher Diagonaleintrag:

$$A_{\mathrm{Adv}}(t) = \frac{v(t)}{2h} \begin{pmatrix} 0 & -1 & & \\ 1 & \ddots & \ddots & \\ & \ddots & 0 & -1 \\ & & 1 & -1 \end{pmatrix}. \qquad (13.20)$$

In der Diffusionsmatrix entfällt im letzten Diagonalelement der Eintrag κ_N, vgl. (13.15). Damit lautet die Matrix mit $\kappa_i = \kappa_i(t)$:

$$A_{\mathrm{Diff}}(t) = \frac{1}{h^2} \begin{pmatrix} -(\kappa_0 + \kappa_1) & \kappa_1 & & & \\ \kappa_1 & -(\kappa_1 + \kappa_2) & \kappa_2(t) & & \\ & \ddots & -(\kappa_{N-2} + \kappa_{N-1}) & \kappa_{N-1} \\ & & \kappa_{N-1} & -\kappa_{N-1} \end{pmatrix}. \qquad (13.21)$$

Der Vektor mit den Randtermen hat nur den Eintrag r_1 wie in (13.19).

Übung 13.3 Geben Sie das diskrete System für den Fall mit keiner Änderung der Konzentrationen an beiden Rändern an (Fall 3 oben).

13.2 Die Finite-Differenzen-Methode

Die Finite-Differenzen-Methode ist eine Diskretisierungsmethode, die auf der differentiellen Form einer Bilanzgleichung oder allgemein einer Differentialgleichung aufbaut. Bei dieser Methode wird ähnlich wie bei der Finiten-Volumen-Methode ein Gitter erzeugt.

Anschließend werden die in der punktweisen Formulierung auftretenden Differentialoperatoren durch Differenzenquotienten approximiert.

In diesem Abschnitt zeigen wir die Anwendung der Finite-Differenzen-Methode auf die differentielle Form (12.10) der Transportgleichung. Wir betrachten hier zunächst wieder nur die Ortsdiskretisierung.

Differenzenquotienten

Die Ableitungen erster und zweiter Ordnung bezüglich der Ortskoordinaten x_i werden mit Differenzenquotienten approximiert. Für die ersten Ableitungen wurden diese bereits in Definition 7.11 angegeben, denjenigen für die zweite Ableitung ergänzen wir hier, wieder nur im eindimensionalen Fall.

Definition 13.4 (Differenzenquotient 2. Ordnung) Sei $D \subset \mathbb{R}$ offen, $y : D \to \mathbb{R}$, $x \in D$ und $h > 0$. Dann definieren wir den *zentralen Differenzenquotienten zweiter Ordnung*:

$$D_{2,h} y(x) := \frac{y(x+h) - 2y(x) + y(x-h)}{h^2}.$$

Es gilt:

Satz 13.5 *Ist y wie oben und in $[x - h, x + h] \subset D$ viermal stetig differenzierbar, dann gilt*

$$D_{2,h} y(x) - y''(x) \in \mathcal{O}(h^2), \quad h \to 0.$$

Übung 13.6 Beweisen Sie dieses Resultat und zeigen Sie, dass sich der zentrale Differenzenquotient zweiter Ordnung durch Nacheinanderanwendung des vorwärts und rückwärts genommenen Differenzenquotienten erster Ordnung ergibt.

Anwendung auf die eindimensionale Transportgleichung

Wir wenden die oben eingeführten Differenzenquotienten nun auf die Ortsableitungen der räumlich eindimensionalen Transportgleichung (12.10) an. Die Zeitableitung bleibt zunächst unverändert. Die Geschwindigkeit v wird wieder als räumlich konstant angesehen, was im eindimensionalen Fall sinnvoll ist (vgl. die Begründung in Abschn. 13.1).

In der Diskretisierung wird das gleiche Gitter

$$x_i = a + ih, \; i = 0, \dots, N, \quad x_N = b, \quad h = \frac{b - a}{N} \tag{13.22}$$

wie bei der Finiten-Volumen-Methode in (13.1) benutzt. Im Gegensatz dazu wird jetzt mit y_i allerdings die Approximation der Lösung am Gitterpunkt x_i bezeichnet:

$$y_i(t) \approx y(x_i, t).$$

Wird definieren analog an den Gitterpunkten

$$q_i(t) := q(x_i, t), \quad c_i(t, y_i(t)) := c(x_i, t, y_i(t))$$

und setzen für die Ableitung im Advektionsterm den zentralen Differenzenquotienten erster Ordnung an:

$$v(t)\frac{\partial y}{\partial x}(x_i, t) \approx v(t)\frac{y_{i+1}(t) - y_{i-1}(t)}{2h}.$$

Den Diffusionsterm diskretisieren wir durch Hintereinanderausführen des Vorwärts- und rückwärtsgenommen Differenzenquotienten erster Ordnung als

$$\frac{\partial}{\partial x}\left(\kappa \frac{\partial y}{\partial x}\right)(x_i, t) \approx D_{h/2}\big(\kappa(x_i, t)D_{h/2}y(x_i, t)\big)$$

$$= D_{h/2}\left(\kappa(x_i, t)\frac{y(x_i + \frac{h}{2}, t) - y(x_i - \frac{h}{2}, t)}{h}\right)$$

$$= \kappa\left(x_i + \frac{h}{2}, t\right)\frac{y_{i+1}(t) - y_i(t)}{h^2} - \kappa\left(x_i - \frac{h}{2}, t\right)\frac{y_i(t) - y_{i-1}(t)}{h^2}.$$

Übung 13.7 Welche Approximation ergibt sich bei Verwendung der Differenzenquotienten D_h^-, D_h^+ (und umgekehrt)? Was ist der Nachteil dieser beiden Varianten gegenüber der oben verwendeten?

Es werden bei der hier verwendeten Variante die Diffusionskoeffizienten nicht an den Gitterpunkten, sondern an den Mittelpunkten $x_i - \frac{h}{2}$ der Boxen V_i (vgl. Abb. 13.1) benötigt. Mit der Bezeichnung

$$\kappa_i(t) := \kappa\left(x_i - \frac{h}{2}, t\right), \quad i = 1, \ldots, N, \tag{13.23}$$

ergibt sich

$$\frac{\partial}{\partial x}\left(\kappa \frac{\partial y}{\partial x}\right)(x_i, t) \approx \kappa_{i+1}(t)\frac{y_{i+1}(t) - y_i(t)}{h^2} - \kappa_i(t)\frac{y_i(t) - y_{i-1}(t)}{h^2}.$$

Die Diskretisierung der Differentialgleichung (12.10) im Inneren des Gebietes (d. h. für die Gitterpunkte $i = 1, \ldots, N - 1$) ergibt so folgende Gleichungen (das Argument t ist wieder unterdrückt):

$$y_i' = -v \frac{y_{i+1} - y_{i-1}}{2h} + \kappa_{i+1} \frac{y_{i+1} - y_i}{h^2} - \kappa_i \frac{y_i - y_{i-1}}{h^2} + c_i(y_i) + q_i,$$
$$i = 1, \ldots, N - 1.$$

Dies sind $N - 1$ Gleichungen für zunächst $N + 1$ Unbekannte. Die fehlenden zwei Gleichungen kommen aus den Randbedingungen. Ein Umsortieren ergibt

$$y_i' = \left(\frac{\kappa_i}{h^2} + \frac{v}{2h} \right) y_{i-1} - \frac{\kappa_i + \kappa_{i+1}}{h^2} y_i + \left(\frac{\kappa_{i+1}}{h^2} - \frac{v}{2h} \right) y_{i+1} + c_i(y_i) + q_i, \quad (13.24)$$
$$i = 1, \ldots, N - 1.$$

Dies entspricht dem System (13.10) das sich mit Finiten Volumen ergibt, wenn N dort durch $n := N - 1$ hier ersetzt wird. Einziger Unterschied ist die andere Bedeutung (13.23) statt (13.7) der Diffusionskoeffizienten und ihre damit verbundene veränderte Nummerierung.

Übung 13.8 Die Werte des Diffusionskoeffizienten in den Mittelpunkten der Boxen können auch durch Mittelung der Werte an den Kanten, also als

$$\kappa \left(x_i - \frac{h}{2}, t \right) \approx \frac{\kappa_{i-1}(t) + \kappa_i(t)}{2}$$

mit κ_i wie in (13.7) approximiert werden. Welche Diskretisierung ergibt sich in diesem Fall?

Das System kann wieder in Matrix-Vektor-Form als

$$y'(t) = (A_{\text{Adv}}(t) + A_{\text{Diff}}(t)) y(t) + c(t, y(t)) + q(t) + r(t) \quad (13.25)$$

geschrieben werden. Der zusätzliche Vektor $r(t) \in \mathbb{R}^n$ und die genaue Form der Matrizen bestimmen sich wieder aus den Randbedingungen.

Beispiel 13.9 Im Fall beiderseitiger Dirichlet-Randbedingungen ergibt sich dasselbe System wie bei der Finite-Volumen-Methode in Beispiel 13.1.

Beispiel 13.10 Wie in Beispiel 13.2 sei an einem Rand $x = a$ der Wert der gesuchten Funktion y vorgegeben (also eine Dirichlet-Randbedingung), in $x = b$ sei eine homogene Neumann-Bedingung gegeben, d. h.

$$y(a, t) = y_a(t), \quad \frac{\partial y}{\partial x}(b, t) = 0.$$

Für die Dirichlet-Randbedingung an $x = a$ wird in (13.24) für $i = 1$ der Wert y_0 durch den Randwert y_a ersetzt. Dies ergibt für konstante Diffusion

$$y_1' = -\frac{2\kappa}{h^2} y_1 + \left(\frac{\kappa}{h^2} - \frac{v}{2h}\right) y_2 + c_1(y_1) + q_1 + \underbrace{\left(\frac{\kappa}{h^2} + \frac{v}{2h}\right) y_a}_{=:r_1}. \qquad (13.26)$$

Bei der Diskretisierung der Ableitung am rechten Rand existiert der Gitterpunkt x_{N+1}, der bei der Verwendung des zentralen Differenzenquotienten für die Ableitung in $x_N = b$ benötigt wird, nicht. Wir verwenden daher den rückwärts genommenen Differenzenquotienten für die Neumann-Bedingung:

$$\frac{\partial y}{\partial x}(x_N, t) \approx \frac{y_N(t) - y_{N-1}(t)}{h}.$$

Damit erhalten wir aus der homogenen Neumann-Bedingung $y_N(t) = y_{N-1}(t)$, und die letzte Gleichung ($i = N - 1$) ändert sich zu

$$y_{N-1}' = \left(\frac{\kappa}{h^2} + \frac{v}{2h}\right) y_{N-2} - \left(\frac{\kappa}{h^2} + \frac{v}{2h}\right) y_{N-1} + c_{N-1}(y_{N-1}) + q_{N-1}.$$

Die Matrizen in (13.25) sind jetzt gegeben durch

$$A_{\text{Adv}}(t) = \frac{v(t)}{2h} \begin{pmatrix} 0 & -1 & & \\ 1 & \ddots & \ddots & \\ & \ddots & 0 & -1 \\ & & 1 & -1 \end{pmatrix}, \quad A_{\text{Diff}}(t) = \frac{\kappa(t)}{h^2} \begin{pmatrix} -2 & 1 & & \\ 1 & \ddots & \ddots & \\ & \ddots & -2 & 1 \\ & & 1 & -1 \end{pmatrix} \in \mathbb{R}^{n \times n}$$

mit $n = N - 1$. Der Diagonaleintrag in der letzten Zeile der Advektionsmatrix ist hinzugekommen, und an gleicher Stelle hat sich die Diffusionsmatrix verändert. Der Randterm $r(t)$ in (13.25) enthält nur den Eintrag (13.26), alle anderen sind Null.

Anmerkung 13.11 Die Matrizen entsprechen derjenigen der Finite-Volumen-Methode aus Beispiel 13.2 mit konstanter Diffusion.

Der Nachteil der beschriebenen Diskretisierung der Neumann-Bedingung ist die niedrigere Genauigkeit $\mathcal{O}(h)$ als die der Differentialgleichung im Inneren ($\mathcal{O}(h^2)$). Eine zweite Variante vermeidet diesen Genauigkeitsverlust:

Beispiel 13.12 Wir behalten y_{N+1} als „virtuelle" Unbekannte und diskretisieren die Differentialgleichung auch an der Stelle $x = x_N = b$. Damit erhalten wir ein Gleichungssystem der Dimension $n = N$. Die Neumann-Bedingung diskretisieren wir mit dem zentralen Differenzenquotienten, der die Ordnung $\mathcal{O}(h^2)$ hat, und setzen

$$\frac{\partial y}{\partial x}(x_N) \approx \frac{y_{N+1} - y_{N-1}}{2h} = 0,$$

also $y_{N+1}(t) = y_{N-1}(t)$. Die Gleichungen für $i = 1, \ldots, N-1$ haben dieselbe Form wie in (13.24), und diese Gleichung benutzen wir nun auch für $i = N$. Darin entfällt der erste Term genau wegen der Neumann-Bedingung, und y_{N+1} wird im zweiten Term durch y_{N-1} ersetzt:

$$y_N'(t) = \kappa(t)\frac{-2y_N(t) + 2y_{N-1}(t)}{h^2} + c_N(t, y_N(t)) + q_N(t).$$

Damit ist nun

$$A_{\text{Adv}}(t) = \frac{v(t)}{2h}\begin{pmatrix} 0 & -1 & & \\ 1 & \ddots & \ddots & \\ & 1 & \ddots & -1 \\ & & 0 & 0 \end{pmatrix}, \quad A_{\text{Diff}}(t) = \frac{\kappa(t)}{h^2}\begin{pmatrix} -2 & 1 & & \\ 1 & \ddots & \ddots & \\ & 1 & \ddots & 1 \\ & & 2 & -2 \end{pmatrix} \in \mathbb{R}^{N \times N}.$$

Beide Matrizen haben sich im letzten unteren Nebendiagonaleintrag geändert.

Übung 13.13 Stellen Sie die diskreten System für beidseitige Neumann- und beidseitige Dirichlet-Randbedingungen auf. Vergleichen Sie mit den entsprechenden Systemen der Finite-Volumen-Methode.

13.3 Lösbarkeit des diskreten stationären Systems

In diesem Abschnitt soll die Lösbarkeit der stationären diskreten Gleichungen untersucht werden, die sich – wie gesehen – für beide Diskretsierungsvarianten (Finite-Volumen- oder Finite-Differenzen-Methode) nicht unterscheiden.

In Korollar 12.28 wurde gezeigt, dass die Transportgleichung mit Neumann-Bedingungen unter bestimmten Voraussetzungen an κ und c (vor allem $c \neq 0$) eine eindeutige schwache stationäre Lösung hat. Übung 12.32 zeigt das gleiche Resultat für Dirichlet-Bedingungen sogar für $c = 0$. Gibt es eine klassische Lösung mit entsprechender zweimaligen Differenzierbarkeit im Ort, dann ist diese Lösung auch eine schwache Lösung und somit eindeutig.

Es ist wünschenswert, dass auch das diskretisierte stationäre System, das sich aus (13.16) bzw. (13.25) zu

$$(A_{\text{Adv}} + A_{\text{Diff}})y + c(y) + q + r = 0 \tag{13.27}$$

ergibt, diese Eigenschaft hat. Ist c linear, so ist die Lösbarkeit des dann linearen Systems äquivalent zur Regularität der Matrix $A_{\text{Adv}} + A_{\text{Diff}} + cI$ mit der N-dimensionalen Einheitsmatrix I.

Der Diffusionsanteil

Wir betrachten zunächst den Diffusionsanteil mit konstantem κ und dazu als Beispiel die Matrix (13.18) aus den Beispielen 13.1 bzw. 13.9 der Finiten-Volumen- bzw. Finite-Differenzen-Diskretisierung:

$$A_{\text{Diff}} = \frac{\kappa}{h^2} \text{tridiag}_n(1, -2, 1). \tag{13.28}$$

Für diese Matrix kann gezeigt werden, dass sie regulär ist.

Definition 13.14 Eine Matrix $A \in \mathbb{R}^{n \times n}$ heißt *positiv-semidefinit*, wenn

$$x^\top A x \geq 0 \quad \forall x \in \mathbb{R}^n \tag{13.29}$$

gilt. Sie heißt *positiv-definit*, wenn Gleichheit in (13.29) nur für $x = 0$ gilt. Sie heißt *negativ-(semi-)definit*, wenn $(-A)$ positiv-(semi-)definit ist.

Für eine definite Matrix gelten folgende Aussagen:

Übung 13.15 Zeigen Sie:

1. Eine positiv- oder negativ-definite Matrix ist regulär.
2. Eine symmetrische Matrix ist genau dann positiv- (bzw. negativ-) definit, wenn alle Eigenwerte positiv (bzw. negativ) sind.
3. Für eine symmetrische positiv-definite Matrix A gilt

$$\lambda_{\min} \|x\|_2^2 \leq x^\top A x \leq \lambda_{\max} \|x\|_2^2 \quad \forall x \in \mathbb{R}^n,$$

wobei $\lambda_{\min}, \lambda_{\max}$ der betragskleinste bzw. -größte Eigenwert von A ist.

Für die Matrix A_{Diff} kann direkt mit der Definition ihre Definitheit gezeigt werden:

Übung 13.16 Zeigen Sie, dass die Matrix $A := \text{tridiag}_n(-1, 2, -1)$ positiv-definit ist.

Da Schrittweite h und Diffusionskonstante κ größer Null sind, ist der diskretisierte Diffusionsoperator mit konstanter Diffusion in der Form (13.28) und auch in den Varianten für andere Randbedingungen regulär:

Korollar 13.17 *Die Matrix* A_{Diff} *aus* (13.28) *ist negativ-definit. Dies gilt ebenfalls, wenn das erste oder/und letzte Diagonalelement auf Grund anderer Randbedingungen den Wert* -1 *statt* -2 *hat.*

Zusätzliche Advektion

Wenn bei konstantem v und κ und geeigneten Randbedingungen (z. B. mit vorgegebenen Werten y_0, y_{N+1}, vgl. Beispiele 13.1, 13.9) die Matrizen $A_{\text{Diff}}, A_{\text{Adv}}$ auf den jeweiligen Haupt- und Nebendiagonalen konstante Einträge haben, kann eine hinreichende Bedingung für die Regularität der Matrix mit Hilfe ihrer Eigenwerte mit dem folgenden Satz gezeigt werden.

Satz 13.18 *Die Matrix* $A := \text{tridiag}_n(a, b, c), a, b, c \in \mathbb{C}$ *hat die Eigenwerte*

$$\lambda_j = b + 2\sqrt{ac}\cos\left(\frac{j\pi}{n+1}\right), \quad j = 1\dots, n. \tag{13.30}$$

Beweis Den Beweis formulieren wir als Übungsaufgabe, s. u.   □

Wir wenden den Satz auf die Matrix

$$A = A_{\text{Diff}} + A_{\text{Adv}},$$

gegeben durch (13.18) mit konstanten Werten für κ an und setzen

$$a = \frac{v}{2h} + \frac{\kappa}{h^2}, \quad b = -\frac{2\kappa}{h^2}, \quad c = -\frac{v}{2h} + \frac{\kappa}{h^2}.$$

Damit gilt für die Eigenwerte von A:

$$\lambda_j = -\frac{2\kappa}{h^2} + 2\sqrt{\frac{\kappa^2}{h^4} - \frac{v^2}{4h^2}}\,\text{sign}\left(\frac{v}{2h} + \frac{\kappa}{h^2}\right)\cos\left(\frac{j\pi}{n+1}\right), \quad j = 1\dots, n. \tag{13.31}$$

Entscheidend ist der Term

$$ac = \left(\frac{v}{2h} + \frac{\kappa}{h^2}\right)\left(-\frac{v}{2h} + \frac{\kappa}{h^2}\right) = \frac{\kappa^2}{h^4} - \frac{v^2}{4h^2}$$

unter der Wurzel. Ist er nicht negativ, dann ist

$$0 \le ac = \frac{\kappa^2}{h^4} - \frac{v^2}{4h^2} \le \frac{\kappa^2}{h^4}$$

und die Wurzel ist reell. Das Argument der Kosinusfunktion in (13.30) liegt immer im offenen Intervall $(0, \pi)$, da $j = 0, n+1$ nicht auftreten. Daher ist der Wert der Kosinusfunktion im offenen Intervall $(-1, 1)$, insbesondere gilt

$$\cos\left(\frac{j\pi}{n+1}\right) < 1 \quad \forall j = 1, \dots, n.$$

Es gilt

$$2\sqrt{ac}\cos\left(\frac{j\pi}{n+1}\right) < 2\sqrt{ac} = \frac{2\kappa}{h^2} \quad \forall j = 1, \ldots, n.$$

Also folgt

$$\lambda_j < -\frac{2\kappa}{h^2} + \frac{2\kappa}{h^2} = 0 \quad \forall j = 1, \ldots, n.$$

Ist der Term ac unter der Wurzel negativ, dann ist $\sqrt{ac}$ eine rein imaginäre Zahl mit Imaginärteil $d = \sqrt{|ac|} \neq 0$. Damit gilt für alle Eigenwerte $\lambda_j \neq 0$, $j = 1, \ldots, n$. Also ist A regulär, unabhängig vom Term unter der Wurzel und damit unabhängig von v, κ, h. Das stationäre System ist eindeutig lösbar.

Übung 13.19 Beweisen Sie Satz 13.18. Tipp/Schritte:

1. Führen Sie A durch eine Ähnlichkeitstransformation mit einer Diagonalmatrix in eine symmetrische Matrix B über.
2. Schreiben Sie diese als $B = \alpha I + \beta C$, $C = \text{tridiag}(1, 0, 1)$ mit $\alpha, \beta \in \mathbb{C}$.
3. Zeigen Sie mit dem Additionstheorem $\sin(x + y) + \sin(x - y) = 2\sin x \cos y$, dass die Vektoren

$$v_j := \left(\sin\left(j\frac{k\pi}{n+1}\right)\right)_{k=1}^n \in \mathbb{R}^n, \quad j = 1, \ldots, n$$

   Eigenvektoren von C sind und bestimmen Sie die zugehörigen Eigenwerte.
4. Berechnen Sie daraus die Eigenwerte von B und damit von A.

Übung 13.20 Was bedeutet es für die Lösbarkeit des stationären Systems, wenn ein linearer Reaktionsterm $c(y) = -cy, c > 0$, hinzukommt? (Wie) Passt dieses Ergebnis zu den Resultaten aus Abschn. 12.4?

Bei nicht konstanten Einträgen auf den Diagonalen der Systemmatrix kann eine Abschätzung für die Eigenwerte benutzt werden, um die Regularität zu untersuchen. Dazu benötigen wir folgenden Begriff.

Definition 13.21 (Irreduzible Matrix) Sei $A = (a_{ij})_{ij} \in \mathbb{C}^{n \times n}$.

1. Indizes $i, j \in \{1, \ldots, n\}$ heißen *direkt verbunden*, wenn $a_{ij} \neq 0$ gilt.
2. Indizes i, j heißen *verbunden*, wenn es $i_k, k = 1, \ldots, l$, gibt mit $i_1 = i, i_l = j$, wobei i_k, i_{k+1} für alle $k = 1, \ldots, l-1$ direkt verbunden sind.
3. A heißt *irreduzibel*, wenn alle $i, j \in \{1, \ldots, n\}$ verbunden sind.

Der Begriff tritt in folgender Eigenwertabschätzung auf:

Satz 13.22 (Satz von Gerschgorin) *Sei $A = (a_{ij})_{ij} \in \mathbb{C}^{n \times n}$. Dann gilt:*

1. *Alle Eigenwerte von A liegen in der Menge*

$$\bigcup_{i=1}^{n} \overline{B_{r_i}(a_{ii})} \quad \text{mit } r_i := \sum_{j=1, j \neq i}^{n} |a_{ij}|, \ i = 1, \ldots, n. \tag{13.32}$$

2. *Ist A irreduzibel, dann liegen alle Eigenwerte in der Menge*

$$\bigcup_{i=1}^{n} B_{r_i}(a_{ii}) \cup \bigcap_{i=1}^{n} \partial B_{r_i}(a_{ii}).$$

Beweis Sei λ Eigenwert von A und v zugehöriger Eigenvektor mit $\|v\|_\infty = 1$, d. h. es existiert i mit $|v_i| = 1$. Die i-te Zeile der Gleichung $Av = \lambda v$ ergibt

$$(\lambda - a_{ii})v_i = \sum_{j=1, j \neq i}^{n} a_{ij}v_j.$$

Wegen $|v_i| = 1 = \|v\|_\infty$ folgt

$$|\lambda - a_{ii}| \leq \sum_{j=1, j \neq i}^{n} |a_{ij}||v_j| \leq \sum_{j=1, j \neq i}^{n} |a_{ij}|\|v\|_\infty \leq \sum_{j=1, j \neq i}^{n} |a_{ij}| = r_i. \tag{13.33}$$

Damit ist Behauptung 1 bewiesen: λ liegt in der Vereinigung der *abgeschlossenen* Kreise $\overline{B_{r_i}(a_{ii})}$.

Liegt λ in der Vereinigung des *Inneren* dieser Kreise, so ist Behauptung 2 ebenfalls bewiesen. Wir nehmen jetzt an, dass

$$\lambda \notin \bigcup_{i=1}^{n} B_{r_i}(a_{ii}). \tag{13.34}$$

Für i mit $|v_i| = 1$ gilt nach Behauptung 1: $\lambda \in \overline{B_{r_i}(a_{ii})}$, also mit (13.34) dann

$$\lambda \in \partial B_{r_i}(a_{ii}), \quad \text{d. h.} \quad |\lambda - a_{ii}| = r_i. \tag{13.35}$$

Zwischenbehauptung: Für i mit $|v_i| = 1$ und beliebiges j gilt:

$$(13.35), a_{ij} \neq 0 \quad \Longrightarrow \quad |v_j| = 1, |\lambda - a_{jj}| = r_j. \tag{13.36}$$

Aus (13.35) folgt, dass in (13.33) überall Gleichheit gilt, also:

$$\sum_{j=1, j \neq i}^{n} |a_{ij}| |v_j| = \sum_{j=1, j \neq i}^{n} |a_{ij}|.$$

Wegen $v_j \leq \|v\|_\infty = 1$ muss $|a_{ij}| |v_j| = |a_{ij}|$ für alle j gelten. Ist $a_{ij} \neq 0$, so folgt dann $v_j = 1$. Abschätzung (13.33) auf j angewandt ergibt

$$|\lambda - a_{jj}| \leq r_j,$$

und Annahme (13.34) impliziert wieder Gleichheit. Also ist die Zwischenbehauptung (13.36) bewiesen.

Sei A irreduzibel und j beliebig. Dann sind i, j verbunden, d. h. es existieren $i_k, k = 1, \ldots, l$ mit $i_1 = i, i_l = j$ und $a_{i_k i_{k+1}} \neq 0$ für $k = 1, \ldots, l - 1$. Aussage (13.36) auf alle direkt verbundenen Indexpaare (i_k, i_{k+1}) angewandt ergibt

$$|v_{i_k}| = 1, \quad |\lambda - a_{i_k i_k}| = r_{i_k} \qquad \forall k = 1, \ldots, l.$$

Für $k = l$ bedeutet das wegen $i_l = j$

$$|\lambda - a_{jj}| = r_j,$$

also ist $\lambda \in \partial B_{r_j}(a_{jj})$. Da j beliebig war, folgt die Behauptung. □

Für die Diskretisierungsmatrizen benutzen wir den Begriff der Diagonaldominanz:

Definition 13.23 (Diagonaldominanz) Eine Matrix $A = (a_{ij})_{ij} \in \mathbb{R}^{n \times n}$ heißt *schwach diagonaldominant*, wenn

$$|a_{ii}| \geq \sum_{j=1, j \neq i}^{n} |a_{ij}| \quad \forall i = 1, \ldots, n \tag{13.37}$$

gilt. Gilt in (13.37) für mindestens ein $i = 1, \ldots, n$ Ungleichheit, dann heißt A *diagonaldominant*. Gilt in (13.37) für alle $i = 1, \ldots, n$ Ungleichheit, dann heißt A *strikt diagonaldominant*.

Korollar 13.24 *Die Matrix $A \in \mathbb{R}^{n \times n}$ habe positive Diagonalelemente und sei entweder (1) strikt diagonaldominant oder (2) irreduzibel und diagonaldominant. Dann ist A positiv-definit.*

Beweis (1) Es gilt $|a_{ii}| > r_i$ für alle i, vgl. (13.32) und (13.37). Es folgt

$$\bigcup_{i=1}^{n} \overline{B_{r_i}(a_{ii})} \cap (-\infty, 0] = \emptyset.$$

Nach Teil 1 des Satzes von Gerschgorin sind dann alle Eigenwerte positiv.

(2) Sei i der Index, für den in der Definition der Diagonaldominanz echte Ungleichheit, also $|a_{ii}| > r_i$, gilt. Es gilt nun

$$\bigcup_{j=1}^{n} B_{r_j}(a_{jj}) \cap (-\infty, 0] = \emptyset \quad \text{und} \quad \bigcap_{j=1}^{n} \partial B_{r_j}(a_{jj}) \subset \partial B_{r_i}(a_{ii}),$$

wobei $\partial B_{r_i}(a_{ii}) \cap (-\infty, 0] = \emptyset$. Nach Teil 2 des Satzes folgt ebenfalls, dass alle Eigenwerte positiv sind. $\qquad\square$

Um dieses Korollar auf die Diskretisierungsmatrizen anzuwenden, stellen wir zuerst fest:

Anmerkung 13.25 In jedem Fall der betrachteten Randbedingungen ist die aus der eindimensionalen Finite-Volumen- oder Finite-Differenzen-Methode erhaltene Diskretisierungsmatrix $A_{\text{Adv}} + A_{\text{Diff}}$ irreduzibel.

Wir betrachten als Beispiel die Finite-Volumen-Variante aus Beispiel 13.2 also die Matrizen (13.20) und (13.21) mit konstanter Diffusion.

Beispiel 13.26 Wir wenden Korollar 13.24 auf die Matrix

$$A := -(A_{\text{Adv}} + A_{\text{Diff}}) = \frac{v}{2h}\begin{pmatrix} 0 & -1 & & \\ 1 & \ddots & \ddots & \\ & \ddots & 0 & -1 \\ & & 1 & -1 \end{pmatrix} + \frac{\kappa}{h^2}\begin{pmatrix} 2 & -1 & & \\ -1 & \ddots & \ddots & \\ & \ddots & 2 & -1 \\ & & -1 & 1 \end{pmatrix}$$

an. Diese hat positive Diagonalelemente, wenn (wegen der letzten Zeile) gilt:

$$\frac{\kappa}{h^2} - \frac{v}{2h} > 0, \quad \text{also} \quad \frac{\kappa}{h^2} > \frac{v}{2h} \quad \text{bzw.} \quad \left(v < 0 \text{ oder } h < \frac{2\kappa}{v} \right). \tag{13.38}$$

Es gilt mit der Bezeichnung r_i, definiert in (13.32):

$$a_{NN} = -\frac{v}{2h} + \frac{\kappa}{h^2} = \left| \frac{v}{2h} - \frac{\kappa}{h^2} \right| = \sum_{j \neq N} |a_{Nj}| = r_N.$$

Für $i = 2, \ldots, N - 1$ gilt mit (13.38):

$$a_{ii} = \frac{2\kappa}{h^2}, \quad r_i = \left| \frac{v}{2h} - \frac{\kappa}{h^2} \right| + \left| -\frac{v}{2h} - \frac{\kappa}{h^2} \right| = \frac{\kappa}{h^2} - \frac{v}{2h} + \left| \frac{v}{2h} + \frac{\kappa}{h^2} \right|.$$

Es gilt

$$\left| \frac{v}{2h} + \frac{\kappa}{h^2} \right| = \frac{v}{2h} + \frac{\kappa}{h^2} \iff \frac{v}{2h} + \frac{\kappa}{h^2} > 0 \iff v > 0 \text{ oder } \frac{\kappa}{h^2} > \frac{|v|}{2h}$$

$$\iff v > 0 \text{ oder } h < \frac{2\kappa}{|v|},$$

$$\left| \frac{v}{2h} + \frac{\kappa}{h^2} \right| = -\frac{v}{2h} - \frac{\kappa}{h^2} \iff \frac{v}{2h} + \frac{\kappa}{h^2} < 0 \iff v < 0 \text{ und } \frac{\kappa}{h^2} < -\frac{v}{2h} = \frac{|v|}{2h}$$

$$\iff v < 0 \text{ und } h > \frac{2\kappa}{|v|}.$$

Wegen (13.38) gibt es noch drei Fälle:

$$(1) \quad v > 0, \ h < \frac{2\kappa}{v}: \quad r_i = \frac{\kappa}{h^2} - \frac{v}{2h} + \frac{v}{2h} + \frac{\kappa}{h^2} = \frac{2\kappa}{h^2} = a_{ii}$$

$$(2) \quad v < 0, \ h < \frac{2\kappa}{|v|}: \quad r_i = \frac{\kappa}{h^2} - \frac{v}{2h} + \frac{v}{2h} + \frac{\kappa}{h^2} = \frac{2\kappa}{h^2} = a_{ii}$$

$$(3) \quad v < 0, h > \frac{2\kappa}{|v|}: \quad r_i = \frac{\kappa}{h^2} - \frac{v}{2h} - \frac{v}{2h} - \frac{\kappa}{h^2} = \frac{|v|}{h} > \frac{2\kappa}{h^2} = a_{ii}.$$

Nur für

$$h < \frac{2\kappa}{|v|} \tag{13.39}$$

gilt also $r_i \leq a_{ii}, i = 2, \ldots, N$. Diese Voraussetzung impliziert (13.38). Unter der Voraussetzung (13.39) gilt für die erste Zeile

$$a_{11} = \frac{2\kappa}{h^2} < \left| -\frac{v}{2h} \right| = \frac{|v|}{2h} = r_1,$$

also ist die Matrix für Schrittweiten, die (13.39) erfüllen, diagonaldominant.

Die Aussage im Beispiel bedeutet nicht, dass die Matrix in anderen Fällen nicht regulär ist, für den Beweis werden nur andere Methoden benötigt.

Übung 13.27 Implementieren Sie die Version mit Dirichlet- oder gemischten Randbedingungen, wählen Sie κ und v beliebig und untersuchen Sie, was bei verschiedenen Schrittweiten h passiert, insbesondere dann, wenn Bedingung (13.39) verletzt ist.

13.4 Numerische Instabilität advektionsdominanter Probleme

Wie in Abb. 13.2 zu sehen, entstehen bei zu groß gewählten Schrittweiten Oszillationen bei der numerischen Lösung der stationären Transportgleichung. Numerische Experimente zeigen, dass der Wert in (13.39) eine kritische Grenze darstellt. Nur bei kleineren Schrittweiten werden Oszillationen vermieden. Je kleiner die Diffusion (genauer: der Diffusionskoeffizient) und je größer die Geschwindigkeit, desto kleiner muss h gewählt werden.

Theoretisch kann dieses Verhalten an folgender Modellkonfiguration erklärt werden: Die diskreten Gleichungen (13.10) lauten im stationären Fall für konstante v, κ und $q \equiv 0, c \equiv 0$ und gegebenen Randwerten y_0, y_{N+1}:

$$0 = \left(\frac{\kappa}{h^2} + \frac{v}{2h}\right) y_{i-1} - \frac{2\kappa}{h^2} y_i + \left(\frac{\kappa}{h^2} - \frac{v}{2h}\right) y_{i+1}, \quad i = 1, \ldots, N.$$

Nach Multiplikation mit h^2/κ erhalten wir mit der Abkürzung

$$s := \frac{vh}{2\kappa}$$

die Gleichungen:

$$(1 + s)\, y_{i-1} - 2y_i + (1 - s)\, y_{i+1} = 0, \quad i = 1, \ldots, N. \tag{13.40}$$

Eine solche *Differenzengleichung* oder auch *Dreitermrekursion* kann gelöst werden, indem zunächst $y_i = \mu^i, \mu \in \mathbb{R}$, angesetzt wird. Nach Division durch μ^{i-1} ergibt sich die

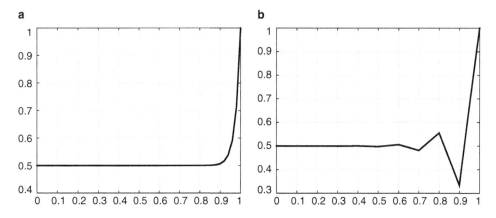

Abb. 13.2 Lösung der Advektions-Diffusionsgleichung mit vorgegebenen Randwerten für die Konzentrationen $y_a = 0{,}5$, $y_b = 1$ an den Intervallrändern und $c = 0$, $v = 2$, $\kappa = 0{,}05$, Schrittweite $h = 0{,}02$ (**a**) und $h = 0{,}1$ (**b**)

quadratische Gleichung

$$a\mu^2 + b\mu + c = 0.$$

Sind μ_1, μ_2 deren Lösungen, dann ist – da die Differenzengleichung linear war – jede Linearkombination der Form

$$y_i = c_1\mu_1^i + c_2\mu_2^i, \quad c_1, c_2 \in \mathbb{R}, \quad i = 0, \ldots, N+1, \tag{13.41}$$

eine Lösung. Es kann dann auch gezeigt werden, dass dies die einzigen sind. Die Konstanten c_i werden aus den Randwerten y_0, y_{N+1} bestimmt. Hier ist

$$a = 1 - s, \quad b = -2, \quad c = 1 + s,$$

also gilt (wenn $a \neq 0$)

$$\mu_{1,2} = \frac{-b \pm \sqrt{b^2 - 4ac}}{2a} = \frac{2 \pm \sqrt{4 - 4(1 - s^2)}}{2(1 - s)} = \frac{2 \pm \sqrt{4s^2}}{2(1 - s)} = \frac{1 \pm |s|}{1 - s}.$$

Für $s = 0$ gilt $\mu_1 = \mu_2 = 1$, sonst gibt es immer die beiden Lösungen

$$\mu_1 = 1, \quad \mu_2 = \frac{1 + s}{1 - s},$$

egal ob s positiv oder negativ ist. Aus (13.41) ergibt sich für $s = 0$ eine konstante Gitterfunktion, für $s \neq 0$ die allgemeine Lösung

$$y_i = c_1 + c_2 \left(\frac{1 + s}{1 - s}\right)^i, \quad i = 0, \ldots, N+1. \tag{13.42}$$

Diese oszilliert, wenn $|s| > 1$ ist, da dann Zähler oder Nenner (und genau einer von ihnen) im zweiten Summanden negativ ist. Dieses Verhalten wird numerische Instabilität genannt. Die Bedingung $|s| < 1$, bei der keine Instabilität auftritt, bedeutet genau (13.39). Die Schrittweite h muss also klein genug sein, um diese Instabilität zu vermeiden. Die Stabilitätsbedingung wird oft mit der sog. *(Zell-)Peclet-Zahl*, die das Verhältnis von Diffusion zu Advektion und Schrittweite beschreibt, als

$$Pe := 2|s| = \frac{|v|h}{\kappa} < 2$$

angegeben. Im Fall $s = 1$, d.h. $a = 0$ in der quadratischen Gleichung ergibt die Differenzengleichung (13.40) die Beziehung

$$y_i = \frac{1}{2}(1 + s)\, y_{i-1} = y_{i-1}, \quad i = 1, \ldots, N,$$

d.h. eine konstante Gitterfunktion.

13.5 Diskretisierung mit Upwind-Schema

Als Abhilfe des im letzten Abschnitts beschriebenen Problems werden sog. *Upstream-* oder *Upwind-Schemata* benutzt. Sie verwenden für den Advektionsterm eine der Richtung der Geschwindigkeit angepasste Diskretisierung. Bei Finiten Volumen wird der Fluss über den Rand einer Zelle nicht mit dem Mittelwert beider angrenzender Zellen berechnet, sondern nur der Wert derjenigen Zelle genommen, aus der die Strömung kommt, vgl. Abb. 13.3.

Die Diskretisierung wird gewissermaßen der Geschwindigkeit entgegengesetzt vorgenommen wird, was den Namen *Upwind/Upstream* erklärt. Im Advektionsterm $M_{\text{Adv},i}$, vgl. (13.3) werden die Ausdrücke

$$y(x_{i-1}, t) \approx \begin{cases} y_{i-1}(t), & \text{wenn } v(t) > 0, \\ y_i(t), & \text{wenn } v(t) < 0, \end{cases} \quad \text{anstatt } \frac{y_{i-1}(t) + y_i(t)}{2},$$

$$y(x_i, t) \approx \begin{cases} y_i(t), & \text{wenn } v(t) > 0, \\ y_{i+1}(t), & \text{wenn } v(t) < 0, \end{cases} \quad \text{anstatt } \frac{y_i(t) + y_{i+1}(t)}{2}$$

verwendet. Damit wird der Advektionsterm als

$$M_{\text{Adv},i}(t) \approx Av(t) \begin{cases} (y_{i-1}(t) - y_i(t)), & v > 0, \\ (y_i(t) - y_{i+1}(t)), & v < 0, \end{cases}$$

anstatt als

$$M_{\text{Adv},i}(t) \approx Av(t) \frac{y_{i-1}(t) - y_{i+1}(t)}{2}$$

approximiert. In der Finite-Volumen-Diskretisierung (13.9) der Transportgleichung bewirkt dies nach Division durch Ah (der Übersicht wegen mit Unterdrückung des Arguments t):

$$y_i' = \begin{cases} v \dfrac{y_{i-1} - y_i}{h} & (v > 0) \\ v \dfrac{y_i - y_{i+1}}{h} & (v < 0) \end{cases} + \kappa_i \frac{y_{i+1} - y_i}{h^2} - \kappa_{i-1} \frac{y_i - y_{i-1}}{h^2} + c_i(y_i) + q_i,$$

$$i = 1, \ldots, N.$$

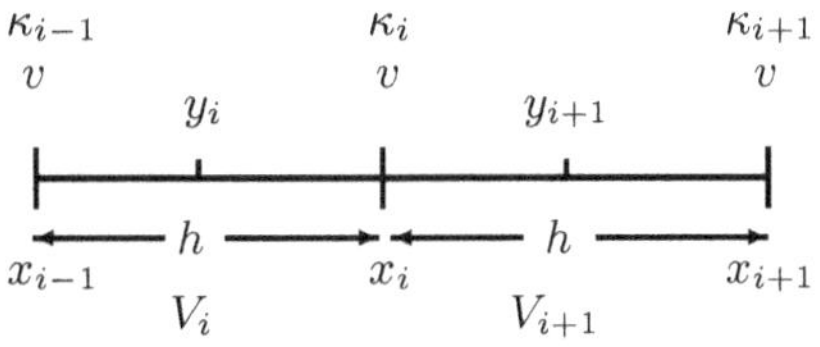

Abb. 13.3 Noch einmal die Nummerierung der Gitterpunkte und Boxen und Variablen in der eindimensionalen Finite-Volumen-Methode

Wenn die Unbekannten zusammengefasst werden, lautet das System

$$y'_i = \begin{Bmatrix} \dfrac{\kappa_i}{h^2} y_{i+1} - \left(\dfrac{\kappa_{i-1} + \kappa_i}{h^2} + \dfrac{v}{h} \right) y_i + \left(\dfrac{\kappa_{i-1}}{h^2} + \dfrac{v}{h} \right) y_{i-1} & (v > 0) \\ \left(\dfrac{\kappa_i}{h^2} - \dfrac{v}{h} \right) y_{i+1} - \left(\dfrac{\kappa_{i-1} + \kappa_i}{h^2} - \dfrac{v}{h} \right) y_i + \dfrac{\kappa_{i-1}}{h^2} y_{i-1} & (v < 0) \end{Bmatrix} \tag{13.43}$$

$$+ c_i(t, y_i(t)) + q_i(t), \qquad i = 1, \dots, N.$$

Der Koeffizient von y_i kann einheitlich mit $|v|$ ausgedrückt werden, bei konstanter Diffusion auch die von y_{i-1}, y_{i+1}. In Abhängigkeit des Vorzeichens von v vertauschen sich dann nur die Koeffizienten von y_{i-1} und y_{i+1}. Ist die Geschwindigkeit zeitabhängig, dann ändert sich die Ortsdiskretisierung eventuell ebenfalls mit der Zeit, je nach Vorzeichen von $v(t)$.

Das Upwind-Schema bewirkt quasi zusätzliche *numerische* Diffusion:

Übung 13.28 Zeigen Sie: Das Upwind-Schema kann als Erhöhung der Diffusion im Standardschema interpretiert werden.

Da das eindimensionale diskrete System bei Anwendung von Finiten Differenzen dem der Finite-Volumen-Methode entspricht, kann auch das Upwind-Verfahren dort benutzt werden:

Übung 13.29 Zeigen Sie: Das Upwind-Schema entspricht beim Finite-Differenzen-Verfahren der Verwendung einseitiger Differenzenquotienten.

Lösbarkeit und Stabilität des stationären Systems

Aus (13.43) lassen sich die Einträge der Matrix $A = A_{\text{Diff}} + A_{\text{Adv}}$ in der stationären Gleichung (13.27) ablesen. Bei beidseitig vorgegebenen Randkonzentrationen werden wieder y_0 und y_N durch diese ersetzt. Es zeigt sich für dieses Beispiel die Diagonaldominanz der Matrix, wobei die Abhängigkeit vom Vorzeichen von v mit der Betragsfunktion ausgedrückt werden kann:

$$a_{ii} = - \left(\frac{\kappa_{i-1} + \kappa_i}{h^2} + \frac{|v|}{h} \right), \qquad i = 1, \dots, N,$$

$$\sum_{j \neq i} |a_{ij}| =: r_i = \frac{\kappa_{i-1}}{h^2} + \frac{\kappa_i}{h^2} + \frac{|v|}{h}, \qquad i = 2, \dots, N-1,$$

$$r_1 = \frac{\kappa_1}{h^2}, \quad r_N = \frac{\kappa_{N-1}}{h^2} + \frac{|v|}{h}, \quad v > 0,$$

$$r_1 = \frac{\kappa_1}{h^2} + \frac{|v|}{h}, \quad r_N = \frac{\kappa_{N-1}}{h^2}, \quad v < 0.$$

Die Diagonaldominanz wird genau durch den Zusatzterm $|v|/h$ auf der Diagonale bewirkt. Anwendung der Korollar 13.24 auf die Matrix $(-A)$ ergibt:

Korollar 13.30 *Die Matrix des Upwind-Schemas ist für alle κ, v und jede Wahl von h regulär.*

Übung 13.31 Weisen Sie dieses Korollar auch für gemischte Randbedingungen nach.

Das Upwind-Schema löst auch das Problem der Instabilitäten:

Übung 13.32 Zeigen Sie analytisch und numerisch, dass beim Upwind-Schema keine Oszillationen auftreten, egal wie das Verhältnis von v, κ, h ist.

13.6   Nicht-äquidistantes Ortsgitter

In Klimamodellen wird meist in der vertikalen Koordinate mit nichtäquidistanten Gittern gerechnet, z. B. am Ozeanboden mit wesentlich gröberen als an der Oberfläche. Allgemein schreiben wir dann

$$a = x_0 < x_0 + h_1 = x_1 < \ldots < x_{N-1} + h_N = x_N = b, \quad h_i = x_i - x_{i-1},$$

Finite-Volumen-Diskretisierung

Für die Diskretisierung ist die variable Länge h_i der Gitterbox V_i der einzige Unterschied, vgl. Abb. 13.4.

Die unterschiedliche Gitterboxlänge hat Auswirkung auf die Approximation der Ableitungen in der Modellierung der Diffusion in Box V_i:

$$\frac{\partial y}{\partial x}(x_{i-1}, t) \approx \frac{y_i(t) - y_{i-1}(t)}{(h_{i-1} + h_i)/2}, \frac{\partial y}{\partial x}(x_i, t) \approx \frac{y_{i+1}(t) - y_i(t)}{(h_i + h_{i+1})/2}.$$

Damit ändert sich der Diffusionsterm (13.6) zu

$$M_{\text{Diff},i}(t) = A\left(\kappa_i(t)\frac{\partial y}{\partial x}(x_i, t) - \kappa_{i-1}(t)\frac{\partial y}{\partial x}(x_{i-1}, t)\right)$$

$$\approx 2A\left(\kappa_i(t)\frac{y_{i+1}(t) - y_i(t)}{h_i + h_{i+1}} - \kappa_{i-1}(t)\frac{y_i(t) - y_{i-1}(t)}{h_{i-1} + h_i}\right).$$

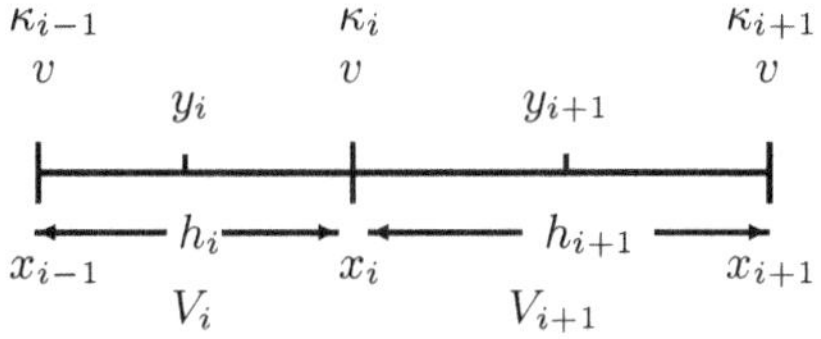

Abb. 13.4 Nummerierung der Gitterpunkte, Boxen und Variablen in der eindimensionalen Finite-Volumen-Methode mit variabler Boxlänge h_i

Alle anderen Terme bleiben (mit $h = h_i$) unverändert. Zusammengesetzt und durch die Länge h_i der Gitterbox dividiert ergibt analog zu (13.10):

$$y_i' = v\frac{y_{i-1} - y_{i+1}}{2h_i} + \frac{2}{h_i}\left(\kappa_i\frac{y_{i+1} - y_i}{h_i + h_{i+1}} - \kappa_{i-1}\frac{y_i - y_{i-1}}{h_{i-1} + h_i}\right) + c(y_i) + q_i, \quad i = 1, \dots, N.$$

Hier wurde das Argument t wieder der Übersicht halber unterdrückt. Wenn die Unbekannten zusammenfasst werden, lassen sich die Einträge der entstehenden Matrix des Advektions-Diffusionsanteils erkennen:

$$\begin{aligned}y_i' = &\frac{1}{h_i}\left(\frac{2\kappa_{i-1}}{h_{i-1} + h_i} + \frac{v}{2}\right)y_{i-1} - \frac{2}{h_i}\left(\frac{\kappa_i}{h_i + h_{i+1}} + \frac{\kappa_{i-1}}{h_{i-1} + h_i}\right)y_i \\ &+ \frac{1}{h_i}\left(\frac{2\kappa_i}{h_i + h_{i+1}} - \frac{v}{2}\right)y_{i+1} + c(y_i) + q_i, \qquad i = 1, \dots, N.\end{aligned}$$

Die Regularität der Systemmatrix im linearen stationären Fall kann analog wie in Abschn. 13.3 untersucht werden.

Übung 13.33 Wenden Sie Korollar 13.24 auf eine Diskretisierung mit einem variablen Gitter an. Welche Aussagen lassen sich übertragen? Welche Voraussetzungen müssen an die Gitterweiten h_i gemacht werden?

Auch hier tritt das Problem der Instabilität bei ungünstigem Verhältnis von h_i, κ_i und v auf. Die Differenzengleichungen haben jedoch jetzt keine konstanten Koeffizienten mehr, und ein Ansatz $y_i = \mu^i, \mu \in \mathbb{R}$ wie in (13.40) führt nicht mehr zu einer geschlossenen Darstellung der diskreten Lösung, an der dies direkt abzulesen wäre. Die numerischen Instabilitäten können ebenfalls mit Upwind-Techniken wie in Abschn. 13.5 behoben werden.

Übung 13.34 Überlegen Sie sich eine sinnvolle Verallgemeinerung der Stabilitätsbedingung (13.39) für ein nicht-äquidistantes Gitter. Welche Größe der Diskretisierung ist relevant?

Zur numerischen Überprüfung dient die folgende Übung:

Übung 13.35 Implementieren Sie die Diskretisierung für ein variables Gitter mit zu einem Ende des Intervalls hin immer gröber werdenden Gitterboxen, z.B. $h_i < h_{i+1}$, $i = 1, \dots, N - 1$. Wählen Sie dabei auch extreme Unterschiede in den Gitterweite, z.B. $h_N = 50\,h_1$. Dies ist ein in manchen eindimensionalen (vertikalen) Modellen für den Ozean verwendetes Verhältnis.

13.7 Ausblick auf die mehrdimensionale Diskretisierung

Die vorgestellte eindimensionale Diskretisierung beschreibt die prinzipielle Vorgehensweise, ist jedoch bei Klimamodellen nur in Einzelällen zu finden. Realistische Modelle für Ozean- oder Atmosphärenströmungen bzw. Transportprozesse darin benötigen eine dreidimensionale Auflösung.

In diesem Abschnitt beschreiben wir die Vorgehensweise prinzipiell, aber nicht bis ins letzte Detail. Die Herleitung basiert wieder auf der Modellierung in Abschn. 12.1.

Wesentlicher Unterschied zu einer Raumdimension ist zunächst das Gitter. In Klimamodellen werden – was die Darstellung und Erklärung wesentlich vereinfacht – fast ausnahmslos strukturierte Gitter verwendet, und zumeist auch rechtwinklige, bei denen oft in den beiden horizontalen Richtung äquidistante Gitterweiten verwendet werden. Es entstehen als Gitterboxen also Quader. Am Ozeanboden werden zur Anpassung an die Bodentopographie auch Gitterboxen mit abgeschrägten Seitenflächen, d. h. acht- oder sechseckige Polyeder verwendet.

Für beide in einer Dimension vorgestellten Diskretisierungsvarianten ist die Nummerierung der Gitterboxen (bei der Finite-Volumen-Diskretisierung) bzw. der Gitterpunkte (bei Finiten Differenzen) von Bedeutung, da die Nachbarschaftrelationen die Struktur des sich ergebenden diskreten Systems, das von seiner Struktur wie in (13.16) aussieht, beeinflussen.

Gittergenerierung

Unter Gittergenerierung wird die Zerlegung des betrachteten Rechengebietes $\Omega \subset \mathbb{R}^d$, $d = 2$ oder 3 in disjunkte Teilgebiete oder Gitterboxen V_i, analog zu (13.2) verstanden. Grundsätzlich wird zwischen strukturierten und unstrukturierten Gittern unterschieden:

- Strukturierte Gitter (Abb. 13.5a) bestehen aus oder basieren zumindest auf einer rechteckigen (Dimension $d = 2$) bzw. quaderförmigen ($d = 3$) Zerlegung von Ω. Eventuell werden die Gitter an den Rändern angepasst und Rechtecke in Dreiecke und analog für $d = 3$ Quader z. B. in Tetraeder weiter unterteilt. Eine Struktur bleibt jedoch erhalten und auch sichtbar. Eventuell können strukturierte Gitter mit einer Transformation krummlinigen Konturen angepasst werden.
- Unstrukturierte Gitter (Abb. 13.5b) basieren auf einer Zerlegung des Gebietes in Dreiecke ($d = 2$) bzw. Tetraeder oder anderer dreidimensionaler Polyeder. Diese Gitter können unregelmäßig beranderten Gebieten einfacher angepasst werden, ihre Generierung ist jedoch besonders im dreidimensionalen Fall aufwändiger.

In beiden Varianten wird meist (nicht unbedingt immer) daür gesorgt, dass keine sog. hängenden Knoten entstehen, dass also kein Gitterpunkt einer Box auf einer Kante bzw. Seite

a   b

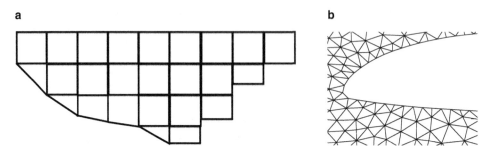

Abb. 13.5 **a** Strukturiertes zweidimensionales Gitter mit Approximation eines Randes: Im rechten Teil durch Rechtecke unterschiedlicher Höhe, im linken durch angefügte Dreiecke bzw. Vierecke, die aus Rechtecken durch Abschrägen einer Kante entstehen. In drei Raumdimensionen kann analog mit angepassten Quadern bzw. sechs- oder achteckigen Polyedern gearbeitet werden. **b** Zum Vergleich ein unstrukturiertes Dreiecksgitter zur Simulation einer Tragflügelumströmung

einer anderen liegt, ohne wieder Eckpunkt dieser Box zu sein. Dies wird mit folgendem Begriff beschrieben:

Definition 13.36 Eine Menge $\{V_i\}_{i=1,\dots,N_V}$ heißt *Zerlegung* von oder *Gitter* auf $\Omega \subset \mathbb{R}^d$, $d = 2, 3$, wenn

$$\overline{\Omega} = \bigcup_{i=1}^{N} V_i, \quad \text{int } V_i \cap \text{int } V_j = \emptyset, i \neq j,$$

gilt. Sie heißt *regulär*, wenn für alle $i, j, i \neq j$ zusätzlich genau einer der folgenden Fälle gilt:

$$\overline{V}_i \cap \overline{V}_j = \begin{cases} \emptyset, \\ \text{ein gemeinsamer Eckpunkt von } V_i, V_j, \\ \text{eine gemeinsame Kante von } V_i, V_j, \\ \text{eine gemeinsame Seite von } V_i, V_j \text{ (nur für } d = 3). \end{cases}$$

Während in technischen und vielen wissenschaftlichen Anwendungen unstrukturierte Gitter Standard sind, ist dies bei Klimamodellen – mit wenigen Ausnahmen – nicht der Fall. Das macht vor allem die Indizierung der Gitterboxen V_i einfacher: Es kann für $d = 3$ horizontal zeilen- oder spaltenweise und dann vertikal in der dritten Dimension nummeriert werden. Diese Zählweise kann sowohl für die Gitterboxen als auch für Gitterpunkte angewandt werden.

Finite-Volumen-Methode

Die Finite-Volumen-Methode basiert auf der Approximation der Randflüsse in Advektions- und Diffusionsterm der integralen Formulierung der Transportgleichung, vgl. Abschn. 12.1:

$$M_{\text{Adv}}(t) = -\int_{\partial\Omega} y(x,t)v(x,t) \cdot n(x)\mathrm{d}s(x),$$

$$M_{\text{Diff}}(t) = \int_{\partial\Omega} \kappa(x)\nabla y(x,t) \cdot n(x)\mathrm{d}s(x).$$

Diese Ausdrücke werden analog zur eindimensionalen Variante für jede Gitterbox V_i approximiert. Dazu sind folgende Schritte notwendig:

- Bestimmung der Gitterboxen, die mit V_i eine Seite gemeinsam haben. Bei einem regulären Gitter sind dies für $d = 3$ maximal sechs mit Indizes $j_k, k = 1, \ldots, 6$.
- Zerlegung des Randes in entsprechende Teile:

$$\partial V_i = \bigcup_{k=1}^{6} S_k.$$

- Bestimmung der Flächen $A_k := |S_k|$ dieser Teilränder.
- Bestimmung der zugehörigen äußeren Einheitsnormalenvektoren $n_k, k = 1, \ldots, 6$. Hierbei ist bei einem strukturierten und zu den Koordinatenachsen parallelen Gitter von Vorteil, dass dann auch die Normalenvektoren mit den Koordinatenvektoren bis auf das Vorzeichen übereinstimmen.

Mit dem Geschwindigkeitsvektor $v_k(t) \approx v(x,t), x \in S_k$, an der entsprechenden Kante kann eine Approximation des gesamten Advektionsterms berechnet werden. Es gilt

$$M_{\text{Adv,i}}(t) = -\sum_{k=1}^{6} \int_{S_k} y(x,t)v(x,t) \cdot n(x)\mathrm{d}s(x)$$

$$\approx -\sum_{k=1}^{6} \frac{y_i(t) + y_{j_k}(t)}{2} v_k(t) \cdot n_k A_k,$$

wenn für den Wert der Konzentration auf der Kante wieder der Mittelwert der Konzentrationen der beiden benachbarten Gitterboxen verwendet wird. Ein Upwind-Schema ist entsprechend je nach dem Vorzeichen des Skalarproduktes $v \cdot n$ auf S_k modifiziert.

Für den Diffusionsterm $M_{\text{Diff},i}$ muss auf jedem Teilrand der Diffusionskoeffizient $\kappa_k(t) \approx \kappa(x,t), x \in S_k$, bekannt sein oder approximiert werden. Für das Skalarprodukt des Gradienten von y mit dem äußeren Normalenvektor kann, da letzterer immer von V_i nach V_{j_k} zeigt und Länge 1 hat, die Approximation

$$\nabla y(x,t) \cdot n(x) \approx \frac{y_{j_k}(t) - y_i(t)}{d_{ik}}, \quad x \in S_k,$$

benutzt werden. Dabei ist d_{ik} der Abstand der Mittel- bzw. Schwerpunkte beider Boxen ist. Es gilt also

$$M_{\text{Diff},i}(t) = \sum_{k=1}^{6} \int_{S_k} \kappa(x) \nabla y(x,t) \cdot n(x) \mathrm{d}s(x) \approx \sum_{k=1}^{6} \kappa_k(t) \frac{y_{j_k}(t) - y_i(t)}{d_{ik}} A_k.$$

Entscheidend für die Struktur des diskreten Systems, das wie im eindimensionalen Fall (vgl. (13.25)) als

$$y'(t) = (A_{\text{Adv}}(t) + A_{\text{Diff}}(t))\, y(t) + c(t, y(t)) + q(t) + r(t) \tag{13.44}$$

geschrieben werden kann, ist die Nummerierung der Boxen V_i.

Um das Prinzip zu erklären, nehmen wir an, dass es sich bei dem Gebiet um einen Quader

$$\Omega = (a_1, b_1) \times (a_2, b_2) \times (a_3, b_3), \quad a_r < b_r, r = 1, 2, 3,$$

handelt und dass eine Diskretisierung mit Gitterpunkten vorliegt, die analog zur eindimensionalen Variante zunächst in jeder Richtung äquidistant als

$$x_{ri} = a_r + i h_r, i = 0, \ldots, N_r, \quad h_r = \frac{b_r - a_r}{N_r}, \quad r = 1, 2, 3, \tag{13.45}$$

gegeben ist. Wir verwenden zunächst für die Boxen eine Nummerierung mit drei Indizes (j, k, l), die wir später wieder in *einen* Index i umrechnen. Es sei

$$V_{jkl} = (x_{1,j-1}, x_{1j}) \times (x_{2,k-1}, x_{2k}) \times (x_{3,l-1}, x_{3l}),$$
$$j = 1, \ldots, N_1, k = 1, \ldots, N_2, l = 1, \ldots, N_3.$$

Damit sind die Nachbarboxen von V_{jkl} diejenigen mit den Indizes

$$(j \pm 1, k, l), (j, k \pm 1, l), (j, k, l \pm 1).$$

Analog zum eindimensionalen Fall definieren wir die Näherungslösung als

$$y_{jkl}(t) \approx y(x,t), \quad x \in V_{jkl}.$$

Die Besetzungsstruktur der Matrizen A_{Adv}, A_{Diff} hängt wesentlich von der Nummerierung der Variablen bzw. Gitterpunkte ab. Eine bijektive Abbildung von den oben verwendeten Indextripeln (j, k, l) auf einen einzigen Index muss definiert werden, z. B. in dieser Form:

$$(j, k, l) \mapsto i = (l - 1)N_2 N_1 + (k - 1)N_1 + j. \tag{13.46}$$

Die Randbedingungen werden analog zum eindimensionalen Fall je nach Typ eingearbeitet. Für die entsprechend als Vektor angeordneten Unbekannten

$$y_{jkl} \leftrightarrow y_i$$

können dann die diskreten Gleichungen als (13.44) aufgeschrieben werden.

Es ergibt sich für A eine Bandmatrix mit Einträgen auf der Diagonale (für Indextripel (j, k, l)), den beiden Nebendiagonalen (für $(j \pm 1, k, l)$) sowie auf Nebendiagonalen im Abstand von N_1 (für $(j, k \pm 1, l)$) und $N_1 N_2$ (für $(j, k, l \pm 1)$). Für nicht quaderförmige (d. h. realistische) Gebiete wie in Abb. 13.5a ist die Umrechnung entsprechend komplexer. Unterschiedliche Tiefen im Ozean bewirken eine Abhängigkeit $N_2 = N_2(k, l)$, und die Landmaske (Inseln und Kontinente) bewirkt $N_1 = N_1(k)$. Die Bänder in A sind dann entsprechend versetzt.

Für effektive Speicherung eignen sich verschiedene Formate. Dabei ist jedoch nicht nur entscheidend, ob die Speicherung effektiv ist (d. h. möglichst wenig Nullelemente gespeichert werden), sondern ebenso, dass die zur Lösung der Gleichung nötigen Operationen schnell durchgeführt werden. Dies sind im wesentlichen Matrix-Vektor-Produkte und Lösen linearer Gleichungssysteme, die bei hochdimensionalen Problemen oft wieder mit Algorithmen (Krylov-Unterraummethoden wie z. B. CG-/Konjugierte Gradienten-Verfahren, vgl. [38, Kap. IV]) durchgeführt werden, deren Basisoperationen Matrix-Vektor-Produkte sind.

Speicherung als Bandmatrix

Ist die Struktur von A noch in Bandform wie im eindimensionalen Fall oder im mehrdimensionalen bei einem strukturiertem Gitter in einem achsenparallelen Gebiet, dann können die einzelnen Diagonalen und Nebendiagonalen in Vektoren entsprechender Länge gespeichert werden, z. B. bei einer Tridiagonalmatrix als

$$d_i = a_{ii}, \ i = 1, \ldots, N, \quad l_i = a_{i,i-1}, \ i = 2, \ldots, N, \quad u_i = a_{i,i+1}, \ i = 1, \ldots, N-1.$$

Sollten Nebendiagonalen durch eine unregelmäßig berandetes Gebiet versetzt sein, werden mit diesem Format auch Nullen gespeichert. Eine numerische Bibliothek, die diese Struktur verwendet, ist z. B. LAPACK [39].

MATLAB[1]-sparse-Format

In diesem Format wird für jeden Nichtnulleintrag a_{ij} von A ein Tripel (i, j, a_{ij}). Dieses Format ist extrem flexibel, speichert keinen Nullen. MATLAB verfügt auch über angepasste Algorithmen, die automatisch z. B. einen speziellen Gleichungslöser verwenden, sobald eine Matrix in diesem Format gegeben ist.

Compressed Column Format

Diese Format wird z. B. OCTAVE [40] benutzt. Dabei wird eine Matrix spaltenweise komprimiert, so dass nur ihre Nichtnullelemente gespeichert sind. Benutzt werden drei Vektoren

- d (= data) mit den spaltenweise angeordneten Nichtnullelementen,
- r (= row index) mit den zugehörigen Zeilenindizes,
- c (= column index) mit den Indexbereichen von d, die zu einer Spalte gehören. Dieser Vektor hat $N + 1$ Einträge bei einer Matrix mit N Spalten. Für Spalte j gibt c an, dass die Einträge $d(c_j, \dots, c_{j+1} - 1)$ die Einträge in der Spalte sind.

Beispiel 13.37 Für die Matrix

$$\begin{pmatrix} 1 & 0 & 2 \\ 0 & 3 & 0 \\ 4 & 5 & 0 \end{pmatrix}$$

ergibt sich bei Zählweise der Indizes von 0 (wie im Compressed Column Format verwendet):

$$d = (1, 4, 3, 5, 2), \quad r = (0, 2, 1, 2, 0) \quad c = (0, 2, 4, 6).$$

Mit dem Codefragment

$$\text{for } j = 0, \dots, N:$$
$$\text{for } i = c_j, \dots, c_{j+1} - 1:$$
$$a_{r_i, j} = d_i$$

kann die Matrix ausgegeben oder bearbeitet werden. Dabei ist die Nützlichleit der Wahl des Vektors c zu erkennen.

Übung 13.38 Schreiben Sie den Algorithmus für eine Matrix-Vektor-Multiplikation in allen drei Speicherformaten in Pseudocode auf.

---

[1] MATLAB ist ein eingetragenes Warenzeichen von The Mathworks Inc.

Finite-Differenzen-Methode

Die Diskretisierung kann wie in (13.45) gewählt werden. Wir verwenden zunächst für die Unbekannten eine Nummerierung mit drei Indizes (für jede Koordinatenrichtung einen) der Form

$$y_{ijk}(t) \approx y(x_{1i}, x_{2j}, x_{3k}, t), \quad i = 0, \ldots, N_1, \ j = 0, \ldots, N_2, \ k = 0, \ldots, N_3.$$

Damit können nun die Ableitungen approximiert werden. Das ergibt im Advektionsterm (ohne das Argument t):

$$(v \cdot \nabla y)(x_{jkl}) = \sum_{r=1}^{3} \left(v_r \frac{\partial y}{\partial x_r} \right)(x_{jl})$$

$$\approx v_1(x_{jkl}) \frac{y_{j+1,kl} - y_{j-1,kl}}{2h_1} + v_2(x_{jkl}) \frac{y_{j,k+1,l} - y_{j,k-1,l}}{2h_2}$$

$$+ v_3(x_{jkl}) \frac{y_{jk,l+1} - y_{jk,l-1}}{2h_3}.$$

Für den Diffusionsterm für räumlich konstantes κ ergibt sich:

$$\operatorname{div}(\kappa \nabla y)(x_{ijk}) = \kappa \Delta y(x_{ijk}) = \kappa \sum_{r=1}^{3} \frac{\partial y}{\partial x_r}(x_{ijk})$$

$$\approx \kappa \left(\frac{y_{j+1,kl} - 2y_{jkl} + y_{j-1,kl}}{h_1^2} + \frac{y_{j,k+1,l} - 2y_{jkl} + y_{j,k-1,l}}{h_2^2} \right.$$

$$\left. + \frac{y_{jk,l+1} - 2y_{jkl} + y_{jk,l-1}}{h_3^2} \right).$$

Für die allgemeineren Fälle, dass κ oder die Gitterweiten h_r nicht konstant sind, ergeben sich entsprechend kompliziertere Terme, die analog zu den eindimensionalen aufgestellt werden können. Gleiches gilt für Upwind-Diskretisierungen, die aus denselben Stabilitätsgründen wie im eindimensionalen Fall sinnvoll sind. Das entstehende diskrete System hat die gleiche Form (13.44). Die weiteren Überlegungen sind wie oben im Finite-Volumen-Fall.

Explizite und implizite Zeitdiskretisierung

In diesem Kapitel beschreiben wir Möglichkeiten der Zeitdiskretisierung von Bilanzgleichungen und partiellen Differentialgleichungen, deren Ortsdikretisierung schon – wie im letzten Kapitel gezeigt – durchgeführt wurde. Wir beziehen uns auf die bereits in früheren Kapiteln vorgestellten Lösungsmethdoen für Anfangswertprobleme gewöhnlicher Differentialgleichungen. Es zeigt sich, dass bei bestimmten Problemen eine zweite Quell der numerischen Instabilität auftritt, die es zu beachten gilt. Dabei konzentrieren wir uns die Grundlagen für einige der in Klimamodellen verwendeten Verfahren. Dort werden auch ncoh andere Verfahren verwendet, die in dieser Einführung nicht behandelt werden. Als Beispiel dient die Transportgleichung. Die hier vorgestellten Verfahren können auch für andere Gleichungen verwendet werden.

Nach der Ortsdiskretisierung einer Bilanzgleichung oder einer partiellen Differentialgleichung, wie sie die Transportgleichung in integraler bzw. differentieller Form darstellt, entsteht ein System gewöhnlicher Differentialgleichungen. Zusammen mit gegebenen Anfangswerten liegt wieder ein Anfangswertproblem in der Form (3.2) vor. Die Funktion f auf der rechten Seite der Gleichung hat jetzt Werte im $\mathbb{R}^n$, wobei die Dimension n von der Diskretisierungsmethode, der Ortsschrittweite und der Raumdimension abhängt. Besonders in dreidimensionalen Problemen entstehen sehr große Systeme. Das Differentialgleichungssystem ist im Ort diskret, in der Zeit noch kontinuierlich. Daher wird auch von einem *semidiskreten* System oder, da jetzt gewissermaßen auf jeder Ortslinie eine Differentialgleichung gelöst wird, von der *Linienmethode* gesprochen.

Beispiel 14.1 Die rechte Seite ist bei der Transportgleichung als

$$f(t, y(t)) = A(t)y(t) + c(t, y(t)) + q(t) + r(t)$$

mit $A = A_{\text{Adv}} + A_{\text{Diff}}$ gegeben, vgl. (13.16) bzw. (13.25). Dazu kommen Anfangswerte y_{0i} in den Volumina V_i bzw. an den Gitterpunkten x_i.

Es kann jetzt ein beliebiges Zeitintegrationsverfahren auf diese Gleichung angewendet werden, z. B. das Euler-Verfahren oder ein anderes aus Kap. 11. In der Klimasimulation

© Springer-Verlag Berlin Heidelberg 2015
T. Slawig, *Klimamodelle und Klimasimulationen*, Springer-Lehrbuch Masterclass,
DOI 10.1007/978-3-662-47064-0_14

werden jedoch meist Verfahren relativ niedriger Ordnung und auch mit konstanter Schrittweite für die Zeitintegration verwendet. Dazu wird ein Zeitgitter

$$t_{k+1} = t_k + \Delta t, \quad k = 0, 1, \ldots, K, \quad t_K = t_e,$$

definiert. Da das System die Dimension n hat, bezeichnen wir jetzt mit

$$y_k := (y_{ki})_{i=1}^n \in \mathbb{R}^n, \quad k = 0, \ldots, K$$

die Vektoren der Näherungslösungen in den Zeitschritten t_k:

$$y_{ki} \approx \begin{cases} y(x, t_k), & x \in V_i, & \text{bei Finiten Volumen,} \\ y(x_i, t_k), & & \text{bei Finiten Differenzen,} \end{cases} \quad k = 0, \ldots, K, \ i = 1, \ldots, n.$$

14.1 Explizite Verfahren für die Transportgleichung

Das explizite Euler-Verfahren ergibt jetzt für einen gegebenen Vektor y_0 von Anfangswerten in jedem Zeitschritt $k = 0, 1, \ldots, K - 1$ das Schema

$$\frac{y_{k+1} - y_k}{\Delta t} = A_k y_k + c_k(y_k) + q_k + r_k$$

mit $A_k := A(t_k)$, $c_k(y_k) := c(t_k, y_k)$, $q_k := q(t_k)$, $r_k := r(t_k)$. Als Iterationsvorschrift
ergibt sich

$$y_{k+1} = (I + \Delta t A_k)y_k + \Delta t(c_k(y_k) + q_k + r_k), \quad k = 0, 1, \ldots, K - 1. \tag{14.1}$$

Ist c_k linear, dann kann ein Iterationsschritt in die allgemeine Form

$$y_{k+1} = C_k y_k + b_k \tag{14.2}$$

mit $C_k = I + \Delta t(A_k + c_k I)$ und $b_k = \Delta t(q_k + r_k)$ gebracht werden.
     Dasselbe Schema ergibt sich bei direkter, simultaner Diskretisierung in t und x, wenn
für die Zeit t der vorwärts genommene Differenzenquotienten, der dem Euler-Verfahren
entspricht, verwendet wird. Für konstante Diffusion ergibt sich bei Finiten Volumen (vgl.
(13.9)):

$$\frac{y_{k+1,i} - y_{ki}}{\Delta t} = -v \frac{y_{k,i+1} - y_{k,i-1}}{2h} + \kappa \frac{y_{k,i+1} - 2y_{ki} + y_{k,i-1}}{h^2} + c_{ki}(y_{ki}) + q_{ki},$$
$$k = 1, \ldots, K - 1, \ i = 1, \ldots, N,$$

wobei hier die Variante mit dem zentralen Differenzenquotienten für den Advektionsterm verwendet wurde. Die Reihenfolge der beiden Diskretisierungen ist unerheblich. Da das Verfahren explizit in der Zeit ist, werden diese Gleichungen benutzt, um die Werte von y sukzessive in der nächsten Zeitschicht $k + 1$ aus denen in der vorhergehenden Schicht k zu berechnen:

$$y_{k+1,i} = y_{ki} + \Delta t \left(-v \frac{y_{k,i+1} - y_{k,i-1}}{2h} + \kappa \frac{y_{k,i+1} - 2y_{ki} + y_{k,i-1}}{h^2} + c_{ki}(y_{ki}) + q_{ki} \right),$$
$$k = 0, \ldots, K - 1, i = 1, \ldots, N.$$

Zusammenfassen der entsprechenden Terme ergibt

$$y_{k+1,i} = \frac{\Delta t}{h^2} \left(\kappa + \frac{vh}{2} \right) y_{k,i-1} + \left(1 - \frac{2\kappa \Delta t}{h^2} \right) y_{ki} + \frac{\Delta t}{h^2} \left(\kappa - \frac{vh}{2} \right) y_{k,i+1}$$
$$+ \Delta t(c_{ki}(y_{ki}) + q_{ki}), \qquad k = 0, \ldots, K - 1, \ i = 1, \ldots, N.$$

Die Randwerte werden wieder in die entsprechenden Gleichungen ($i = 1, N$) in einen Vektor r_k eingearbeitet, dessen Einträge jetzt mit Δt multipliziert werden. Das entstehende System hat damit wieder die Form (14.1). Bei Finiten Differenzen ist die Vorgehensweise analog.

Übung 14.2 Implementieren Sie das Euler-Verfahren für die Advektions-Diffusionsgleichung. Verwenden Sie eine beliebige Anfangsbedingung und dazu passende Randwerte. Testen Sie zunächst ohne Advektion verschiedene Zeitschrittweiten, vgl. Abb. 14.1.

Wie das explizite Euler-Verfahren können Verfahren höherer Ordnung in der Zeit (vgl. Übung 5.9 und Kap. 11) angewendet werden. Die Übertragung für variable Zeitschritte Δt_k ist ebenfalls direkt möglich.

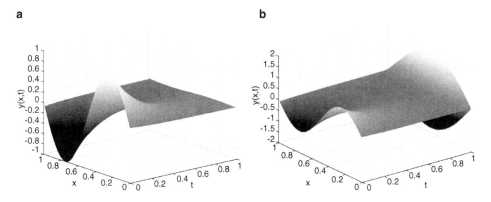

Abb. 14.1 Stabile (**a**) und (am Ende des Zeitintervalls) instabile numerische Lösung eines reinen Diffusionsproblems (**b**). Anfangswert ist in beiden Fällen dieselbe Sinusfunktion

14.2 Numerische Instabilität bei der Zeitintegration

Bei der Transportgleichung war eine instabile Lösung in Form einer Oszillation in der stationären Gleichung zu sehen, wenn die verwendete Schrittweite im Verhältnis zum Quotienten aus Geschwindigkeit und Diffusionskoeffizient zu groß war, vgl. Abschn. 13.4. Bei zeitabhängiges Problemen tritt ein ähnliches Phänomen auf, selbst wenn ein reines Diffusionsproblem vorliegt, wie in Abb. 14.1 zu sehen ist. Diese numerische Instabilität resultiert aus der Zeitintegration und ist Thema dieses Abschnittes. Sie tritt auch bei anderen Problemen auf.

Wird eine stationäre numerische Lösung $\bar{y}$ der Transportgleichung, die also (13.27) erfüllt, zu einem Zeitpunkt t_0 durch $\tilde{y}$ gestört, so erfüllt $\bar{y} + \tilde{y}$ für $t \geq t_0$ die instationäre Gleichung. Wegen der Linearität erfüllt aber auch die Störung $\tilde{y}$ allein die instationäre Gleichung. Um das zeitliche Verhalten der Störung zu untersuchen, kann also ein Anfangswertproblem für die Störung mit entsprechendem Anfangswert $\tilde{y}(t_0)$ betrachtet werden. In Abschn. 12.5 war bei einem reinen Diffusionsproblem zu erkennen, dass eine Störung in der exakten Lösung exponentiell mit der Zeit abklingt. Die Frage ist, ob dies bei allen numerischen Zeitintegrationsverfahren ebenfalls der Fall ist. Abbildung 14.1 zeigt das Gegenteil.

Bevor wir untersuchen, warum die Instabilität bei der Diffusionsgleichung auftritt, zeigen wir die Ursache an dem einfacheren Beispiel 10.4:

Beispiel 14.3 Für $a > 0$ hat das Anfangswertproblem

$$y' = -ay + 1, \quad t \geq 0, \quad y(0) = y_0 = \frac{1}{a}$$

die eindeutige Lösung $y \equiv y_0$, die (wie in Beispiel 10.4 gezeigt) asymptotisch stabil ist: Ein gestörter Anfangswert $y_{\delta,0} = y_0 + \delta$ führt zur Lösung

$$y_\delta(t) = y_0 + \delta e^{-at}, \quad t \geq 0,$$

die für $t \to \infty$ gegen die ungestörte Lösung konvergiert.

Das Euler-Verfahren mit konstanter Schrittweite ergibt wegen $f(1/a) = 0$ für den ungestörten Anfangswert die exakte, konstante Lösung $y_k = y_0 = 1/a$ für alle $k = 1, 2, \ldots$ Für den gestörten Anfangswert liefert es die Näherungslösung

$$y_{\delta,k+1} = y_{\delta,k} + \Delta t(-ay_{\delta,k} + 1) = (1 - a\Delta t)y_{\delta,k} + \Delta t.$$

Subtrahieren wir davon die ungestörte Näherungslösung, dann erhalten wir:

$$\begin{aligned} y_{\delta,k+1} - y_{k+1} &= (1 - a\Delta t)y_{\delta,k} + \Delta t - \frac{1}{a} \\ &= (1 - a\Delta t)y_{\delta,k} - (1 - a\Delta t)\frac{1}{a} = (1 - a\Delta t)(y_{\delta,k} - y_k). \end{aligned}$$

Mehrfache Anwendung und damit Zurückführen auf die Anfangswerte ergibt

$$y_{\delta,k} - y_k = (1 - a\,\Delta t)^k(y_{\delta,0} - y_0) = (1 - a\,\Delta t)^k \delta.$$

Die Differenz zwischen der numerischen (hier = der exakten, konstanten) Lösung $(y_k)_k$ und derjenigen mit gestörten Anfangswerten, $(y_{\delta,k})_k$, konvergiert nur gegen Null, wenn

$$|1 - a\,\Delta t| < 1, \quad \text{also } \Delta t < \frac{2}{a} \tag{14.3}$$

gewählt wird. Eine beliebig kleine Störung in den Anfangsdaten wird bei einer zu großen Schrittweite bis zur Divergenz des Verfahrens verstärkt.

Dieselbe Problematik des angewendeten numerischen Verfahrens wird bereits bei der Betrachtung einer ungestörten Lösung deutlich: Bei der einfachen linearen skalaren Differentialgleichung aus Beispiel 3.8 der sog. *Testgleichung*, wird das asymptotische Verhalten der exakten Lösung nur für bestimmte Schrittweiten reproduziert:

Beispiel 14.4 Wir betrachten für $\lambda < 0$ das lineare Anfangswertproblem

$$y' = \lambda y, \quad t \geq 0, \quad y(0) = y_0 \neq 0.$$

Für die eindeutige exakte Lösung gilt

$$y(t) = y_0 e^{\lambda t} \to 0 \quad \text{für } t \to \infty. \tag{14.4}$$

Das explizite Euler-Verfahren ergibt

$$y_{k+1} = y_k + \lambda\,\Delta t\, y_k = (1 + \lambda\,\Delta t)y_k = (1 + \lambda\,\Delta t)^{k+1} y_0 \quad \text{für } k = 0, 1, \dots$$

Um qualitativ (14.4) zu erhalten, sollte die Näherungslösung

$$y_k \to 0 \quad \text{für } k \to \infty$$

erfüllen. Dies ist genau für Schrittweiten mit (14.3) gegeben. Für betragsmäßig großes λ muss eine entsprechend kleine Schrittweite gewählt werden, obwohl die exakte Lösung extrem schnell (exponentiell) gegen Null abklingt. Ist Δt zu groß, oszilliert die Lösung und divergiert.

Problematisch wird dieses Verhalten, wenn mehrere Lösungsanteile der Gestalt (14.4), aber mit unterschiedlich großem negativem λ, gegeben sind. Sei ein System mit konstanten Koeffizienten, d. h. das Anfangswertproblem

$$y' = Ay, \quad t \geq 0, \quad y(0) = y_0,$$

mit diagonalisierbarer Matrix $A \in \mathbb{R}^{n \times n}$ gegeben, d. h. es gilt $A = SDS^{-1}$ mit einer Diagonalmatrix $D = \mathrm{diag}((\lambda_i)_{i=1,\dots,n})$. In S stehen spaltenweise zugehörige Eigenvektoren. Sind alle Eigenwerte reell, so ist die Lösung

$$y(t) = v_1 e^{\lambda_1 t} + \dots + v_n e^{\lambda_n t}, \quad t \geq 0 \quad \text{mit } v_i \in \mathbb{R}^n, \ i = 1, \dots, n, \tag{14.5}$$

vgl. Satz 8.15.

Das explizite Euler-Verfahren liefert wie im Beispiel 14.4:

$$y_k = (I + \Delta t A)^k y_0, \quad k = 0, 1, \dots \tag{14.6}$$

Die Diagonalisierbarkeit von A ergibt $I + \Delta t A = S(I + \Delta t D)S^{-1}$ und so

$$(I + \Delta t A)^k = \left(S(I + \Delta t D)S^{-1} \right)^k = S(I + \Delta t D)^k S^{-1}.$$

Die Transformation $z_k = S^{-1} y_k$ liefert die Koeffizienten der Lösung bezüglich der Eigenvektoren von A. In (14.6) ergibt sich

$$z_k = S^{-1} y_k = (I + \Delta t D)^k S^{-1} y_0 = (I + \Delta t D)^k z_0, \quad k = 0, 1, \dots$$

Dabei ist z_0 die Darstellung des Anfangswertes $y_0 = S z_0 = \sum_i z_{0i} s_i$ bezüglich der Eigenvektoren s_i. Nun gilt für die Diagonalmatrix

$$(I + \Delta t D)^k = \mathrm{diag}\left(\left((1 + \lambda_i \Delta t)^k \right)_{i=1,\dots,n} \right),$$

also ist die Lösung in der Basis der Eigenvektoren von A gegeben durch:

$$z_k = \left((1 + \lambda_i \Delta t)^k z_{0i} \right)_{i=1,\dots,n}, \quad k = 0, 1, \dots \tag{14.7}$$

Es gilt das gleiche wie bei der skalaren Gleichung in Beispiel 14.4: Für $k \to \infty$ haben die Komponenten der Näherungslösung nur dann das abklingende Verhalten der exakten Lösung (14.5), wenn (14.3) für *alle* Eigenwerte λ_i gilt. Also muss die Schrittweite als

$$\Delta t < \min_{i=1,\dots,n} \frac{2}{|\lambda_i|} = \frac{2}{\max_{i=1,\dots,n} |\lambda_i|} \tag{14.8}$$

gewählt werden. Der betragsmäßig größte Eigenwert limitiert die Schrittweite, obwohl er zu dem am schnellsten abklingenden Lösungsanteil in (14.5) gehört und in der exakten Lösung nach sehr kurzer Zeit schon keine Rolle mehr spielt. Auch für komplexe Eigenwerte tritt der Effekt auf, das abklingende Verhalten der exakten Lösung liegt dann für $\mathrm{Re}\,\lambda_i < 0$ vor.

Die Darstellung (14.7) enthält eine zusätzliche Information: Wenn die Bedingung (14.8) für einen Eigenwert λ_i verletzt ist, wird genau der Anteil z_{0i} des zugehörigen Eigenvektors v_i in den Anfangswerten y_0 in der Zeitintegration verstärkt.

Diese Problematik ist nicht auf das Euler-Verfahren beschränkt, denn für die Gleichung (14.4) ergibt ein Runge-Kutta-Verfahren (vgl. Abschn. 11.2):

$$y_{k+1} = p(z) y_k, \quad k = 1, 2, \ldots$$

mit einem Polynom $p \in \Pi_m$ vom Grad m (der Stufe des Verfahrens) und $z = \lambda \Delta t$. Daher wird folgender Begriff definiert.

Definition 14.5 (Stabilitätsbereich) Sei $(y_k)_k$ die mit einem Einschrittverfahren berechnete Näherungslösung der Gleichung (14.4). Die Menge

$$\mathcal{A} := \{z \in \mathbb{C} : z = \lambda \Delta t, \|y_{k+1}\| < \|y_k\| \text{ für alle } k = 0, 1, \ldots\}$$

heißt *Bereich der absoluten Stabilität* des Verfahrens.

Beispiel 14.6 Beim Euler-Verfahren ist nach den obigen Rechnungen

$$\mathcal{A} = \{z \in \mathbb{C} : |1 + z| < 1\},$$

das ist der offene Kreis um $z_0 = -1$ mit Radius 1.

Dieser Stabilitätsbegriff erweitert denjenigen aus Abschn. 5.5. Der dort definierte Begriff war ein Hilfsmittel zum Nachweis der Konvergenz eines Verfahrens für h bzw. $\Delta t \to 0$. Für die in diesem Abschnitt benutzten Beispiele liefert Satz 5.11 auch die Konvergenz, denn nach dem Kriterium aus Satz 5.12 genügt die Lipschitz-Stetigkeit der Verfahrensfunktion, die bei einer linearen Gleichung und dem Euler-Verfahren mit $\Phi = f$ unmittelbar sichtbar ist. Die Stabilitätskonstanten sind bei den Beispielen hier zwar eventuell groß ($L = |\lambda|$ steht in (5.4) im Exponenten), doch die theoretische Konvergenzaussage bleibt gültig. Konvergenz ist naturgemäß eine Eigenschaft für h bzw. $\Delta t \to 0$, und für kleine Schrittweiten gibt es ja auch keine Probleme. Für eine reale Simulation, die logischerweise ein $\Delta t > 0$ verwendet, ist jedoch wichtig, wie klein die Zeitschrittweite in der Praxis gewählt werden muss, damit keine Störungsverstärkung auftritt. Dazu macht das Stabilitätsgebiet aus Definition 14.5 eine Aussage.

14.3 Implizite Verfahren

Die Instabilität bei expliziten Zeitintegrationsverfahren kann durch die Anwendung impliziter Verfahren vermieden werden. Dabei wird in der Verfahrensfunktion Φ zur Berechnung von y_{k+1} statt der Information im aktuellen Zeitschritt t_k mit zugehöriger Näherungslösung y_k diejenige zum nächsten Zeitschritt, also t_{k+1} und y_{k+1}, verwendet. Dadurch entsteht eine implizite Gleichung für y_{k+1}. Die Definition ist wie folgt (vgl. Definition 5.3):

Definition 14.7 (Implizites Einschrittverfahren) Seien ein Anfangswertproblem (3.2) mit f, Φ und $(t_k)_{k=0,\dots,N}$ und $(h_k)_{k=0,\dots,N-1}$ wie in Definition 5.3 gegeben. Ein Verfahren der Form

$$y_{k+1} = y_k + h_k \Phi(t_{k+1}, y_{k+1}, h_k), \quad k = 0, 1, \dots, N-1, \tag{14.9}$$

heißt *implizites Einschrittverfahren*.

Beispiel 14.8 Beim impliziten Euler-Verfahren wird wieder $\Phi = f$ gesetzt:

$$y_{k+1} = y_k + h_k f(t_{k+1}, y_{k+1}), \quad k = 0, 1, \dots$$

Beispiel 14.9 Auf gleiche Art sind implizite Runge-Kutta-Verfahren definiert. Ihre Butcher-Tabellen (vgl. (11.2)) haben keine Dreiecksgestalt mehr, sondern haben auch Einträge oberhalb der Diagonalen, s. z. B. [15].

Nun kann die Näherungslösung am nächsten Zeitpunkt nicht mehr explizit, sondern nur durch Lösen einer linearen oder nichtlinearen Gleichung bzw. eines System bestimmt werden.

Bei Genauigkeit der Approximation und Konvergenz gibt es keine Unterschiede zum entsprechenden expliziten Verfahren. Der Begriff der Stabilität kann dabei analog aus Definition 5.10 auf implizite Verfahren übertragen werden. Beim Euler-Verfahren gilt:

Übung 14.10 Zeigen Sie: Das implizite Euler-Verfahren hat ebenfalls Konsistenzordnung $p = 1$.

Der Unterschied zeigt sich wieder beim Vergleich des qualitativen Verhaltens einer abklingenden exakten Lösung mit der zugehörigen Näherungslösung wie in den Beispielen 14.3 und 14.4.

Übung 14.11 Untersuchen Sie das Problem aus Beispiel 14.3 bei Anwendung des impliziten Euler-Verfahrens.

Beispiel 14.12 Bei der Testgleichung (Beispiel 14.4) ergibt sich beim impliziten Euler-Verfahren (Schrittweite hier wieder mit Δt bezeichnet):

$$y_{k+1} = y_k + \lambda \Delta t y_{k+1}, \quad k = 0, 1, \dots$$

also $(1 - \lambda \Delta t) y_{k+1} = y_k$ und damit

$$y_k = \frac{y_0}{(1 - \lambda \Delta t)^k}, \quad k = 0, 1, \dots$$

Um für $\lambda < 0$ ein Abklingen $y_k \to 0 \, (k \to \infty)$ wie bei der exakten Lösung zu erhalten, ist keine Einschränkung an die Schrittweite nötig, denn:

$$1 - \lambda \Delta t = 1 + \Delta t |\lambda| > 1 \quad \forall \Delta t > 0.$$

Die Schrittweite ist nur durch die gewünschte Approximationsgüte bestimmt.

Auch das Verhalten bei mehreren unterschiedlich schnell abfallenden Lösungsanteilen wie in (14.5) ist unproblematisch. Auch bei großer Schrittweite klingt der entsprechende Anteil der Näherungslösung so ab, wie es die exakte Lösung tut. Die Schrittweite muss nur so klein gewählt werden, dass das schnelle Abfallen noch aufgelöst wird, wenn dies gewünscht wird.

Der Stabilitätsbereich des impliziten Euler-Verfahren nach Definition 14.5 ist

$$\mathcal{A} = \{z \in \mathbb{C} : |1 - z| > 1\},$$

das ist die gesamte komplexe Ebene mit Ausnahme des Kreises um $z_0 = 1$ mit Radius 1. Insbesondere gehört die gesamte linke Halbebene dazu, und nur dort liegen die Werte von $z = h\lambda$ für $\mathrm{Re}\,\lambda < 0$.

14.4 Numerische Stabilität des Diffusionsanteils

Bei der reinen Diffusionsgleichung konnte in Abschn. 12.5 im räumlich eindimensionalen Fall das zeitliche asymptotische Verhalten angegeben werden. Die Lösung hat (vgl. (12.21)) die Form

$$y(x, t) = \sum_{j \in \mathbb{N}} c_j \exp(-(j\pi)^2 \kappa t) \sin(j\pi x), \quad c_j \in \mathbb{R},$$

d. h. sie klingt exponentiell mit der Zeit ab. Die Koeffizienten c_j waren dabei die entsprechenden Fourier-Koeffizienten der Anfangsbedingung

$$y(x, 0) = \sum_{j \in \mathbb{N}} c_j \sin(j\pi x).$$

Da die Diffusionsgleichung linear ist, klingt eine Störung ebenfalls exponentiell ab, wobei das Abklingverhalten der einzelnen örtlichen Anteile der Störung aus der Größe der entsprechenden Faktoren $\exp(-(j\pi)^2 \kappa t)$ ablesbar ist.

Die zugehörige ortsdiskrete Lösung

Nach Ortsdiskretisierung mit Finiten Volumen oder Differenzen ergibt sich ein System gewöhnlicher Differentialgleichungen der Form

$$y'(t) = A_{\mathrm{Diff}}(t) y(t), \quad t \geq 0, \quad y(0) = y_0.$$

Die Matrix $A_{\mathrm{Diff}}(t)$ ist die reine Diffusionsmatrix

$$A_{\mathrm{Diff}}(t) = \frac{\kappa(t)}{h^2} \mathrm{tridiag}_n(1, -2, 1).$$

Die Eigenwerte dieser Matrix können mit Satz 13.18 angegeben werden, vgl. (13.31) für $v = 0$:

$$\lambda_j = -\frac{2\kappa(t)}{h^2} + 2\sqrt{\frac{\kappa(t)^2}{h^4}} \cos\left(\frac{j\pi}{n+1}\right) = -\frac{2\kappa}{h^2}\left(1 - \cos\left(\frac{j\pi}{n+1}\right)\right) < 0,$$

$$j = 1\ldots,n, \quad (14.10)$$

da der Kosinus für die betrachteten Argumente immer im Intervall $(-1, 1)$ liegt. Also hat A_{Diff} nur negative Eigenwerte. Diese sind paarweise verschieden, die Matrix ist also diagonalisierbar. Die Lösung hat wieder die Form (14.5), und da alle Eigenwerte negativ sind, klingen die Lösungsanteile an allen diskreten Ortsgitterpunkten x_i exponentiell mit der Zeit ab, und zwar für alle Werte von κ und der Ortsdiskretisierungschrittweite h. Die semi-diskrete Lösung repräsentiert also das Verhalten der kontinuierlichen Lösung, egal wie h gewählt wird.

Die volldiskrete Lösung mit dem expliziten Euler-Verfahren

Wird jetzt wie oben beschrieben mit dem expliziten Euler-Verfahren diskretisiert, so erhalten wir in (14.2) ohne Quellen und Reaktionsterm und bei Nullrandbedingungen:

$$C_k = C = I + \Delta t A_{\text{Diff}}(t_k), \quad b_k = 0, \quad \forall k = 0, \ldots, K.$$

Ist $A_{\text{Diff}}(t_k)$ zeitlich konstant, dann liegt der Fall (14.6) mit $A = A_{\text{Diff}}$ vor. Wie dort muss also die Zeitschrittweite (14.8) erfüllen, d. h.

$$\Delta t < \frac{2}{\max_{j=1,\ldots,n} |\lambda_j(A_{\text{Diff}})|}. \quad (14.11)$$

Der betragsgrößte Eigenwert in (14.10) ist derjenige, für den der Kosinus minimal (negativ mit maximalem Betrag) wird. Das ist für $j = n$ der Fall, wo der Kosinus nahe bei -1 und der Wert der Klammer nahe bei 2 ist. Betrachtet man immer feinere Ortsdiskretisierungen ($h \to 0$ bzw. $n \to \infty$), so gilt

$$\lim_{n\to\infty} \cos\left(\frac{n\pi}{n+1}\right) = \cos\pi = -1$$

und daher

$$\lim_{h\to 0} \max_{j=1,\ldots,n} |\lambda_j(A_{\text{Diff}})| = 4\kappa\frac{\Delta t}{h^2}.$$

Dies führt mit (14.11) zu der Kopplung der Zeitschrittweite an die Ortsschrittweite und die (hier konstant angenommene) Diffusionskonstante:

$$\Delta t < \frac{h^2}{2\kappa}. \quad (14.12)$$

Nur dann hat die mit dem expliziten Euler-Verfahren erhaltene Lösung das Abklingver-halten der semi-diskreten und der exakten, analytischen Lösung. Für größere Zeitschritt-weiten oszillieren die Werte.

Übung 14.13 Wie wirken sich die Werte von c_k (bei einem linearen Reaktionsterm) auf die Stabilität des Systems aus?

Übung 14.14 Wie können diese Überlegungen verallgemeinert werden, wenn κ nicht mehr zeitlich konstant ist?

Lösung mit dem impliziten Euler-Verfahren

Das implizite Euler-Verfahren ergibt analog zu (14.1):

$$\frac{y_{k+1} - y_k}{\Delta t} = A_{k+1} y_{k+1} + c_{k+1}(y_{k+1}) + q_{k+1} + r_{k+1}, \quad k = 0, 1, \ldots, K - 1.$$

bzw.

$$(I - \Delta t A_{k+1}) \, y_{k+1} - \Delta t c_{k+1}(y_{k+1}) = y_k + \Delta t (q_{k+1} + r_{k+1}).$$

Für linearen Reaktionsterm $c_k(y_k) = c_k y_k, c_k \in \mathbb{R}$, ergibt sich wieder die allgemeine Form (14.2):

$$y_{k+1} = C_k y_k + b_k, \quad k = 0, 1, \ldots, K - 1.$$

Hier ist jetzt $C_k = (I - \Delta t (A_{k+1} + c_{k+1} I))^{-1}$ und $b_k = \Delta t C_k (q_{k+1} + r_{k+1})$. Das Ver-fahren verlangt in jedem Zeitschritt die Lösung eines linearen oder nichtlinearen Systems. Im letzteren Fall ist dann eine innere Iteration nötig.

Semi-implizite oder Splitting-Verfahren

Wenn c nichtlinear ist, kann es sinnvoll sein, nur einige Terme implizit und andere explizit zu behandeln. Eine Variante ist im k-ten Schritt

$$\frac{y_{k+1} - y_k}{\Delta t} = A y_{k+1} + c(y_k) + q_{k+1} + r_{k+1},$$

bzw.

$$[I - \Delta t A] y_{k+1} = y_k + \Delta t [c(y_k) + q_{k+1} + r_{k+1}].$$

Hier ist der Reaktionsterm explizit, bei f spielt es fr die Rechnung keine Rolle, ob hier der k-te oder $(k + 1)$-te Zeitschritt benutzt wird (hier durch die Notation $f_{k(+1)}$ angedeutet). In jedem Schritt ist ein lineares System zu lsen. Formal kann man einen Iterationsschritt auch als

$$y_{k+1} = [I - \Delta t A]^{-1}(y_k + \Delta t[c(y_k) + q_{k+1} + r_{k+1}])$$

schreiben. Ist $c = 0$ oder linear, dann lässt sich das Schema wieder in der Form (14.2), diesmal mit $C_k = [I - \Delta t A]^{-1}$ (für $c = 0$) und

$$b_k = \Delta t[I - \Delta t A]^{-1}(q_{k+1} + r_{k+1})$$

schreiben.

Oft wird auch die Matrix A wieder aufgesplittet behandelt, z. B. in Advektionsteil A_{Adv} und Diffusionsteil A_{Diff}. Die Diffusion wird meist implizit gerechnet, sie kann nämlich sonst numerische Instabilität verursachen. Dann wird das Splitting-Verfahren

$$\frac{y_{k+1} - y_k}{\Delta t} = A_{\text{Adv}} y_k + A_{\text{Diff}} y_{k+1} + c(y_k) + q_{k+1} + r_{k+1}$$

bzw.

$$(I - \Delta t A_{\text{Diff}}) y_{k+1} = (I + \Delta t A_{\text{Adv}}) y_k + \Delta t(c(y_k) + q_{k+1} + r_{k+1})$$

verwenden, oder wieder formal mit der Inversen als

$$y_{k+1} = (I - \Delta t A_{\text{Diff}})^{-1}((I + \Delta t A_1) y_k + \Delta t(c(y_k) + q_{k+1} + r_{k+1})).$$

Damit haben wir für $c = 0$ oder linear wieder die allgemeine Form (14.2), jetzt mit

$$C_k = (I - \Delta t A)^{-1}$$

(für $c = 0$) und

$$b_k = \Delta t(I - \Delta t A)^{-1}(+q_{k+1} + r_{k+1}).$$

Die Frage, welche Teile der Gleichung explizit und welche implizit behandeln werden sollte, hängt vom Aufwand (z. B. Lösen eines nichtlinearen Systems, wenn c implizit behandelt wird) und von zu erwartenden Instabilitäten ab. Diffusion wird meist implizit diskredisiert.

Ökosystemmodelle

15

Marine Ökosystem- und biogeochemische Modelle sind ein Beispiel für nichtlineare Reaktions-
und Kopplungsterme in Transportgleichungen. Sie werden hier als Beispiel für eine Modellierung
und Berechnung der Biosphäre verwendet. Die Forschung in diesem Bereich ist weniger fortge-
schritten als z. B. im Bereich der Fluidmechanik, mit der die Ozean- oder Atmosphärenströmungen
modelliert und simuliert werden. Dieses Kapitel gibt nur einen Einblick. Räuber-Beute-Modelle
und ihre Verwendung als Basis für Ökosystemmodelle werden dargestellt. Viele der bisher vorgestellten Methoden aus Theorie und Numerik der gewöhnlichen Differentialgleichungen können hier
noch einmal angewendet werden. Am Ende des Kapitels beschreiben wir, wie eine Kopplung an den
Ozeantransport aussehen kann.

Die einfachsten Populationsmodelle gehen davon aus, das sich die Spezies ohne Einschränkung mit einer konstanten Wachstumsrate vermehrt. Das Wachstum der Population
ist dann proportional der Größe der Population. Das ergibt die lineare Differentialgleichung

$$y'(t) = \alpha y(t), \quad t \geq 0, \tag{15.1}$$

deren Lösung bei Anfangsbedingung $y(0) = y_0$ als

$$y(t) = y_0 e^{\alpha t}, \quad t \geq 0,$$

gegeben ist, vgl. Beispiel 3.8. Wenn α positiv ist, ergibt sich ein exponentielles Wachstum
der Population, was in der Realität normalerweise nicht oder nur für gewisse Zeiten gegeben ist. Umgekehrt kann mit demselben Modell ein Sterben einer Population beschrieben
werden, wenn es kein Wachstum, sondern nur eine konstante Sterberate $\alpha < 0$ gibt. Auch
dieser Fall ist meist unrealistisch. Zusammengefasst kann (15.1) Wachstum und Absterben mit konstanter Wachstums- bzw. Sterberate beschreiben. Die Konstante α ist dann die
Differenz beider Raten.

Ist die Differenz von Wachstums- und Sterberate zeitabhängig, gilt also $\alpha = \alpha(t)$,
dann kann mit der Methode der Trennung der Variablen (Satz 3.6) eine Lösung des An-

© Springer-Verlag Berlin Heidelberg 2015
T. Slawig, *Klimamodelle und Klimasimulationen*, Springer-Lehrbuch Masterclass,
DOI 10.1007/978-3-662-47064-0_15

fangswertproblems berechnet werden: In der Aussage des Satzes ist dann $f_1(y) = y$ und $f_2 = \alpha$. Damit gilt

$$y(t) = y_0 \exp\left(\int\limits_0^t \alpha(s)ds\right), \quad t \geq 0. \tag{15.2}$$

Die Wachstumsrate muss dann zumindest eine integrierbarbare Funktion sein.

Ökosystemmodelle beschreiben die Interaktion von zumindest zwei Spezies. Sie sind Themen der folgenden Abschnitte.

15.1   Das klassische Räuber-Beute-Modell

Im einfachsten Beispiel mit zwei Spezies ist die Sterberate der einen Population (hier y_1) proportional der Größe der Population einer zweiten (eines Räubers, hier y_2) abhängig. Es gilt also

$$y_1'(t) = y_1(t)(\alpha - \beta y_2(t)) \tag{15.3}$$

Diese erste Population ist dann die Beute. Umgekehrt ist das Wachstum der Räuberpopulation proportional der verfügbaren Beutemenge, was die Wachstumsrate des Räubers beeinflusst:

$$y_2'(t) = y_2(t)(\delta y_1(t) - \gamma). \tag{15.4}$$

Die Konstanten α, γ, δ sind hier größer Null. Wenn ein natürliches Sterben (ohne den Einfluss des Räubers) für y_1 mit modelliert werden soll und die Sterberate größer als die Wachstumsrate der Beute ist, kann $\beta < 0$ sein. Meist wird aber $\beta > 0$ angenommen, was bedeutet, dass die einzige Sterbursache der Beute das Zusammentreffen mit dem Räuber ist.

Das sich aus den beiden Differentialgleichungen (15.3) und (15.4) ergebende System ist das klassische Räuber-Beute-Modell von Lotka-Volterra.

Mit den bisher vorhandenen Methoden kann das Modell analysiert werden:

Existenz und Eindeutigkeit zeitabhängiger Lösungen

Eine lokale Existenz und Eindeutigkeit ergibt sich aus dem Satz von Picard-Lindelöf, da f auf dem gesamten $\mathbb{R}^2$ stetig partiell differenzierbar und damit lokal Lipschitz-stetig ist, vgl. Korollar 3.40.

Die numerische Simulation zeigt ein periodisches Verhalten, vgl. Abb. 15.1.

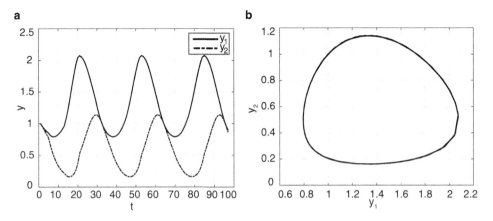

Abb. 15.1 Periodische Lösung des klassischen Räuber-Beute-Modells (15.3), (15.4) mit $\alpha = 1$, $\beta = 2, \gamma = 4, \delta = 3$

Übung 15.1 Untersuchen Sie das Verhalten der Lösung des Räuber-Beute-Modells mit dem Euler-Verfahren oder einem anderen Verfahren für verschiedene Parameter- und Anfangswerte.

Stationäre Lösungen

Übung 15.2 Zeigen Sie: Die stationären Lösungen des Bäuber-Beute-Modells (15.3), (15.4) mit $\beta, \delta \neq 0$ sind $y_1 = y_2 = 0$ und $y_1 = \gamma/\delta, y_2 = \alpha/\beta$.

Zur Charakterisierung der stationären Lösungen benutzen wir die Funktionalmatrix

$$f'(y_1, y_2) = \begin{pmatrix} \alpha & -\beta y_2 \\ \delta y_1 & -\gamma \end{pmatrix}$$

und damit für die beiden stationären Punkte:

$$f'(0,0) = \begin{pmatrix} \alpha & 0 \\ 0 & -\gamma \end{pmatrix}, \quad f'\left(\frac{\gamma}{\delta}, \frac{\alpha}{\beta}\right) = \begin{pmatrix} \alpha & -\dfrac{\beta\gamma}{\delta} \\ \dfrac{\alpha\delta}{\beta} & -\gamma \end{pmatrix}.$$

Übung 15.3 Wie verhält sich ein Pseudo-Zeitschrittverfahren beim Räuber-Beute-Modell? Können Sie damit alle stationären Zustände approximieren?

Übung 15.4 Untersuchen Sie die stationären Zustände auf Stabilität, einmal analytisch mit den Methoden aus Kap. 10, andererseits mit numerischen Experimenten, indem Sie von den stationären Punkten mit leicht gestörten Anfangswerten Simulationen mit einem Einschrittverfahren durchführen.

Positivität von Lösungen

Interessant ist oft die Positivität oder Nichtnegativität von Lösungen, zum Beispiel wenn die Modellvariable eine Größe repräsentiert, die nicht negativ sein kann, wie z. B. die Temperatur, der Salzgehalt oder eine Stoffkonzentration. Ein Kriterium zum Nachweis der Nichtnegativität, d. h. zum Nachweis, dass die Menge

$$M := \{x \in \mathbb{R}^n : x_i \geq 0, i = 1, \ldots, n\} \tag{15.5}$$

invariant ist (vgl. Definition 9.4), wird hier angegeben:

Definition 15.5 (Quasipositivität) Seien $f = (f_k)_{k=1}^n$, I, D wie in (3.1) definiert und $t_0 \in I$. Dann heißt f *quasipositiv*, wenn für alle $k = 1, \ldots, n$ gilt:

$$f_k(t, y) \geq 0 \quad \forall t \geq t_0 \; \forall y \in \{y \in D : y_k = 0, y_i \geq 0, i = 1, \ldots, n\}.$$

Mit dieser Eigenschaft folgt dann die Invarianz der Menge M aus (15.5):

Satz 15.6 (Nichtnegativität von Lösungen) *Seien f, I, D wie in (3.1) und f sei stetig, lokal Lipschitz-stetig bezüglich y und quasipositiv. Dann gilt für die Lösung des Anfangswertproblems (3.2) mit $y_{0i} \geq 0, i = 1, \ldots, n$:*

$$y_i(t) \geq 0 \quad \forall t \geq t_0, i = 1, \ldots, n.$$

Beweis Siehe [14, Satz 4.2.2]   □

15.2   Eine Erweiterung mit beschränktem Wachstum

Dieses Modell führt zusätzlich einen quadratischen Term ein, der das Wachstum jeder Spezies unabhängig von der jeweils anderen Population beschränkt. Das kann als „soziale Reibung" oder eine Konkurrenz der Lebewesen einer Spezies untereinander interpretiert werden. Das Modell lautet

$$\begin{aligned}
y_1'(t) &= y_1(t)(\alpha - \beta y_2(t)) - \lambda y_1(t)^2, \\
y_2'(t) &= y_2(t)(\delta y_1(t) - \gamma) - \mu y_2(t)^2.
\end{aligned} \tag{15.6}$$

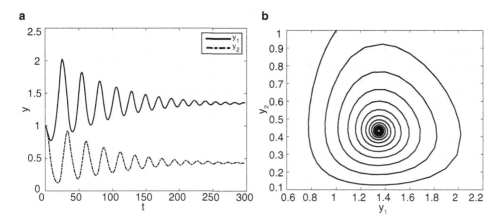

Abb. 15.2 Eine Lösung des Räuber-Beute-Modells (15.6) mit beschränktem Wachstum, $\alpha = 1$, $\beta = 2, \gamma = 4, \delta = 3, \lambda = \mu = 0{,}1$

Übung 15.7 Untersuchen Sie auch dieses Modell auf stationäre Punkte und diese dann analytisch und numerisch (vgl. Abb. 15.2) auf Stabilität. Was können Sie über Positivität von Lösungen aussagen?

15.3 Ein marines biogeochemisches Modell

Das folgende Modell (vgl. [41]) ist eines der einfachsten, das für die Modellierung der biogeochemischen Prozess im Ozean verwendet wird. Es hat zwei Modellvariablen, nämlich

- die vorhandenen Nährstoffe y_1, hier ist das Phosphat, PO_4,
- den gesamten im Plankton enthaltenen organischen Phosphor $y_2 = $ DOP für *dissolved organic phosphorus*.

Bei dieser Modellierung wird pflanzliches (Phyto-) und tierisches (Zoo-) Plankton nicht unterschieden. Phytoplankton (Algen) nimmt Phosphat als Nährstoff auf und dient selbst als Nahrung für Zooplankton. Absterbendes Plankton wird teilweise remineralisiert und wieder Nährstoff. Insofern ergibt sich eine Wechselwirkung, die sich von den klassischen Räuber-Beute-Modellen zunächst noch unterscheidet. Mit der Bezeichnung N für Nährstoffe und DOP wird dieses Modell als N-DOP-Modell bezeichnet.

Die Bedeutung des Modells ist, dass der Gehalt von Kohlenstoff C im Phytoplankton nach dem *Redfield Ratio* als proportional zu Stickstoff (chemisches Formelzeichen N), Phosphor P im Verhältnis N : P : C = 1 : 16 : 106 angesehen wird. In der pflanzlichen Photosynthese wird CO_2 aufgenommen und aufgespalten und Sauerstoff abgegeben.

Damit kann mit der Berechnung der Menge des Phosphors (Modellvariable y_2) indirekt die Menge des im Plankton enthaltenen Kohlenstoffs berechnet oder zumindest geschätzt werden. Die Aufnahme der Nährstoffe y_1 in das Plankton hängt nichtlinear von y_1 ab, nach der Formel

$$\tilde{G}(y_1) = \alpha \frac{y_1}{y_1 + K_N}$$

mit der maximalen Wachstumsrate $\alpha > 0$ und der Halbsättigungsrate $K_N > 0$.

Übung 15.8 Führen Sie für die Funktion $\tilde{G}$ eine Kurvendiskussion durch. Ist die Funktion Lipschitz-stetig (später wichtig für die Eindeutigkeit der Lösung)?

Weiterhin spielt aber auch die vorhanden Lichteinstrahlung eine Rolle, da Photosynthese ohne Licht nicht stattfindet. Damit wird obige Funktion modifiziert zu

$$G(x, t, y_1) = \alpha \frac{y_1(x, t)}{y_1(x, t) + K_N} \frac{I(x, t)}{I(x, t) + K_I}$$

mit der Lichtintensität I, die von Ort und Zeit abhängt, und einer weiteren Halbsättigungsrate $K_I > 0$ für die Einstrahlung. Je nach Zeitauflösung können bzw. müssen Tages- und Jahresschwankungen betrachtet werden, die Ortsabhängigkeit ergibt sich aus dem betrachten Punkt auf der Erdoberfläche und aus der Tiefe des betrachteten Punktes in der Wassersäule, da das Wasser den Lichteinfall dämpft. In komplexeren Modellierungen dämpft auch das in oberen Schichten vorhandene Phytoplankton den Lichteinfall, so dass sich ein $I = I(x, t, y_2)$ ergibt. Die Modellparameter sind nur durch Schätzungen oder durch eine Parameteridentifikation oder Modellkalibrierung (dem Vergleich des Modelloutputs mit Messwerten) zu bestimmen.

Wird eine räumlich nulldimensionale Situation betrachtet, die z. B. eine Versuchsanordnung in einem Behälter vereinfacht beschreiben kann, dann ergeben sich folgende Modellgleichungen als gewöhnliches Differentialgleichungssystem:

$$\begin{aligned} y_1'(t) &= \lambda y_2(t) - G(t, y_1(t)), \\ y_2'(t) &= -\lambda y_2(t) + G(t, y_1(t)) \end{aligned} \tag{15.7}$$

und die Ortsvariable x in I ist fest. Der Parameter $\lambda > 0$ ist die Remineralisierungsrate.

Übung 15.9 Analysieren Sie das nulldimensionale Modell mit den vorgestellten Methoden in Bezug auf stationäre Zustände, deren Stabilität, Existenz und Eindeutigkeit transienter Lösungen und deren Nichtnegativität.

In dieser Form ist das Modell extrem vereinfacht. Im realen ein- oder dreidimensionalen Fall einer vertikale Wassersäule bzw. des gesamten Ozeans wird der Ozean im

Modell (vgl. [41]) in die obere *euphotische*, lichtdurchflutete Zone und die untere nicht-euphotische Zone aufgeteilt. Entsprechend wird die Abhängigkeit $I = I(x,t)$ modelliert. Zusätzlich wird ein Absinken der nicht aufgenommen Nährstoffe einbezogen, d. h. obige Gleichungen gelten nur in der euphotischen Zone und der nichtlineare Term enthält in der zweiten Gleichung eines Vorfaktor $\nu \in (0,1)$. Es wird also nur ein Teil der Nährstoffe aufgenommen, der Rest sinkt in die untere, nicht-euphotische Schicht.

Kopplung an den Ozeantransport

Die Kopplung an ein System von zwei Transportgleichungen für y_1, y_2 kann nun durch Definition zweier entsprechender Reaktionsterme c_1, c_2, die den rechten Seiten in (15.7) entsprechen, durchgeführt werden. Die Transportgleichungen können sonst gleich bleiben. Im Ozean wird die durch Turbulenz der Strömung erzeugte Diffusion als größer angenommen als die molekulare Diffusion der beiden Stoffe y_1, y_2. Insofern kann κ in beiden Diffusionsgleichungen als identisch angesehen werden. Die Werte, die von Ort und Zeit abhängen, müssen genauso wie die Geschwindigkeit von einem Ozeanmodell vorher berechnet worden sein.

Atmosphären- und Ozeanströmung

Atmosphären- und Ozeanmodelle basieren auf den Gesetzen der Strömungsmechanik (von Luft und Wasser). Diese Grundgleichungen der Fluidmechanik leiten sich aus Masse- und Impulsbilanz her. Diese Gleichungen werden benutzt, um den – im Unterschied zu den Transportgleichungen – jetzt unbekannten Geschwindigkeitsvektor zu bestimmen. Als zusätzliche Unbekannte tritt in der Impulsbilanz der Druck auf. In dieser Form sind die Gleichungen ähnlich zu denen, die auch für eher technisch oder ingenieurwissenschaftlich motivierte Anwendungen benutzt werden. In den Klimawissenschaften kommen meist noch Gleichungen für Temperatur und bei Ozeanströmungen Salzgehalt hinzu. Dies sind Transportgleichungen, die wir schon kennengelernt haben. Dieses Kapitel gibt nur einen Einblick in diese umfangreiche Thematik.

Bei den Transportgleichungen interessierten wir uns für die zeitliche Änderung der Konzentration eines Stoffes in einem bewegten flüssigen oder gasförmigen Medium. Die Geschwindigkeit dieses Mediums war gegeben. In Klimamodellen, insbesondere Ozean- und Atmosphärenmodellen, ist aber die Geschwindigkeit des Mediums, in diesen Fällen also Wasser oder Luft, unbekannt und muss selbst berechnet werden.

Auch für die Herleitung von Modellgleichungen zur Berechnung der Geschwindigkeit und weiterer sie beeinflussender Größen werden Bilanzgleichungen benutzt. Es sind dies in ersten Linie die Masse- und Impulsbilanz, außerdem die Energiebilanz.

Fluide

Um die Eigenschaften von Strömungen von Luft und Wasser zu beschrieben, wird ein Modellmedium, das sog. *Fluid*, definiert. Ein Fluid ist ein Spezialfall eines *Kontinuums*. In einem Kontinuum wird die molekulare Struktur des Stoffes vernachlässigt. Ein Kontinuum kann als eine homogene Ansammlung von Teilchen oder Partikeln angesehen werden. Jedes Teilchen oder Partikel X des Kontinuums hat zu einer gegebenen Zeit t einen wohldefinierten Ort $x = x(X, t) \in \mathbb{R}^3$. Ein Fluid wird dann wie folgt definiert, vgl. [42, LE 1.3].

© Springer-Verlag Berlin Heidelberg 2015

T. Slawig, *Klimamodelle und Klimasimulationen*, Springer-Lehrbuch Masterclass,
DOI 10.1007/978-3-662-47064-0_16

Definition 16.1 (Fluid) Ein *Fluid* ist ein Modellmedium mit den folgenden Eigenschaften:

- Es ist ein Kontinuum: Es besteht aus einzelnen Teilchen (Partikeln), die weder eine räumliche Ausdehnung noch einen Abstand zueinander haben.
- Im nicht bewegten Zustand treten nur Kräfte orthogonal und in Richtung zur Oberfläche des Fluides auf (sog. Druckkräfte). Es gibt im Ruhezustand keine Kräfte, die tangential oder orthogonal und von der Oberfläche weg gerichtet sind.

Luft und Wasser werden als Fluide angesehen.

16.1 Masseerhaltung

Das Prinzip der Masseerhaltung ist eine wichtige Grundgleichung der Mechanik. Da es in diesem Kapitel darum geht, die Bilanzgleichungen für ein bewegtes Fluid wie Wasser und Luft in Ozean, Gewässern und der Atmosphäre zu beschreiben, spielt die Massebilanz eine wichtige Rolle.

Das Prinzip der Masseerhaltung lautet in Worten:

Masse wird weder erzeugt noch zerstört.

Wir formulieren dieses Prinzip nun mathematisch und leiten eine Gleichung daraus ab. Das funktioniert ähnlich wie bei der Transportgleichung, aber mit einigen Unterschieden: Von den im Kapitel über die Transportgleichung beschriebenen vier Prozessen Advektion, Diffusion, Quellen/Senken und Reaktionen gibt es hier nur Advektion: Masse diffundiert nicht, es gibt bei den uns in Klimamodellen interessierenden Phänomenen auch keine Quellen von Masse und keine Reaktionen für das Medium selbst, für das wir die Bilanzgleichungen aufstellen, nämlich Wasser oder Luft.

Wir betrachten wieder ein räumlich und zeitlich festes Gebiet $\Omega \subset \mathbb{R}^d$ in einem – sich eventuell auch bewegendem – Fluid (oder einem anderen Kontinuum). Das Analogon zur Konzentration des Stoffes y ist jetzt die *Dichte*, bezeichnet mit $\varrho(x, t)$. Das o. g. Prinzip der Masseerhaltung ergibt dann für das Gebiet Ω die folgende Aussage:

Die zeitliche Änderung der Masse in Ω ist gleich der Differenz der Masse, die über den Rand $\partial\Omega$ in das Gebiet gelangt bzw. es darüber verlässt.

Die Masse des gesamten in in Ω enthaltenen Fluides beschreiben wir analog zur Modellierung der Transportgleichung in Kap. 12 als

$$M_\Omega(t) := \int_\Omega \varrho(x, t)\, \mathrm{d}x.$$

Die zeitliche Änderung der Masse in Ω erhalten wir, wenn wir wieder die Voraussetzungen zur Vertauschung von Integration und Differentiation (vgl. Satz 12.6) annehmen:

$$M'_\Omega(t) = \frac{\mathrm{d}}{\mathrm{d}t} \int_\Omega \varrho(x,t)\,\mathrm{d}x = \int_\Omega \frac{\partial \varrho}{\partial t}(x,t)\,\mathrm{d}x.$$

Vollkommen analog zum Advektionsterm (12.3) in der Transportgleichung erhalten wir, da keine anderen Terme auftreten, die Massebilanz in integraler Form:

$$\int_\Omega \frac{\partial \varrho}{\partial t}(x,t)\,\mathrm{d}x = -\int_{\partial\Omega} \varrho(x,t)v(x,t) \cdot n(x)\,\mathrm{d}s(x).$$

Wiederum analog zur Transportgleichung können wir den Gauß'schen Satz 12.5 auf das Vektorfeld $F = \varrho v$ anwenden und erhalten

$$\int_\Omega \left(\frac{\partial \varrho}{\partial t}(x,t) + \mathrm{div}(\varrho(x,t)v(x,t)) \right) \mathrm{d}x = 0.$$

Wir haben dabei die stetige Differenzierbarkeit von Dichte und Geschwindigkeitsvektor vorausgesetzt.

Da Ω vollkommen beliebig gewählt war, erhalten wir wieder analog zur Transportgleichung eine differentielle Form der Masseerhaltung, die sog. *Kontinuitätsgleichung*:

$$\frac{\partial \varrho}{\partial t}(x,t) + \mathrm{div}(\varrho(x,t)v(x,t)) = 0. \tag{16.1}$$

Diese Gleichung hat dann im Gebiet Ω und im betrachteten Zeitintervall Gültigkeit, was hier und in den folgenden differentiellen Form gilt, in der Notation aber nicht jedesmal hinzugefügt wird. Wird die Produktregel der Differentiation angewendet, so ergibt sich daraus

$$\mathrm{div}(\varrho v)(x,t) = \nabla \varrho(x,t) \cdot v(x,t) + \varrho(x,t)\,\mathrm{div}\,v(x,t)$$

und damit

$$\frac{\partial \varrho}{\partial t}(x,t) + \nabla \varrho(x,t) \cdot v(x,t) + \varrho(x,t)\,\mathrm{div}\,v(x,t) = 0. \tag{16.2}$$

16.2 Modellierung im bewegten Gebiet

Für die Impulsbilanz müssen – im Gegensatz zur Massebilanz – Erhaltungsgleichungen in einem bewegten Gebiet aufgestellt werden. Ein bewegtes Gebiet – betrachtet als Ansammlung von sich bewegenden Fluidpartikeln – wird bei der Herleitung der Impulsbilanz wie ein Körper aufgefasst, für den der Impuls (physikalisch Masse mal Geschwindigkeit) und damit auch die Impulsbilanz berechnet werden kann. Wir beginnen hier mit zwei Darstellungsmöglichkeiten für Größen, die einem bewegten Partikel zugeordnet werden können und so von Ort und Zeit abhängen. Anschließend definieren wird die Geschwindigkeit und leiten anschließend eine Formel für die zeitliche Ableitung des Integrals einer Größe über ein bewegtes Gebiet her, um später die zeitliche Änderung des Impulses in einer Formel darstellen zu können.

Lagrange'sche und Euler'sche Darstellung

Wir betrachten ein Fluid, das zur Zeit $t = t_0$ ein Gebiet $\Omega_{t_0} \subset \mathbb{R}^3$ ausfüllt. Bewegt sich das Fluid, so bezeichnen wir als *Trajektorie* eines Partikels X, das zur Zeit t_0 die Position $x_0 \in \Omega_{t_0}$ hatte, den Graphen der Funktion

$$t \mapsto x(x_0, t_0, t).$$

Da t_0 fest ist, wird dieses Argument oft weggelassen und

$$t \mapsto x(x_0, t)$$

geschrieben. Das Fluid füllt dann zur Zeit $t \geq t_0$ das Gebiet

$$\Omega_t := \{x(x_0, t) : x_0 \in \Omega_{t_0}\}$$

aus. Wir haben damit die Beziehungen

$$x = x(x_0, t_0, t) \quad \text{oder kurz: } x = x(x_0, t),$$
$$x_0 = x_0(x, t_0, t) \quad \text{oder kurz: } x_0 = x_0(x, t).$$

Einer beliebige Größe $F = F(X, t)$ eines Teilchens X des Fluids zur Zeit t kann damit ebenfalls auf zwei verschiedene Arten räumlichen Koordinaten zugeordnet werden, nämlich

- in *Lagrange'scher Darstellung* als $F = F(x_0, t_0, t)$
- oder in *Euler'scher Darstellung* als $F = F(x, t)$.

Daher heißen (x_0, t_0, t) *Lagrange'sche* oder *materielle Variablen* oder *Koordinaten* und (x, t) *Euler'sche Variablen* oder *Koordinaten*.

In der Euler'schen Darstellung ist das Partikel zur Zeit t durch seine Position $x = x(t)$ eindeutig beschrieben. Zu einer anderen Zeit $\tilde{t}$ befindet sich am gleichen Ort $x \in \Omega$ ein anderes Teilchen. Wenn wir eine beliebige Größe F, z. B. die Konzentration eines Stoffes in dem betrachteten Bereich Ω beschreiben, so tun wir das auf den Ort x und die Zeit t bezogen, egal welches Partikel sich nun gerade zu dieser Zeit an diesem Ort befindet.

In der Lagrange'schen Darstellung wird dagegen eine Eigenschaft des Fluids im betreffenden Gebiet teilchenorientiert betrachtet. Sei z. B. t_0 eine festgelegte (Referenz-)Zeit, etwa die Anfangszeit einer Bewegung. Dann kann die Größe F eines Teilchen zur Zeit t bezogen auf die Position x_0, an der sich das Teilchen zur Zeit t_0 befand, beschrieben werden. Die aktuelle Position $x = x(t, t_0, x_0)$ tritt in der Beschreibung der Größe F dann nicht explizit auf.

Die Geschwindigkeit

Die Geschwindigkeit eines Partikels X des Fluids wird wie folgt beschrieben: Sei $x(t) = (x_1(t), x_2(t), x_3(t))$ die Trajektorie des Fluidpartikels in Euler'schen Koordinaten, wobei wir hier der Einfachheit halber das Argument x_0 weggelassen haben. Dann ist der Geschwindigkeitsvektor $v = (v_1, v_2, v_3)$, ebenfalls in Euler'schen Koordinaten, als

$$v(x,t) := x'(t) = \left(x_1'(t), x_2'(t), x_3'(t)\right) \tag{16.3}$$

gegeben. Ist nun die Größe F in Euler'scher Darstellung, also als Funktion von $x = x(t)$ und t gegeben, dann erhalten wir für ihre Ableitung nach der Zeit mit der Kettenregel

$$\frac{\mathrm{d}}{\mathrm{d}t} F(x(t), t) = \frac{\mathrm{d}}{\mathrm{d}t} F(x_1(t), x_2(t), x_3(t), t)$$

$$= \sum_{i=1}^{3} \frac{\partial F}{\partial x_i}(x, t) x_i'(t) + \frac{\partial F}{\partial t}(x, t)$$

$$= \sum_{i=1}^{3} \frac{\partial F}{\partial x_i}(x, t) v_i(t) + \frac{\partial F}{\partial t}(x, t) = \frac{\partial F}{\partial t}(x, t) + (v \cdot \nabla F)(x, t).$$

Definition 16.2 (Materielle Ableitung) Der Operator

$$\frac{D}{Dt} := \frac{\partial}{\partial t} + v \cdot \nabla$$

heißt *materielle* (oder *substantielle*) *Ableitung*.

Das Transporttheorem

Das Transporttheorem ist eine zentrale Aussage für die Impulsbilanz: Es sagt aus, wie die Zeitableitung des Integrals einer Größe in einem zeitabhängigen Gebiet unter das Integral gezogen werden kann. Wir benutzen dazu für $t \geq t_0$ die Abbildung

$$x(\cdot, t) : \Omega_{t_0} \to \Omega_t, \quad x_0 \mapsto x(x_0, t), \tag{16.4}$$

setzen ihre Differenzierbarkeit voraus und bezeichnen mit J die Determinante ihrer Funktionalmatrix

$$J(x_0, t) := \det \left(\frac{\partial x_i}{\partial \xi_j}(x_0, t) \right)_{i,j=1}^{3}.$$

mit $x_0 := (\xi_1, \xi_2, \xi_3)$. Es gilt nun:

Lemma 16.3 *Ist die Abbildung* (16.4) *stetig differenzierbar, dann gilt*

$$\frac{\partial}{\partial t} J(x_0, t) = J(x_0, t) \operatorname{div} v(x(x_0, t), t), \quad x_0 \in \Omega_{t_0}, \quad t \geq t_0.$$

Beweis Wir unterdrücken die Argumente x_0, t und erhalten mit der Definition der Determinante

$$J = \sum_{\pi \in P_3} \operatorname{sign}(\pi) \prod_{i=1}^{3} \frac{\partial x_i}{\partial \xi_{\pi(i)}}.$$

Dabei ist P_3 die Menge der Permutationen von $\{1, 2, 3\}$. Die Produktregel ergibt

$$\frac{\partial J}{\partial t} = \sum_{k=1}^{3} \sum_{\pi \in P_3} \operatorname{sign}(\pi) \frac{\partial}{\partial t} \frac{\partial x_k}{\partial \xi_{\pi(k)}} \prod_{i=1, i \neq k}^{3} \frac{\partial x_i}{\partial \xi_{\pi(i)}}.$$

Wegen der Glattheit von (16.4), der Definition (16.3) der Geschwindigkeit und der Kettenregel gilt

$$\frac{\partial}{\partial t} \frac{\partial x_k}{\partial \xi_l} = \frac{\partial}{\partial \xi_l} \frac{\partial x_k}{\partial t} = \frac{\partial v_k}{\partial \xi_l} = \sum_{j=1}^{3} \frac{\partial v_k}{\partial x_j} \frac{\partial x_j}{\partial \xi_l}, \quad k, l = 1, 2, 3,$$

und daher

$$\frac{\partial J}{\partial t} = \sum_{k=1}^{3} \sum_{\pi \in P_3} \operatorname{sign}(\pi) \sum_{j=1}^{3} \frac{\partial v_k}{\partial x_j} \frac{\partial x_j}{\partial \xi_{\pi(k)}} \prod_{i=1, i \neq k}^{3} \frac{\partial x_i}{\partial \xi_{\pi(i)}}$$

$$= \sum_{k=1}^{3} \sum_{\pi \in P_3} \operatorname{sign}(\pi) \left(\frac{\partial v_k}{\partial x_k} \frac{\partial x_k}{\partial \xi_{\pi(k)}} + \sum_{j=1, j \neq k}^{3} \frac{\partial v_k}{\partial x_j} \frac{\partial x_j}{\partial \xi_{\pi(k)}} \right) \prod_{i=1, i \neq k}^{3} \frac{\partial x_i}{\partial \xi_{\pi(i)}}$$

$$= \sum_{k=1}^{3} \sum_{\pi \in P_3} \operatorname{sign}(\pi) \left(\frac{\partial v_k}{\partial x_k} \prod_{i=1}^{3} \frac{\partial x_i}{\partial \xi_{\pi(i)}} + \sum_{j=1, j \neq k}^{3} \frac{\partial v_k}{\partial x_j} \frac{\partial x_j}{\partial \xi_{\pi(k)}} \prod_{i=1, i \neq k}^{3} \frac{\partial x_i}{\partial \xi_{\pi(i)}} \right)$$

$$= \sum_{k=1}^{3} \left(\frac{\partial v_k}{\partial x_k} J + \sum_{j=1, j \neq k}^{3} \frac{\partial v_k}{\partial x_j} \sum_{\pi \in P_3} \operatorname{sign}(\pi) \frac{\partial x_j}{\partial \xi_{\pi(k)}} \prod_{i=1, i \neq k}^{3} \frac{\partial x_i}{\partial \xi_{\pi(i)}} \right)$$

$$= \sum_{k=1}^{3} \left(\frac{\partial v_k}{\partial x_k} J + \sum_{j=1, j \neq k}^{3} \frac{\partial v_k}{\partial x_j} \det A^{(k,j)} \right)$$

wobei die Matrizen $A^{(k,j)}$ für $j \neq k$ folgende Form haben:

$$a_{il}^{(k,j)} = \begin{cases} \dfrac{\partial x_i}{\partial \xi_l}, & i \neq k \\[2mm] \dfrac{\partial x_j}{\partial \xi_l}, & i = k. \end{cases}$$

Da $j \neq k$, sind die Determinanten aller dieser Matrizen gleich Null, also gilt

$$\frac{\partial J}{\partial t} = \sum_{k=1}^{3} \frac{\partial v_k}{\partial x_k} J = (\text{div } v) \, J. \qquad \square$$

Wir benötigen die Transformationsformel der Integration:

Lemma 16.4 (Transformationsformel) *Seien $U, V \subset \mathbb{R}^n$ offen, $\Phi : U \to V$ stetig differenzierbar und invertierbar mit stetig differenzierbarer Inversen. Dann ist $F : V \to \mathbb{R}$ genau dann integrierbar, wenn $F \circ \Phi | \det \Phi' |$ über U integrierbar ist und es gilt*

$$\int_U F(\Phi(\xi)) | \det \Phi'(\xi) | \, d\xi = \int_V F(x) \, dx.$$

Beweis [12, §13 Satz 2] $\qquad \square$

Damit beweisen wir folgende Aussage:

Satz 16.5 (Transporttheorem) *Sei $D \subset \mathbb{R}^3$ offen. Für alle $t \in I$ sei $\Omega_t \subset D$. Außerdem sei F auf $D \times I$ stetig differenzierbar. Dann gilt für alle $t \in I$*

$$\frac{d}{dt} \int_{\Omega_t} F(x,t) \, dx = \int_{\Omega_t} \left(\frac{\partial F}{\partial t}(x,t) + \text{div}\,(Fv)(x,t) \right) dx.$$

Beweis Wir setzen voraus, dass die Abbildung (16.4) stetig differenzierbar und invertierbar ist. Jetzt transformieren wir das Integral über Ω_t auf das Referenzgebiet Ω_{t_0} mit der Transformationsformel:

$$\int_{\Omega_t} F(x,t) \, dx = \int_{\Omega_{t_0}} F(x(x_0,t),t) | J(x_0,t) | \, dx_0.$$

Da das Integrationsgebiet nun zeitlich konstant ist und die Funktion F bezüglich t stetig differenzierbar ist, können wir (vgl. Satz 12.6) unter dem Integral nach t differenzieren und erhalten

$$\frac{\mathrm{d}}{\mathrm{d}t} F(x(x_0,t),t) = \nabla F(x(x_0,t),t) \cdot \frac{\partial x}{\partial t}(x_0,t) + \frac{\partial F}{\partial t}(x(x_0,t),t)$$

$$= \nabla F(x(x_0,t),t) \cdot v(x,t)) + \frac{\partial F}{\partial t}(x(x_0,t),t).$$

Lemma 16.3 ergibt

$$\frac{\mathrm{d}}{\mathrm{d}t} \int_{\Omega_t} F(x,t)\,\mathrm{d}x = \int_{\Omega_{t_0}} \left(\frac{\partial F}{\partial t} + v \cdot \nabla F + F \operatorname{div} v \right)(x,t)\,|J(x_0,t)|\,\mathrm{d}x_0$$

mit dem Argument $(x,t) = (x(x_0,t),t)$ in allen Termen in der runden Klammer auf der rechten Seite. Die Jacobi-Matrix ist für die betrachteten Transformationen und für alle t regulär und ihre Determinante daher nie Null. Daher ist auch ihr Betrag differenzierbar nach der Formel aus dem letzten Lemma. Die Rücktransformation auf Ω_t ergibt

$$\frac{\mathrm{d}}{\mathrm{d}t} \int_{\Omega_t} F(x,t)\,\mathrm{d}x = \int_{\Omega_t} \left(\frac{\partial F}{\partial t}(x,t) + v(x,t) \cdot \nabla F(x,t) + F(x,t) \operatorname{div} v(x,t) \right) \mathrm{d}x$$

und damit die Behauptung mit der Produktregel.   □

16.3   Spezielle Fluide

Es gibt spezielle Fälle, die in technischen Anwendungen und in den Klimawissenschaften auftreten und die die Bilanzgleichungen wesentliche vereinfachen.

Inkompressible Fluide

In vielen Anwendungen wird angenommen, dass das Fluid *inkompressibel ist*, d. h. dass sich das Volumen eines vom Fluid eingenommenen Gebietes nicht mit der Zeit ändert:

Definition 16.6 Ein Fluid heißt *inkompressibel*, wenn für ein von ihm zur Zeit t eingenommenes Gebiet Ω_t gilt

$$\frac{\mathrm{d}}{\mathrm{d}t} \int_{\Omega_t} \mathrm{d}x = 0.$$

Um daraus eine Aussage über die Geschwindigkeit des Fluides machen zu können, benutzen wir das Transporttheorem für $F \equiv 1$. Es ergibt sich

$$0 = \frac{\mathrm{d}}{\mathrm{d}t} \int\limits_{\Omega_t} \mathrm{d}x = \int\limits_{\Omega_t} \operatorname{div} v(x,t) \mathrm{d}x.$$

Mit der schon oben angewandten Argumentation (Auswahl eines infinitesimal kleinen Gebietes) und $\varrho > 0$ folgt damit aus (16.2):

Korollar 16.7 *Die Inkompressibilität eines Fluides ist äquivalent zu*

$$\operatorname{div} v = 0 \quad \text{in } \Omega \tag{16.5}$$

und zum Verschwinden der materiellen Ableitung

$$\frac{D\varrho}{Dt} = 0 \quad \text{in } \Omega.$$

Die Massebilanz (16.1) ergibt nun für ein inkompressibles Fluid

$$\frac{\partial \varrho}{\partial t} + \operatorname{div}(\varrho v) = \frac{\partial \varrho}{\partial t} + \nabla\varrho \cdot v + \varrho \underbrace{\operatorname{div} v}_{=0} = \frac{\partial \varrho}{\partial t} + \nabla\varrho \cdot v = 0.$$

In vielen technischen und physikalischen Anwendungen wird $\varrho \equiv \varrho_0 \in \mathbb{R}$ als konstant angenommen und bezeichnet ein solches Fluid als inkompressibel bezeichnet. Dann ist die Aussage der Korollar bereits die Massebilanz.

Homogene und geschichtete Fluide

In Klimamodellen gibt es oft Fluide mit zeitlich, aber nicht räumlich konstanter Dichte. Daher ist es sinnvoll, zwischen räumlicher und zeitlicher Konstanz zu unterscheiden. Zur Abgrenzung dient die folgende Definition.

Definition 16.8 Ein Fluid mit räumlich konstanter Dichte, also $\varrho = \varrho(t)$, heißt *homogen*.

Für ein homogenes Fluid gilt wegen (16.2) offensichtlich

$$\frac{\partial \varrho}{\partial t} + \varrho \operatorname{div} v = 0.$$

Damit folgt sofort, dass ein inkompressibles homogenes Fluid auch zeitlich konstant ist, also $\varrho \equiv \varrho_0 \in \mathbb{R}$ erfüllt. Die Massebilanz liefert dann die Gleichung (16.5).

Im Ozean wird meist folgende Eigenschaft angenommen:

Definition 16.9 Ein inkompressibles inhomogenes Fluid heißt *geschichtet*.

Dann lautet die Massebilanz

$$\frac{\partial \varrho}{\partial t} + \nabla \varrho \cdot v = 0.$$

16.4 Impulsbilanz

Die zweite wesentliche Bilanz- oder Erhaltungsgleichung, die benutzt wird, um eine Gleichung für den unbekannten Geschwindigkeitsvektor v herzuleiten, ist die Impulsbilanz. Impuls ist das Produkt aus Masse und Geschwindigkeit. Das Prinzip der Impulsbilanz ist Newtons zweites Gesetz, dass man im Allgemeinen kurz als

Kraft ist gleich Masse mal Beschleunigung

oder in Formeln als

$$F = ma$$

schreibt. Genauer gesagt lautet die *Impulsbilanz*:

Die zeitliche Änderung des Impulses ist gleich der Summe der angreifenden Kräfte.

Die Beschleunigung a ist die zeitliche Änderung der Geschwindigkeit, die wir mit der substantiellen Ableitung aus Definition 16.2 schreiben können:

$$a(x(t), t) = \frac{\mathrm{d}^2 x}{\mathrm{d}t^2}(t) = \frac{\mathrm{d}}{\mathrm{d}t} v(x(t), t) = \frac{\mathrm{D}v}{\mathrm{D}t}(x, t).$$

Für die Impulsbilanz benötigen wir die Kräfte, die auf ein mit Fluid gefülltes Gebiet wirken. Wir betrachten zunächst den stationären Zustand. Es gibt zwei Arten von Kräften, die wirken, nämlich Volumen- und Oberflächenkäfte.

Volumenkräfte

Volumenkräfte sind Schwerkraft oder Magnetkräfte sowie in Klimamodellen die Corioliskraft, die durch die Erdrotation bewirkt wird. Wir beschreiben diese Kräfte als Kraftdichte $b(x, t) \in \mathbb{R}^3$ pro Dichteeinheit. Damit ist die Gesamtvolumenkraft auf ein Gebiet Ω gegeben durch

$$B = \int_{\Omega} \varrho(x, t) b(x, t) \, \mathrm{d}x.$$

Oberflächenkräfte im Ruhezustand

Bei den auf die Oberfläche eines Fluides auftretenden Kräfte spielt die Definition 16.1 des idealisierten Mediums *Fluid* eine entscheidende Rolle. Wegen der dort genannten zweiten Eigenschaft können wir die Oberflächenkräfte im Ruhezustand als Produkt des skalaren Druckes p und des negativen äußeren Normalenvektors $(-n)$ schreiben:

$$S = - \int_{\partial\Omega} p(x,t) n(x) \mathrm{d}s(x).$$

In dieser Bezeichnung ist der Druck dann immer nicht negativ. Mit dem Gauß'schen Satz 12.5 erhalten wir für einen beliebigen konstanten Vektor $w \in \mathbb{R}^3$:

$$S \cdot w = - \int_{\partial\Omega} n \cdot (pw) \, \mathrm{d}s = - \int_{\Omega} \mathrm{div}(pw) \, \mathrm{d}x$$

$$= - \int_{\Omega} ((\nabla p) \cdot w + p \, \mathrm{div} \, w) \mathrm{d}x = - \int_{\Omega} (\nabla p) \cdot w \, \mathrm{d}x.$$

Also gilt:

$$S = - \int_{\Omega} \nabla p \, \mathrm{d}x. \tag{16.6}$$

Oberflächenkräfte im bewegten Zustand

Für die Impulsbilanz können wir nicht mehr vom Ruhezustand des Fluides ausgehen. Also können zusätzliche Kräfte, z. B. tangentiale Scherkräfte auftreten. Ein Fluid, bei dem auch in Bewegung solche Kräfte Null sind, bei dem also die zweite Eigenschaft in der Definition 16.1 dann weiterhin gilt, heißt *ideales Fluid*. Insbesondere Reibung, die zu Tangentialkräften führt, wird bei idealen Fluiden vernachlässigt. In Klimamodellen sind ideale Fluide allerdings ohne große Bedeutung, da Wasser und Luft diese Bedingung nicht erfüllen.

Im allgemeinen Fall muss der Ansatz (16.6) für die Oberflächenkräfte also verallgemeinert werden. Der skalare Druck p wird durch eine Matrix (oder auch Tensor zweiter Stufe genannt) ersetzt, den sog. *Spannungstensor*

$$\sigma := \begin{pmatrix} \sigma_{11} & \sigma_{12} & \sigma_{13} \\ \sigma_{21} & \sigma_{22} & \sigma_{23} \\ \sigma_{31} & \sigma_{32} & \sigma_{33} \end{pmatrix}.$$

Die komponentenweise Multiplikation des skalaren Druckes p mit dem Normalenvektor wird ersetzt durch das innere Produkt zwischen dem Spannungstensor (zweiter Stufe) und dem Normalenvektor (in der Tensorrechnung, vgl. etwa [42, Anhang 1] ein Tensor erster Stufe). Es ist definiert durch die Summation über die beiden inneren Indizes und entspricht damit in diesem Fall der Matrix-Vektor-Multiplikation:

$$n \cdot \sigma := \begin{pmatrix} \sum_{i=1}^{3} n_i \sigma_{i1} \\ \sum_{i=1}^{3} n_i \sigma_{i2} \\ \sum_{i=1}^{3} n_i \sigma_{i3} \end{pmatrix}$$

wobei die Argumente weggelassen wurden und $n := (n_1, n_2, n_3)$ gesetzt wurde. Damit werden die Oberflächenkräfte als

$$S = \int_{\partial \Omega} n(x, t) \cdot \sigma(x, t) \mathrm{d}s(x)$$

geschrieben, und der Gauß'sche Satz ergibt

$$S = \int_{\Omega} \operatorname{div} \sigma \, \mathrm{d}x.$$

Die Divergenz ist für Tensoren (beliebiger, hier zweiter Stufe) als inneres Produkt des Nabla-Operators ∇ mit dem Tensor definiert, d. h. die Summation und damit auch die partiellen Ableitungen werden auf den ersten, also den Zeilenindex (also auf die Spalten) des Tensors zweiter Stufe angewendet:

$$\operatorname{div} \sigma := \nabla \cdot \sigma := \left(\sum_{i=1}^{n} \frac{\partial \sigma_{ij}}{\partial x_i} \right)_{j=1}^{3}.$$

Wird der Spannungstensor als $\sigma = -pI$ (mit der Einheitsmatrix bzw. dem Einheitstensor I) gesetzt, so ergibt sich $\operatorname{div} I = \nabla$ und damit wieder (16.6).

Die Integrale Form der Impulsbilanz

Insgesamt ergibt sich also nun für die Summe der auf ein jetzt bewegtes und damit von der Zeit t abhängiges Gebiet Ω_t wirkenden Kräfte der Ausdruck

$$S + B = \int_{\Omega_t} (\operatorname{div} \sigma + \varrho f) \, \mathrm{d}x.$$

Wir erhalten damit für das bewegte Gebiet Ω_t:

$$\frac{\mathrm{d}}{\mathrm{d}t}\int_{\Omega_t} \varrho(x,t)v(x,t)\mathrm{d}x = \int_{\Omega_t}(\mathrm{div}\,\sigma(x,t) + \varrho(x,t)b(x,t))\,\mathrm{d}x. \qquad (16.7)$$

Differentielle Form der Impulsbilanz

Für eine differentielle Form benutzen wir wieder das Transporttheorem (Satz 16.5), und zwar komponentenweise auf die linke Seite der integralen Impulsbilanz, d. h. mit ϱv_i als Integrand:

$$\frac{\mathrm{d}}{\mathrm{d}t}\int_{\Omega_t}\varrho v_i\,\mathrm{d}x = \int_{\Omega_t}\left(\frac{\partial(\varrho v_i)}{\partial t} + \mathrm{div}(\varrho v_i v)\right)\mathrm{d}x$$

$$= \int_{\Omega_t}\left(\frac{\partial(\varrho v_i)}{\partial t} + (v\cdot\nabla)(\varrho v_i) + \varrho v_i\,\mathrm{div}\,v\right)\mathrm{d}x, \quad i = 1,2,3.$$

Wieder als Vektorgleichung geschrieben ergibt sich:

$$\frac{\mathrm{d}}{\mathrm{d}t}\int_{\Omega_t}\varrho v\,\mathrm{d}x = \int_{\Omega_t}\left(\frac{\partial(\varrho v)}{\partial t} + (v\cdot\nabla)(\varrho v) + \varrho v\,\mathrm{div}\,v\right)\mathrm{d}x.$$

Da Ω_t beliebig war und wir es uns als infinitesimal klein vorstellen können, erhalten wir aus (16.7) die differentielle Form der Impulsbilanz:

$$\frac{\partial(\varrho v)}{\partial t} + (v\cdot\nabla)(\varrho v) + \varrho v\,\mathrm{div}\,v - \mathrm{div}\,\sigma - \varrho f = 0. \qquad (16.8)$$

Mit der Produktregel

$$(v\cdot\nabla)(\varrho v) = v\cdot(\nabla\varrho v) + v\cdot\varrho\nabla v$$

und der Kontinuitätsgleichung (Massebilanz) für

$$\frac{\partial(\varrho v)}{\partial t} = \frac{\partial\varrho}{\partial t}v + \varrho\frac{\partial v}{\partial t} = -\mathrm{div}(\varrho v)v + \varrho\frac{\partial v}{\partial t} = -(\nabla\varrho v + \varrho\,\mathrm{div}\,v)\,v$$

können wir die Impulsbilanz äquivalent als

$$\varrho\frac{\partial v}{\partial t} + \varrho(v\cdot\nabla v) - \mathrm{div}\,\sigma = \varrho f \qquad (16.9)$$

schreiben. Je nachdem, wie jetzt der Spannungstensor σ modelliert wird, ergeben sich verschiedene Gleichungen:

Ideale Fluide: Euler-Gleichungen

Ein ideales oder nicht-viskoses Fluid erfüllt auch im bewegten Zustand

$$\sigma := -p I$$

mit dem Druck $p \geq 0$. Damit wird (16.8) zu den Euler-Gleichungen:

$$\varrho \frac{\partial v}{\partial t} + \varrho (v \cdot \nabla v) + \nabla p = \varrho f. \tag{16.10}$$

Linear-viskose (Newton'sche) Fluide: Navier-Stokes-Gleichungen

Eine der einfachsten Annahmen für nicht-ideale Fluide ist, das es Schubspannungen gibt, die linear vom Geschwindigkeitsgradienten abhängen. Man denke zum Beispiel an Reibungskräfte, die entstehen, wenn zwei Schichten im Fluid sich mit unterschiedlicher Geschwindigkeit zueinander bewegen, d. h. wenn eine sog. Scherströmung vorliegt. Solche Fluide nennt man *linear-viskose* oder *Newtonische Fluide*. Man setzt

$$\sigma := -p I + \tau := (-p + \lambda \operatorname{div} v) I + 2\mu \mathrm{D} v$$

mit

- *Volumenviskosität* λ,
- *dynamischer Visosität* μ
- und dem *symmetrisierten Gradienten*

$$\mathrm{D} v := \frac{1}{2} \left(\frac{\partial v_i}{\partial x_j} + \frac{\partial v_j}{\partial x_i} \right)_{i,j=1}^{3} .$$

Die beiden Viskositäten werden vereinfacht als räumlich konstant angenommen. Damit erhält man die *kompressiblen* Navier-Stokes-Gleichungen:

$$\frac{\partial (\varrho v)}{\partial t} + (v \cdot \nabla)(\varrho v) + \varrho v \operatorname{div} v + (\lambda + \mu) \nabla \operatorname{div} v - \mu \triangle v + \nabla p = \varrho f$$

Mit der Produktregel für den zweiten und dritten Term links ergibt sich

$$\varrho \frac{\partial v}{\partial t} + \varrho (v \cdot \nabla v) + (\lambda + \mu) \nabla (\operatorname{div} v) - \mu \triangle v + \nabla p = \varrho f.$$

Die entsprechende Massebilanz bzw. Kontinuitätsgleichung lautet, vgl. (16.2):

$$\frac{\partial \varrho}{\partial t} + \nabla \varrho \cdot v + \varrho \operatorname{div} v = 0.$$

Inkompressible Newtonische Fluide: inkompressible Navier-Stokes-Gleichungen

Ein inkompressibles Fluid erfüllt

$$\operatorname{div} v = 0.$$

Damit ergeben sich die inkompressiblen Navier-Stokes-Gleichungen:

$$\varrho \frac{\partial v}{\partial t} + \varrho(v \cdot \nabla v) - \mu \triangle v + \nabla p = \varrho f,$$

d. h. es tritt nur noch die dynamische Zähigkeit μ auf. Die entsprechende Massebilanz bzw. Kontinuitätsgleichung lautet hier

$$\frac{\partial \varrho}{\partial t} + \nabla \varrho \cdot v = 0.$$

Homogene inkompressible Newtonische Fluide

Das Fluid heißt *homogen*, wenn die Dichte räumlich konstant ist, also

$$\varrho(x, t) = \varrho(t)$$

gilt. Ist das Fluid homogen und inkompressibel, dann ist die Dichte konstant:

$$\varrho(x, t) \equiv \varrho_0 > 0.$$

In diesem Fall erhalten wir folgende Gleichungen, die manchmal (besonders in technischen Anwendungen) als inkompressible Navier-Stokes-Gleichungen bezeichnet werden:

$$\varrho_0 \left(\frac{\partial v}{\partial t} + (v \cdot \nabla)v \right) - \mu \triangle v + \nabla p = \varrho_0 f$$

oder mit der *kinematischen Viskosität*

$$\nu := \frac{\mu}{\varrho_0}$$

als

$$\frac{\partial v}{\partial t} + (v \cdot \nabla)v - \nu \triangle v + \frac{1}{\varrho_0} \nabla p = f$$

werden. Die Kontinuitätsgleichung wird (s. o.) zu

$$\operatorname{div} v = 0.$$

Inkompressible und geschichtete Fluide

In Klimaanwendungen wird ein Fluid aber gerade nicht als homogen, sondern die Dichte als räumlich veränderlich, aber zeitlich konstant angesetzt, d. h.

$$\varrho(x,t) = \varrho(x).$$

Außerdem wird die Annahme der konstanten Viskosität fallen gelassen, sondern z. B. angenommen, dass sie von der vertikalen Koordinate abhängt. Damit erhalten die Navier-Stokes-Gleichungen die Form

$$\varrho \frac{\partial v}{\partial t} + \varrho(v \cdot \nabla v) - \operatorname{div}(\mu D v) + \nabla p = \varrho f.$$

Die entsprechende Kontinuitätsgleichung ist wieder (16.5).

16.5 Gleichungen für Ozeanmodelle

Ozeanmodelle bestehen neben der Masse- und Impulsbilanz zusätzlich aus Gleichungen für Temperatur und Salzgehalt. Beide haben die Form von Transportgleichungen, wie sie im Kap. 12 behandelt wurden. Wie schon im Kap. 6 über das Rahmstorf-Boxmodell beschrieben, spielen beide Größen für die globale Ozeanströmung eine wichtige Rolle, so dass sie nicht vernachlässigt werden können.

Die Energiegleichung

Die Form der Gleichung für die Temperatur ist eine Transportgleichung, als die wir sie hier direkt einführen. Die Temperatur- oder besser Energiegleichung kann auch über die Energiebilanz analog zu den anderen beiden Bilanzgleichungen für Masse und Impuls hergeleitet werden. Sie ergibt sich als Gleichung für die Temperatur T für ein allgemeines, nicht als inkompressibel vorausgesetztes Fluid

$$\frac{\partial T}{\partial t} + \operatorname{div}(T v - \kappa \nabla T) = 0.$$

Ist das Fluid inkompressibel, so vereinfacht sich diese Gleichung zu

$$\frac{\partial T}{\partial t} + v \cdot \nabla T - \operatorname{div}(\kappa \nabla T) = 0.$$

Der Diffusionskoeffizient wird in Ozeanmodellen meist nicht als konstant angenommen. Wird dies zusätzlich angenommen, so ergibt sich

$$\frac{\partial T}{\partial t} + v \cdot \nabla T - \kappa \Delta T = 0.$$

Gleichung für den Salzgehalt

Salz kann als Spurenstoff (Tracer) betrachtet werden, für den eine Transportgleichung wie in Kap. 12 benutzt wird. Daher gilt

$$\frac{\partial S}{\partial t} + \text{div}(Sv - \kappa \nabla S) = 0$$

bzw. wieder mit einem inkompressiblen Fluid

$$\frac{\partial S}{\partial t} + v \cdot \nabla S - \text{div}(\kappa \nabla S) = 0.$$

Die Diffusion wird für Energie- und Salzgehaltgleichung eventuell unterschiedlich modelliert, daher verwenden wir auch die Indizes κ_T und κ_S.

Die Zustandsgleichung

Wie bereits beim Boxmodell benötigt man eine zusätzliche Gleichung, die die Dichte mit Druck, Temperatur und Salzgehalt koppelt. Beim Boxmodell gab es keinen Druck, daher wurden dort in der Zustandsgleichung nur die anderen drei größen zueinander in Beziehung gesetzt, im einfachsten Fall die Dichte als linear von Temperatur- und Salzgehaltsdifferenz modelliert. Allgemeiner kann die Zustandsgleichung auf verschieden Art geschrieben werden. Wir benutzen hier die Form

$$\varrho = f(T, S, p).$$

Als Spezialfälle hat man z. B.

- die idealen Gase mit

$$\varrho = \frac{p}{RT}$$

  mit einer Materialkonstante R,
- und die inkompressiblen Fluide mit konstanter Dichte mit $\varrho(x, t) \equiv \varrho_0$.

Die Boussinesq-Approximation

Zusammengefasst ergibt sich für den Ozean aus Masse-, Impuls-, Energiebilanz sowie mit der Transportgleichung für die Salinität und der Zustandsgleichung folgendes System

$$\frac{\partial \varrho}{\partial t} + \text{div}(\varrho v) = 0$$

$$\frac{\partial(\varrho v)}{\partial t} + (v \cdot \nabla)(\varrho v) + \varrho v \, \text{div} \, v + (\lambda + \mu)\nabla \, \text{div} \, v - \mu \triangle v + \nabla p = \varrho b,$$

$$\frac{\partial T}{\partial t} + \text{div}(Tv - \kappa_T \nabla T) = 0$$

$$\frac{\partial S}{\partial t} + \text{div}(Sv - \kappa_S \nabla S) = 0$$

$$\varrho = f(T, S, p).$$

Hier ist das Fluid in allen Gleichungen noch als kompressibel angenommen. Oft wird nun folgende Vereinfachung gemacht, die sog. *Boussinesq-Approximation*:

- Die Dichte ist konstant, außer in der äußeren Kraft b auf der rechten Seite der Impulsgleichung, wo ein Auftriebsterm mit der Kraftdichte

$$b = -g e_3$$

  eingesetzt wird. Dabei ist e_3 der Basisvektor in Richtung der vertikalen Koordinatenrichtung und g die Erdbeschleunigung. In allen anderen Termen wird $\varrho \equiv \varrho_0$ als konstant angenommen.
- Außerdem werden die Diffusionen und Viskositäten als konstant angenommen.

Damit ergeben sich folgende Gleichungen:

$$\text{div}\, v = 0$$

$$\frac{\partial v}{\partial t} + v \cdot \nabla v - \nu \triangle v + \nabla p = -\frac{\varrho}{\varrho_0} g e_3,$$

$$\frac{\partial T}{\partial t} + v \cdot \nabla T - \kappa_T \triangle T = 0$$

$$\frac{\partial S}{\partial t} + v \cdot \nabla S - \kappa_S \triangle S = 0$$

$$\varrho = f(T, S, p)$$

mit $\nu = \mu / \varrho_0$. Damit ist (s. die erste Gleichung dieses Systems) jetzt praktisch die Inkompressibilität des Fluides vorausgesetzt. Die Zustandsgleichung kann jetzt direkt auf der rechten Seite der Impulsgleichung eingesetzt werden. In dieser Form (ohne Salzgehalt) werden die Gleichungen auch in technischen Anwendungen, bei denen die Temperatur eine Rolle spielt, verwendet.

Verallgemeinert können die Viskosität ν und die beiden Diffusionen κ_T und κ_S als nicht konstant angesetzt werden. Dann ergibt sich statt des Laplace-Terms für Geschwindigkeit, Temperatur und Salzgehalt jeweils wieder die Divergenzform.

In der Ozean- und auch Atmosphärenmodellierung wird auf die speziellen geometrischen Bedingungen des Rechengebietes eingegangen.

16.6   Besonderheiten der Erdgeometrie

In diesem Abschnitt gehen wir auf Besonderheiten bei Klimamodellen ein, die sich auf die Geometrie des betrachteten Gebietes bei globalen Modellen beziehen, besonders bei der Atmosphären- oder Ozeankomponente. Die Geometrie des Ozeans und der Atmosphäre weisen zwei wesentliche Besonderheiten auf:

- Das Rechengebiet hat näherungsweise die Form einer Kugelschale
- und es hat in vertikaler Richtung eine wesentlich geringere Ausdehnung als in horizontaler.

Die beiden charakteristischen Tatsachen werden sinnvollerweise bei der Modellierung berücksichtigt und ausgenutzt. Die erste durch die Wahl von Kugelkoordinaten, die zweite durch eine unterschiedliche Behandlung der vertikalen Richtung mit einer zusätzlichen Approximation. Beides hat Auswirkungen auf die Modellgleichungen, die wir hier beschreiben.

Räumliche Polar- oder Kugelkoordinaten

Die Erde ist keine exakte Kugel, wird aber in Modellen als solche angenommen. Für den Erdradius wird meist ein Mittelwert von 6371 km benutzt, der einer Kugel mit dem Erdvolumen entspricht. Es bietet sich an, den Ozean und die Atmosphäre als Kugelschale mit einer – verglichen mit der horizontalen Ausdehnung – relativ geringen Dicke zu modellieren. Dazu werden zweckmäßigerweise die *räumlichen Polar- oder auch Kugelkoordinaten* verwendet.

Wir betrachten dazu zuerst die *ebenen Polarkoordinaten*, die für einen Punkt $x = (x_1, x_2) \in \mathbb{R}^2$ gegeben sind als

$$(\phi, \tilde{r}) \in [0, 2\pi] \times [0, \infty), \qquad \begin{pmatrix} x_1 \\ x_2 \end{pmatrix} = \begin{pmatrix} \tilde{r} \cos \phi \\ \tilde{r} \sin \phi \end{pmatrix},$$

$$\tilde{r} = \|x\|_2 = \sqrt{x_1^2 + x_2^2}, \qquad \phi = \begin{cases} \arctan \dfrac{x_2}{x_1}, & x_1, x_2 \geq 0, \\[2mm] \pi + \arctan \dfrac{x_2}{x_1}, & x_1 \leq 0, \\[2mm] 2\pi + \arctan \dfrac{x_2}{x_1}, & x_1 \geq 0, x_2 \leq 0. \end{cases} \qquad (16.11)$$

Dabei wurde die Arcustangensfunktion mit dem Hauptzweig, d. h. dem Wertebereich $(-\pi/2, \pi/2)$ (vgl. [13, §14]) benutzt. Auf der Erde gibt – auf einem festen Breitenkreis – der Winkel ϕ dann den Längengrad an.

Wird die Kugel bzw. Erde gewissermaßen aus den einzelne Breitenkreisen (bzw. entsprechenden Kreisscheiben) „zusammengesetzt" vorgestellt, so ergibt sich eine Motivation für die räumlichen Polarkoordinaten. Dazu wird als dritte Koordinate der Winkel θ zwischen

- dem Ortsvektors eines Punktes auf der Erdoberfläche (mit dem Erdmittelpunkt als Koordinatenursprung)
- und der zum Koordinatensystem vertikalen Erdachse,

gemessen von einem Pol an und daher im Bereich $[0, \pi]$ liegend, benutzt. Dann gibt $\theta - \frac{\pi}{2}$ den Breitengrad an, wenn der Südpol bei $\theta = 0$ ist und mit $\theta < 0$ südliche und mit $\theta > 0$ nördliche Breitengrade bezeichnet werden.

Für festes θ hat der Kreis des entsprechenden Breitengrades den Radius $\tilde{r} = r \sin \theta$, wenn r der Abstand des Punktes $x = (x_1, x_2, x_3) \in \mathbb{R}^3$ vom Erdmittelpunkt ist. Damit wird folgende Abbildung von den Kugelkoordinaten (θ, ϕ, r) in die festen Koordinaten (x_1, x_2, x_3) definiert:

$$\Phi : [0, 2\pi] \times [0, \pi] \times [0, \infty) \to \mathbb{R}^3,$$

$$\Phi(\theta, \phi, r) := \begin{pmatrix} \Phi_1 \\ \Phi_2 \\ \Phi_3 \end{pmatrix} (\theta, \phi, r) := \begin{pmatrix} r \sin \theta \cos \phi \\ r \sin \theta \sin \phi \\ r \cos \theta \end{pmatrix} = \begin{pmatrix} x_1 \\ x_2 \\ x_3 \end{pmatrix}. \tag{16.12}$$

Die Umkehrabbildung ist gegeben durch

$$r = \|x\|_2 = \sqrt{x_1^2 + x_2^2 + x_3^2}, \quad \phi \text{ wie in (16.11)}, \quad \theta = \frac{\pi}{2} + \arctan \frac{\sqrt{x_1^2 + x_2^2}}{x_3}.$$

Basisvektoren des Kugelkoordinatensystems

Um eine vektorielle Größe (wie z. B. die Geschwindigkeit) in die neuen Koordinaten zu transformieren, werden Basisvektoren des neuen Koordinatensystems benötigt. Haben wir bisher geschrieben

$$v = (v_1, v_2, v_3) \quad \text{oder} \quad v = (v_1, v_2, v_3)^\top,$$

so bezog sich diese Koordinatendarstellung immer auf das *raumfeste* Koordinatensystem mit orthonormalen Basisvektoren, die wir mit $e_1, e_2, e_3 \in \mathbb{R}^3$ bezeichnen. Ein Vektor $x \in \mathbb{R}^3$ wird damit als

$$x = x_1 e_1 + x_2 e_2 + x_3 e_3$$

geschrieben, und seine Koordinatenschreibweise $x = (x_1, x_2, x_3)$ bezieht sich auf diese Koordinaten, d. h. wir schreiben $x = (x_1, x_2, x_3)_E$ mit $E = (e_1, e_2, e_3)$. Dabei ist es belanglos, ob wir einen solchen Vektor der Koordinatendarstellung als Zeilen- oder Spaltenvektor schreiben. Dies spielt nur eine Rolle, wenn wir Vektorgleichungen oder Matrix-Vektoroperationen in Koordinatenschreibweise aufstellen. Wir werden zwischen vektorieller und Koordinatenschreibweise hier nicht unterscheiden, d. h. auch ein Gleichheitszeichen zwischen beiden Schreibweisen verwenden.

Zu den Kugelkoordinaten gehören nicht mehr feste, sondern in jedem Punkt $x \in \mathbb{R}^3$ unterschiedliche Basisvektoren e_θ, e_ϕ, e_r. Diese zeigen für die beiden Winkelkoordinaten tangential an die entsprechenden Kreise, für r vom Nullpunkt weg auf den aktuellen Punkt $x \in \mathbb{R}^3$ hin. Ihre Koordinatendarstellung in der Basis E sind:

$$e_\theta = \begin{pmatrix} \cos\theta\cos\phi \\ \cos\theta\sin\phi \\ -\sin\theta \end{pmatrix}_E , e_\phi = \begin{pmatrix} -\sin\phi \\ \cos\phi \\ 0 \end{pmatrix}_E , e_r = \begin{pmatrix} \sin\theta\cos\phi \\ \sin\theta\sin\phi \\ \cos\theta \end{pmatrix}_E .$$

Die Matrix der Transformation von den Kugelkordinaten in die Koordinaten E ist

$$T(\theta,\phi,r) := \begin{pmatrix} \cos\theta\cos\phi & -\sin\phi & \sin\theta\cos\phi \\ \cos\theta\sin\phi & \cos\phi & \sin\theta\sin\phi \\ -\sin\theta & 0 & \cos\theta \end{pmatrix},$$

d. h. es gilt

$$\begin{pmatrix} v_1 \\ v_2 \\ v_3 \end{pmatrix}_E = T(\theta,\phi,r) \begin{pmatrix} v_\theta \\ v_\phi \\ v_r \end{pmatrix}_K$$

mit $K = (e_\theta, e_\phi, e_r)$. Die umgekehrte Transformation lässt sich leicht angeben, denn es gilt:

Übung 16.10 Zeigen Sie: Die Matrix $T(\theta,\phi,r)$ ist für alle (θ,ϕ,r) orthogonal, d. h. ihre Zeilen und Spalten bilden ein Orthonormalsystem.

Für orthogonale Matrizen gilt $T^{-1} = T^\top$, vgl. [28, 5.5], also ist

$$\begin{pmatrix} v_\theta \\ v_\phi \\ v_r \end{pmatrix}_K = T(\theta,\phi,r)^\top \begin{pmatrix} v_1 \\ v_2 \\ v_3 \end{pmatrix}_E$$

Transformation von Ableitungen skalarer Funktionen

Sei $F = F(x)$ eine Funktion und $\tilde{F} = F \circ \Phi$, also $\tilde{F}(\theta,\phi,r) = F(\Phi(\theta,\phi,r))$ die in Kugelkoordinaten ausgedrückte Funktion. Um Umrechnungsvorschriften für die partiellen Ableitungen von F bezüglich x_i und derjenigen von $\tilde{F}$ bezüglich θ, ϕ, r zu erhalten, werden wegen

$$\frac{\partial \tilde{F}}{\partial \theta}(\theta,\phi,r) = \sum_{i=1}^{3} \frac{\partial F}{\partial x_i}(x) \frac{\partial \Phi_i}{\partial \theta}(\theta,\phi,r) \qquad (16.13)$$

und analogen Rechnungen für ϕ, r die partiellen Ableitungen der Transformation Φ benötigt.

Übung 16.11 Berechnen Sie die Jacobi-Matrix $\Phi'(\theta, \phi, r)$ der Transformation Φ aus (16.12) und zeigen Sie, dass $\Phi'(\theta, \phi, r) = T(\theta, \phi, r) D(\theta, \phi, r)$ mit einer Diagonalmatrix D gilt.

Übung 16.12 Berechnen Sie damit die Transformationen der partiellen Ableitungen in (16.13) und analog die bezüglich ϕ und r.

Soll eine Differentialgleichung transformiert werden, so werden die umgekehrten Transformationen benötigt. Sie ergeben sich mit Hilfe der inversen Matrix $\Phi'(\theta, \phi, r)^{-1} = (\Phi^{-1})'(x)$:

Übung 16.13 Zeigen Sie: Es gilt

$$\Phi'(\theta, \phi, r)^{-1} = \begin{pmatrix} \dfrac{\cos\theta\cos\phi}{r} & \dfrac{\cos\theta\sin\phi}{r} & -\dfrac{\sin\theta}{r} \\[2mm] -\dfrac{\sin\phi}{r\sin\theta} & \dfrac{\cos\phi}{r\sin\theta} & 0 \\[2mm] \sin\theta\cos\phi & \sin\theta\sin\phi & \cos\theta \end{pmatrix}$$

Umrechnung von Differentialoperatoren

Mit den bereitgestellten Hilfsmitteln können jetzt die Differentialoperatoren Gradient, Divergenz und der Laplace-Operator umgerechnet werden. Diese Aussagen finden sich teilweise auch in [12, (10.6)], wir formulieren sie als Übungen:

Übung 16.14 Transformieren Sie den Gradienten einer Funktion $F = F(x)$ in Kugelkoordinaten, d. h. berechnen Sie für $\tilde{F} = F \circ \Phi$ in

$$\begin{aligned}
\operatorname{grad}_E F(x) = \nabla_E F(x) &= \left(\frac{\partial F}{\partial x_1}(x), \frac{\partial F}{\partial x_2}(x), \frac{\partial F}{\partial x_3}(x) \right)_E \\
&= \frac{\partial F}{\partial x_1}(x) e_1 + \frac{\partial F}{\partial x_2}(x) e_2 + \frac{\partial F}{\partial x_3}(x) e_3 \\
&= g_\theta(\theta, \phi, r) e_\theta + g_\phi(\theta, \phi, r) e_\phi + g_r(\theta, \phi, r) e_r \\
&= (g_\theta(\theta, \phi, r), g_\phi(\theta, \phi, r), g_r(\theta, \phi, r))_K \\
&=: \nabla_K \tilde{F}(\theta, \phi, r) \\
&=: \operatorname{grad}_K \tilde{F}(\theta, \phi, r)
\end{aligned}$$

die Koeffizienten g_θ, g_ϕ und g_r.

Um die Divergenz in Kugelkordinaten zu berechnen und in eine kompakte Form zu bringen, sind folgende Beziehungen hilfreich:

Übung 16.15 Zeigen Sie: Für die Basisvektoren des Kugelkoordinatensystems gilt:

$$\frac{\partial e_\phi}{\partial \phi} \perp e_\phi, \quad \frac{\partial e_\theta}{\partial \theta} \perp e_\theta, \quad \frac{\partial e_r}{\partial \theta} = e_\theta, \quad \frac{\partial e_\theta}{\partial \phi} = \cos\theta e_\phi, \quad \frac{\partial e_r}{\partial \phi} = \sin\theta e_\phi$$

Dabei benutzen wir die Bezeichnung $a \perp b :\Longleftrightarrow a \cdot b = 0$ für $a, b \in \mathbb{R}^d$.

Übung 16.16 Berechnen Sie für eine vektorwertige, in Kugelkoordinaten gegebene Funktion $F = (F_\theta, F_\phi, F_r)_K$ mit $F_i = F_i(\theta, \phi, r)$ für $i \in \{\theta, \phi, r\}$ die Divergenz in Kugelkoordinaten, d. h.

$$\operatorname{div}_K F(\theta, \phi, r) := \nabla_K \cdot F(\theta, \phi, r).$$

Übung 16.17 Transformieren Sie den Laplace-Operator in Kugelkordinaten.

Transformation von Integralen

Bei den Bilanzgleichungen wurden Volumenintegrale benutzt. Werden die enthaltenen Größen in Kugelkoordinaten formuliert, so müssen auch die Integrale auf Kugelkoordinaten gebracht werden. Dazu dient die Transformationsformel, vgl. Satz 16.4.

Korollar 16.18 *Es gilt für* $\Omega = \{x \in \mathbb{R}^3 : \|x\|_2 \le R\}$:

$$\int_\Omega F(x)\mathrm{d}x = \int_0^R \int_0^{2\pi} \int_0^\pi F(\Phi(\theta, \phi, r)) r^2 \sin\theta \mathrm{d}\theta \mathrm{d}\phi \mathrm{d}r.$$

Dabei wurde benutzt (vgl. [12, §9 Corollar 2]):

Übung 16.19 Zeigen Sie: $\det \Phi'(\theta, \phi, r) = r^2 \sin\theta$.

Anhang

Literatur-Grundlagen

Literatur, die beim Schreiben dieses Buches geholfen hat.

- Klimamodelle:
  - Latif: Klimawandel und Klimadynamik [1]
  - McGuffie, Henderson-Sellers: A Climate Modeling Primer [5] bzw. in einer überarbeiteten Auflage [4]
  - Rahmstorf, Richardson: Wie bedroht sind die Ozeane? [43]
  - Stocker: Introduction to Climate Modeling, Skript [2], erweitert, auf der Basis von [44]
  - v. Storch, Güss, Heimann: Das Klimasystem und seine Modellierung [3]
  - Intergovernmental Panel on Climate Change (IPCC): 5. Assessment Report 2013 [6], s. auch www.ipcc.ch.
- Strömungsmechanik:
  - Chorin, Marsden: A Mathematical Introduction to Fluid Mechanics [45]
  - Schade, Kunz: Strömungsmechanik [42]
- Numerische Mathematik:
  - Bollhöfer, Mehrmann: Numerische Mathematik [15]
  - Plato: Numerische Mathematik kompakt [46]
  - Stoer, Bulirsch: Numerische Mathematik 1 und 2 [22],[24]
- Differentialgleichungen:
  - Amann: Gewöhnliche Differentialgleichungen [47]
  - Demailly: Gewöhnliche Differentialgleichungen [48]
  - Hackbusch: Theorie und Numerik elliptischer Differentialgleichungen [49]
  - Prüss, Wilke: Gewöhnliche Differentialgleichungen und dynamische Systeme [14]
  - Walter: Gewöhnliche Differentialgleichungen [32]
  - Werner, Arndt: Gewöhnliche Differentialgleichungen [33].
- In letzter Zeit sind weitere Bücher zum Thema Mathematik und Klima erschienen, von denen folgende hier genannt sind:
  - Drake: Climate Modeling for Scientists and Engineers [50].
  - Kaper, Engler: Mathematics & Climate [51].

© Springer-Verlag Berlin Heidelberg 2015

239

T. Slawig, *Klimamodelle und Klimasimulationen*, Springer-Lehrbuch Masterclass,
DOI 10.1007/978-3-662-47064-0

Literatur

1. M. Latif: *Klimawandel und Klimadynamik* (Ulmer, 2009)

2. T. Stocker: (2014), „Introduction to Climate Modeling", Skript, Physics Institute, University of Bern

3. H. Storch, S. Güss, M. Heimann: *Das Klimasystem und seine Modellierung. Eine Einführung* (Springer, Berlin, 1999)

4. K. McGuffie, A. Henderson-Sellers: *A Climate Modelling Primer*, 4th edn. (Wiley, Chichester, 2014)

5. K. McGuffie, A. Henderson-Sellers: *A Climate Modelling Primer*, 3rd edn. (Wiley, Chichester, 2005)

6. T. Stocker, D. Qin, G.K. Plattner, M. Tignor, S. Allen, J. Boschung, A. Nauels, Y. Xia, V. Bex, P. Midgley (Eds.): *IPCC, 2013: Climate Change 2013: The Physical Science Basis. Contribution of Working Group I to the Fifth Assessment Report of the Intergovernmental Panel on Climate Change* (Cambridge University Press, Cambridge, United Kingdom and New York, NY, USA, 2013)

7. D. Bayer: *Einfache mathematische Modelle zur Beschreibung globaler Klimaänderungen* (Verlag Dr. Kovac, 1991)

8. M. Ghil, S. Childress: *Topics in Geophysical Fluid Dynamics: Atmospheric Dynamics, Dynamo Theory, and Climate Dynamics*, Vol. 60 of Applied Math. Sci. (Springer, 1987)

9. C.P. Ortlieb, C. von Dresky, I. Gasser, S. Günzel: *Mathematische Modellierung*, 2nd edn. (Springer, 2013)

10. D. Meschede: *Gerthsen Physik*, 24th edn. (Springer, 2010)

11. O. Forster: *Analysis 2*, 8th edn. (Vieweg Teubner Grundkurs Mathematik, 2008)

12. O. Forster: *Analysis 3*, 7th edn. (Springer Spektrum, 2013)

13. O. Forster: *Analysis 1*, 11th edn. (Springer Spektrum, 2013)

14. J. Prüss, M. Wilke: *Gewöhnliche Differentialgleichungen und dynamische Systeme* (Birkhäuser, 2010)

15. M. Bollhöfer, V. Mehrmann: *Numerische Mathematik: Eine projektorientierte Einführung für Ingenieure, Mathematiker und Naturwissenschaftler*, Vieweg Studium, Grundkurs Mathematik (Vieweg, 2004)

16. S. Rahmstorf: Nature **378**, 145–149 (1995)

17. K. Zickfeld, T. Slawig, S. Rahmstorf: Ocean Dynamics **54**, 8–26 (2004)

18. S. Titz, T. Kuhlbrodt, S. Rahmstorf, U. Feudel: Tellus A **54**, 89 – 98 (2002)

19. C. Kratzenstein, T. Slawig: International Journal of Optimization and Control: Theory and Applications **3**(2), 99–110 (2013)

20. J. Dennis, R. Schnabel: *Numerical methods for unconstrained optimization and nonlinear equations* (Society for Industrial and Applied Mathematics, 1996)

21. J. Werner: *Numerische Mathematik 1*, Vieweg Studium, Aufbaukurs Mathematik (Vieweg, 1992)

22. R. Freund, R. Hoppe: *Stoer/Bulirsch: Numerische Mathematik 1*, 10th edn. (Springer, 2007)

23. A. Griewank, A. Walther: *Evaluating derivatives: principles and techniques of algorithmic differentiation* (Society for Industrial and Applied Mathematics (SIAM), 2008)

24. J. Stoer, R. Bulirsch: *Numerische Mathematik 2*, 5th edn. (Springer, 2005)

25. L.B. Ciric: Proceedings of the American Mathematical Society **45**(2), 267–273 (1974)

26. G. Griffiths, A. McHugh, W. Schiesser: Chem. Biochem. Eng. Q. **22**(22), 265 (2008)

27. G. Griffiths, A. McHugh, W. Schiesser: (2008), „An Introductory Global CO_2 Model", dokumentation, wes1@lehigh.edu

28. G. Fischer: *Lineare Algebra*, 18th edn., Grundkurs Mathematik (Springer Spektrum, 2014)

29. E. Lorenz: Jornal of Atmospheric Science **20**, 130–141 (1963)

30. H.O. Peitgen, H. Jürgens, D. Saupe: *Chaos and Fractals - New Frontiers of Science* (Springer, 1992)

31. C. Sparrow: *The Lorenz Equations: Bifurcations, Chaos, and Strange Attractors* (Springer, 1982)

32. W. Walter: *Gewöhnliche Differentialgleichungen*, 7th edn. (Springer, 2000)

33. H. Werner, H. Arndt: *Gewöhnliche Differentialgleichungen* (Springer, 1986)

34. H.W. Alt: *Lineare Funktionalanalysis*, 6th edn. (Springer, Berlin, 2012)

35. F. Tröltzsch: *Optimale Steuerung partieller Differentialgleichungen. Theorie, Verfahren und Anwendungen* (Vieweg, Wiesbaden, 2005)

36. V. Girault, P.A. Raviart: *Finite Element Methods for Navier-Stokes Equations* (Springer Series in Computational Mathematics 5, New York, 1986)

37. H. Brezis: *Analyse fonctionelle. Théorie et applications* (Masson, Paris, 1993)

38. D. Braess: *Finite Elemente. Theorie, schnelle Löser und Anwendungen in der Elastizitätstheorie*, 5th edn. (Springer Spektrum, Berlin, 2013)

39. Netlib: (2015), „LAPACK", http://www.netlib.org/lapack, URL http://www.netlib.org/lapack

40. GNU: (2015), „Octave", https://www.gnu.org/software/octave, URL https://www.gnu.org/software/octave

41. P. Parekh, M.J. Follows, E.A. Boyle: Global Biogeochemical Cycles **19**(2), GB2020 (2005), URL http://dx.doi.org/10.1029/2004GB002280

42. H. Schade, E. Kunz: *Strömungslehre*, 2nd edn. (De Gruyter, 1989)

43. S. Rahmstorf, K. Richardson: *Wie bedroht sind die Ozeane?* (Fischer, 2007)

44. T. Stocker: *Introduction to Climate Modeling* (Springer, 2011)

45. A. Chorin, J. Marsden: *A Mathematical Introduction to Fluid Mechanics*, 3rd edn. (Springer, 1993)

46. R. Plato: *Numerische Mathematik kompakt*, 4th edn. (Vieweg Teubner, 2010)

47. H. Amann: *Gewöhnliche Differentialgleichungen* (de Gruyter, 1995)

48. J.P. Demailly: *Gewöhnliche Differentialgleichungen* (Vieweg Lehrbuch Angewandte Mathematik, 1994)

49. W. Hackbusch: *Theorie und Numerik elliptischer Differentialgleichungen* (Teubner Studienbücher Mathematik, 1986)

50. J. Drake: *Climate Modeling for Scientists and Engineers* (SIAM, 2014)

51. H. Kaper, H. Engler: *Mathematics and Climate* (Society for Industrial and Applied Mathematics, 2013)

Sachverzeichnis

Printed in the United States
By Bookmasters